U1076599

普通高等教育医学系列教材

供临床、预防、基础、口腔、麻醉、影像、药学、检验、护理、法医等专业使用

医学生物化学与分子生物学实验教程

第 2 版

主　编　揭克敏

副主编　罗达亚　余乐涵

编　委(按姓氏笔画排列)

万福生	南昌大学医学院	罗达亚	南昌大学医学院
朱伟锋	南昌大学医学院	胡晓鹃	南昌大学医学院
刘丽乔	南昌大学医学院	涂　硕	南昌大学医学院
刘卓琦	南昌大学医学院	黄春洪	南昌大学医学院
杨晓红	南昌大学医学院	彭少君	宜春学院医学院
吴　剑	上饶医学分院	揭克敏	南昌大学医学院
余乐涵	南昌大学医学院	颜念龙	南昌大学医学院
张义平	九江学院医学院	潘泽政	南昌大学医学院
范启兰	赣南医学院		

科 学 出 版 社

北　京

内 容 简 介

本书在实验教学内容的选择与安排方面，不仅能反映传统生物化学实验诊断技术的特点，也力求反映当前生物化学与分子生物学发展的新技术。首先，突出了常用生化实验技术的介绍和应用，旨在加强学生在生物化学方法和技术上的训练，以提高同学们的综合素质。其次，教材中有十五个分子生物学的实验内容。也适合分子生物学实验教学。此外，为培养学生独立思考分析与解决问题的能力，特增设了一些设计性实验。在教学方法和手段上，拟采取学生自己操作为主，适当给予示范操作、示教及结合多媒体课件进行教学，以期获得更好的实验教学效果。

本书适合医药院校本科生及研究生使用。

图书在版编目(CIP)数据

医学生物化学与分子生物学实验教程／揭克敏主编．—2版．北京：科学出版社，2014．4

ISBN 978-7-03-040361-2

Ⅰ．①医… Ⅱ．①揭… Ⅲ．①医用化学-生物化学-实验-医学院校-教材②医药学-分子生物学-实验-医学院校-教材 Ⅳ．①Q5-33 ②Q7-33

中国版本图书馆CIP数据核字(2014)第066497号

责任编辑：杨鹏远 胡治国／责任校对：张小霞
责任印制：赵 博／封面设计：范璧合

科学出版社出版
北京东黄城根北街16号
邮政编码：100717
http://www.sciencep.com
北京虎彩文化传播有限公司印刷
科学出版社发行 各地新华书店经销
*
2008年6月第 一 版 开本：787×1092 1/16
2014年4月第 二 版 印张：12 1/2
2023年10月第十一次印刷 字数：292 000

定价：45.00元

（如有印装质量问题，我社负责调换）

第 2 版前言

自从教育部“十二五”规划颁布以来,教育部及各大院校对人才培养目标和培养模式有了更高的要求。其中一点就是要加强素质教育,大力加强学生实践能力、科学研究能力和创新精神培养。高校实验教学内容和模式的改革是实现上述目标的重要途径。近年来,国内有多个院校已经把实验课单独列为一门基础课程,开始重视实验课的建设和改革。在这样一个背景下,我们对“生物化学与分子生物学实验”课程也做了较大调整和改革。为了让本实验教材更好适应新时期教学要求,更好适应本科和研究生实验教学,我们对前版教材进行了增删和修改。

首先,本次修订再版,主要基于以下 2 个原则:①让实验项目与生物化学和分子生物学理论教学内容对应,这样利于学生加深对理论知识的掌握;②主要增加综合性和创新性实验项目,提高学生综合实验技能和创新思维。本次增删的重点是第四篇分子生物学实验,在原有的 10 个实验基础上增加了 5 个项目,此外生物化学实验增加了 2 个项目。这些新增的实验项目实用性和趣味性强,如肉制品的基因鉴定实验,是针对国内外市场上肉类食品的制假问题进行设计,教学生如何进行基因检测。PCR-RFLP 检测 *NQO*1 C609T 多态性是根据目前学科热点 SNP 的原理设计。这些实验既利于学生学习先进的实验技术,又让学生思考基础理论和技术与人类的生活关系,达到培养学生独立思考、发现问题、分析问题与解决问题的实际工作能力。

其次,这次修改和增加的实验项目都是编者经过多年科研实践的经验总结。经过反复的实验验证,实验操作和试剂配制都是正确可信的。

第三,在实验项目的编排上,覆盖了医学本科生和硕士研究生需要掌握的生物化学与分子生物学实验技术。考虑到每个院校的实验条件不一样,为了适应各种情况,我们编排的每个实验项目可以独立开设,也可以几个项目联合作为综合性实验开设。

第四,每个实验内容都包含“示范操作和设计型实验”栏,教师可参考这些内容系统规范地演示实验技术,并帮助学生思考实验设计,后者符合院校要求开设“设计型实验”的要求和趋势。实验内容中编写的复习思考题可供学生思考和练习,扩大学生视野。

尽管我们努力做好工作,但书中定有不足之处,恳请使用本教材的广大师生提出宝贵意见,以便我们学习改进。

编　者

2014 年 1 月于南昌

第1版前言

生物化学是一门迅猛发展的学科，对生命科学的发展具有举足轻重的作用。它作为医学的基础，从分子水平探讨病因、防治疾病，为医学的发展提供了许多新的理论和方法，大大推动了医学的发展。在生物化学实验教材中如何反映这门课程的特点，并体现在培养学生的实际工作能力这一目标中去是一个值得探索的课题。

本书是根据五年制医学本科“生物化学”和“医学分子生物学”课程内容的体系结构与培养目标，并紧密结合学科的自身特点及实验教学与改革的实际情况而编写的。旨在以培养和提高学生对生物化学的基本理论和基本技能为目的，培养学生独立思考以及发现问题、分析问题与解决问题的实际工作能力和严谨的科学作风，为同学们日后学习奠定良好的基础。

本实验教程在实验教学内容的选择与安排方面，不仅能反映传统生物化学实验诊断技术的特点，也力求反映当前生物化学与分子生物学发展的新技术。首先，突出了常用生化实验技术的介绍和应用，旨在加强学生在生物化学方法和技术上的训练，以提高同学们的综合素质。实验技术主要涉及光谱分析、电泳技术及层析技术等，实验内容主要包括蛋白质和核酸化学、临床生化实验等传统的生化实验等。其次，为了适应生物化学理论教材中日益增多的分子生物学内容，本书特增加了十个分子生物学的实验内容，如质粒 DNA 的提取、酶切及鉴定，感受态细胞的制备、重组 DNA 的导入和筛选等，供各学校在使用时选择。此外，为培养学生独立思考分析与解决问题的能力，特增设了一些设计性实验，旨在增加学生实验操作与动手的机会，更有利于学生对所学知识的理解与掌握。在教学方法和手段上，拟采取学生自己操作为主，适当给予示范操作、示教及结合多媒体课件进行教学，以期获得更好的实验教学效果。

参加本实验教材编写的单位有南昌大学医学院、九江学院医学院、上饶医学分院、宜春学院医学院和赣南医学院。本实验教程主要适用于本科生，也可供研究生或其他专业人员参考。

由于编写时间仓促，知识水平所限，尽管编写人员尽了最大努力，本书定有许多不足之处，特请使用本教材的广大师生多提宝贵意见。

编　者

2008年3月于南昌

目　　录

第一篇　概　　论

第二篇　常 用 技 术

第三篇　生物化学实验

第四篇　分子生物学实验

第一篇　概　　论

第一章　实验室基本常识

一、实验须知

生物化学与分子生物学既是生命科学的基础学科又是生命科学的前沿学科，在基础医学和临床医学中占据着举足轻重的地位，是医学专业课的基础之基础。因此，随着近代医学的发展，越来越多地将生物化学的理论与技术，应用于疾病的预防、诊断和治疗，从分子水平探讨各种疾病发生发展的机制，已成为当代医学研究的共同目标。随着生物化学与分子生物学的进一步发展，将给临床医学的诊断和治疗带来全新的理念，而生物化学与分子生物学这门实验技术显得尤为重要。生物化学与分子生物学实验课的重要环节，是通过实验过程中所反应的现象，联系并加深对理论内容的理解，掌握生化与分子生物学基本操作、实验原理和一般仪器的使用，培养科学实验技能和严谨的科学态度。同时，通过准确记录，科学分析及实事求是的书写实验报告，培养学生的科学思维、分析判断和解决实际问题的能力，对形成尊重科学事实和真理的学风具有重要意义。

（一）生物化学实验的目的

1. 通过实验让学生掌握基本的生物化学实验操作及技能。

2. 通过实验使学生加深对生物化学理论知识的理解。

3. 培养学生分析问题和解决问题的能力，以及创新求实的工作作风。

（二）实验室规则及常识

1. 严格遵守实验课纪律，不迟到，不早退。必须穿白大衣进入实验室。

2. 不得高声说话，严禁用器械及动物开玩笑。

3. 取用试剂时必须“盖随瓶走”，用后立即盖好放回原处，切忌“张冠李戴”。

4. 标准试剂必须用清洁干燥吸管取出，取出后不得放入原瓶。

5. 爱护公物，节约水、电、试剂，遵守损坏仪器报告、登记、赔偿制度。

6. 严格按操作规程使用仪器，凡不熟悉操作方法的仪器不得随意动用。对贵重仪器必须先熟知使用方法，才能开始使用。仪器发生故障，应立即关闭电源并报告老师，不得擅自拆修。

7. 实验完毕，将有关仪器和器材洗净归置好，值日生负责整个实验室的清洁和整理，保持实验室整洁。

8. 舍弃物必须依照其性质作适当的处理，以免造成实验污物损坏或污染实验室环境。

（三）生物化学实验课的要求

1. 课前要充分预习实验课的有关内容，明确实验目的、原理、操作步骤及注意事项等，写出预习报告。

2. 实验过程中不做与实验无关的事情,不妨碍他人实验。

3. 加强基本技术训练,如移液、混匀、过滤等。

4. 熟悉常用仪器的使用方法,如分光光度计、离心机、电泳仪等。

5. 以实事求是的科学态度如实记录实验结果,仔细分析,做出客观结论。实验失败,须认真查找原因,不得任意涂改实验结果。

6. 及时写好实验报告并按时上交。

二、实验记录及实验报告的书写

获得了准确的实验结果还不是实验的结束,实验室工作的目的是用一种简单易懂的方式向他人传播实验结果和所引出的概念,书写实验报告是更严格地撰写科学论文的基础和极好的练习机会。书写实验报告最好用实验报告本,也可以用实验报告纸,但为避免遗失,实验课全部结束后应装订成册,以便保存。书写实验报告应包括下列内容。

1. 标题　课程和实验名称、实验者姓名、实验日期等都写在实验报告上。

2. 目的和原理　简明扼要地概括出实验的目的、原理,涉及化学反应的最好用反应式表示。

3. 方法步骤　列出简要明了的操作步骤,以便自己将来或他人能够重复,尽量用流程图或表格表示。

4. 记录　实验记录应及时、准确详尽、真实、清楚。

及时是指在实验中观察到的现象、数据要马上记录在记录本(或“实验指导”的合适位置)上,回顾性记录易造成无意或有意的失真。

准确详尽记录实验中观察到的实验现象,而不是照抄实验书上所列应观察到的实验结果,记录实验现象的所有细节。如报告一个特殊实验中生成一种黄色沉淀是不够的,要写明在什么条件下(比如加热到什么温度、保温多长时间)、什么时候(快速还是缓慢)、生成多少、什么形状(胶状还是絮状或是颗粒状)、什么颜色(亮黄、橘黄或是其他)的沉淀。在科学研究中仔细观察,特别注意未预期的实验现象是十分重要的,这些观察常常引起意外的发现,而且为了重复工作也需要准确的实验报告。使用精密仪器进行实验时,需在仪器登记册上及时记录仪器的型号及编号。

现象及数据的记录必须真实,不可掺杂任何主观因素,切忌拼凑实验数据、结果。对于“不正常”的现象和数据更应如实记录,并分析查找原因。

现象及数据的记录可以与操作步骤的表格合在一起。实验记录不能用铅笔,须用钢笔或圆珠笔记录清楚,不要擦抹及修改,但可以划去重写。

5. 数据处理及结果分析　根据实验要求,整理、归纳数据后进行计算得出结果,包括根据实验数据及计算结果作出的各种图表(如曲线图、对照表等)及从图表得出的结果。

6. 讨论　讨论部分不是对结果的重述,而是对实验结果、实验方法和实验异常结果的分析和探讨,以及对实验设计的认识、体会及建议。

7. 结论　结论要简明扼要,以说明本次实验所获得的结果并加以叙述验证本次实验原理。

8. 怎样画图　在许多实验中都有一个量,如浓度、pH 或温度,在系统地变化着,要测量的是此量对另一量的影响。已知量叫做自变量,未知量叫做应变量。画图时,习惯把自变量画在横轴上,而把应变量画在纵轴上。下面列出一些作图的提示。

(1) 每图应有简洁的标题,清楚地标明两个轴的名称及计量单位。

(2) 两轴均要标明刻度标记,选用合适的单位,使轴上数字不要太大,且最好用简单数字标明轴上的标度。如使用 10mmol/L 就比 0.01mol/L 和 10 000μmol/L 要好。

(3) 为了清楚起见,调整标度使斜度约为 45°。

(4) 尽可能使各点间距离相等,不要使各点挤在一起或距离太大。

(5) 根据不同的实验用光滑连续的曲线或直线连接各点。

(6) 若同一张图上有两条以上曲线,应用不同的符号分别标明相应的测定点。

三、实验误差与提高实验准确度的方法

生物科学研究中常需要对组成生物体的几类主要化学物质如糖、脂肪、蛋白质、核酸、维生素、酶等进行定量测定。由于受分析方法、测量仪器、所用试剂和分析工作者等方面的限制,测量值与客观存在的真实值很难完全一致,即所有的测量都可能产生误差。了解这些误差的可能来源,才能尽量减少误差、提高实验准确度。根据误差的性质和来源,一般将误差分为系统误差和偶然误差两类。

(一) 系统误差及减少的方法

1. 系统误差　系统误差是在测定过程中由某些经常发生的原因所造成的。它对测定结果的影响比较稳定,在同一条件下重复测定中常重复出现,使测定结果不是偏高就是偏低,而且大小有一定规律,它的大小与正负往往可以测定出来,至少从理论上来说是可以测定的,故又称可测误差。主要有以下 4 个方面的来源:

(1) 方法误差:由采用的分析方法本身造成。如重量分析中沉淀物沉淀不完全或洗涤过程中少量溶解,给分析测定结果带来负误差,或由于与杂质共沉淀以及称量时沉淀吸水,引起正误差。又如滴定分析中,剂量点和滴定终点不完全符合等。

(2) 仪器误差:由仪器本身不够精密所产生,如天平、砝码和称量器皿本身不够准确,或没有根据实验的要求选择一定精密度的仪器等。

(3) 试剂误差:来源于试剂或蒸馏水所含微量杂质。

(4) 个人操作误差:由于每个分析工作者掌握操作规程、控制条件与使用仪器常有出入而造成。如不同操作者对滴定终点颜色变化的分辨判断能力有差异,个人视觉差异也常引起不正确读数。

2. 减少系统误差常采取的对策

(1) 标准物对照:在任何测试中,甚至在使用标定仪器和基准试剂时,都应使用待测物质的标准溶液。这种做法能对方法的准确度提供一种有用的检查,因为测量所得数据必须落在真实值范围之内。标准溶液应与待测溶液用完全相同的方法处理,此时可以画出一条能够指示用浓度测量物质量变的标准曲线,从待测溶液得到的测定值应落在标准曲线范围之内,然后读出测定数值;或者取标准物某一确定浓度的溶液与待测液以同样的方法、在相同条件下平行测定(标准物的组成最好与待测物相近,含量也相近),然后求平均值。

(2) 设置试剂空白:在任何测量实验中都应设置空白溶液作为对照,以消除由于试剂中

含有干扰杂质或溶液对器皿的侵蚀等所产生的系统误差。用等体积的试剂代替待测液作为试剂空白液,并在相同条件下将试剂空白液、待测液和标准液严格按照相同方法处理后同时进行平行测定,所得结果称为试剂空白值。它是由所用的试剂而不是待测物所造成的。将待测物的分析结果扣除空白值,就可以得到比较准确的结果。

(3) 校正仪器。

(二) 偶然误差及减少的方法

偶然误差来源于某些难以预料的偶然因素,或是由于取样不随机,或是因为测定过程中某些不易控制的外界因素(如测定时环境、温度、湿度和气压的微小波动)的影响。同一实验者在同样条件下进行一系列测定时,每一次测量的结果都略有不同,这就是偶然误差。平均取样及多次取样进行平行测定,并计算平均值,可以有效地减少偶然误差。

第二章　生物化学实验基本操作

一、玻璃仪器的洗涤

生物化学实验所用玻璃仪器清洁与否，是获得准确结果的重要环节。因为玻璃仪器不清洁或被污染，会增大实验误差，得不到真实可靠的实验结果。因此，实验之前，将玻璃仪器清洗干净(以倒置时管壁上不挂水珠为准)，是非常重要的准备工作。

1. 一般玻璃仪器的洗涤　凡能用毛刷刷冲洗的仪器(如试管、烧杯、量筒等)，先用自来水冲洗，再用毛刷蘸取洗衣粉或去污粉将仪器内外(特别是内壁)仔细洗刷，用自来水冲洗干净后，再用蒸馏水荡洗 2 ~ 3 次，倒置于仪器架上晾干备用。

2. 凡不能用毛刷刷洗的量器(如刻度吸管、容量瓶等)，应先用自来水冲洗、沥干，再用重铬酸钾清洁液浸泡 4 ~ 6 小时(或过夜)。从清洁液中取出并沥干后，用自来水冲洗干净，再用蒸馏水荡洗 2 ~ 3 次，倒置于量器架上晾干备用。

3. 新购量器表面常附有游离的碱性物质及泥污，可先用洗衣粉洗刷再用自来水洗净，然后浸泡在 1% ~ 2% 氯化氢溶液中过夜(不少于 4 小时)，再进一步洗涤，最后再用蒸馏水荡洗 2 ~ 3 次，倒置于仪器架上晾干备用。

二、吸量管的选择和使用

吸量管是生物化学实验中常用的量取液体的仪器，分为奥氏吸量管、移液管和刻度吸量管这 3 种。我们常用到的吸量管是有不同规格，如 10ml、5.0ml、2.0ml、1.0ml、0.5ml、0.25ml、0.2ml、0.1ml 的刻度吸量管、奥式吸量管及移液管，可任意量取 0.01 ~ 10ml 的液体。其选择和使用方法如下。

1. 选择　使用前根据需要选择适当的吸量管，其总容量最好等于或稍大于取液量。临用前看清容量和刻度。

2. 执管　用右手拇指及中指(辅以无名指)，拿住吸量管的上部，用食指堵住管口控制液流，刻度数字要朝向操作者，切忌用大拇指堵住管口控制液流。

3. 取液　左手捏压洗耳球，手掌握住洗耳球的柄部，以免洗耳球在吸管上口滑动。将吸量管的尖端插入所取试剂液面下，将洗耳球的下端出口对准吸量管上口，将液体轻轻吸上，至最高刻度上端 1 ~ 2cm 处，迅速用食指按紧管上口，使液体不会从管下口流出。

4. 调准刻度　将吸量管从溶液中取出后，如果是取黏性较大的液体，必须先用滤纸擦干管尖外壁，然后用食指控制液流使之缓慢下降至所需刻度(此时液体弯月面底部、视线和刻度应在同一水平线上)，右手食指立即按紧吸量管上口，使液体不再流出。

5. 放液　将吸量管转移至盛溶液的容器内，让吸管尖端接触容器内壁，但不能插入容器原有液体中，以免污染吸管及试剂。放松食指，让液体自然流出。放液后吸管尖端残留的液体是吹出还是不吹出，视所选用的吸量管种类要求而定。需要吹的则将其吹出；如要求不吹出的则让吸量管尖端停靠内壁约 15s。如奥式吸管需吹出残留在管尖的液体，而移液管不能吹出管尖残留的液体，将管尖贴靠容器内壁约 15s，转动移液管，重复一次。

6. 洗涤　吸取血液、尿、组织样品及黏稠样品的吸管，用后应及时用自来水冲洗干净；

吸一般试剂的吸管可不必马上冲洗，待实验结束后再仔细清洗。

三、可调式微量加样器的使用

在生物化学与分子生物学实验中常用可调式微量加样器来精确量取实验所需试剂，其规格常用有1～20μl、10～50μl、100～500μl、200～1000μl等，选择相应规格的吸头(Tip)，在规定的容量范围内可根据需要随意调节取液量。具体使用方法如下。

1. 吸液　根据需要吸取的试剂量调准加样器容量，用右手握住加样器外壳，套上吸头，旋紧。用拇指揿下推动按钮至第一段行程，将吸头尖口插入试剂液面下几毫米处，缓缓松开拇指，让推动按钮复原。在吸取液体时要注意避免形成气泡，以保证取液的精确度。

2. 放液　重新将拇指揿下推动按钮至第二段行程，完成放液，反复一次。如果发现吸头尖口处仍残留有小液滴时，则应将吸头接触受器内壁，使液滴沿壁流下，同时拇指不能松开，以免液滴倒流。

四、生化实验样品的制备

在生物化学实验中，无论是分析组织中各种物质的含量，或是探索组织中的物质代谢过程，皆需利用特定生物样品。由于实验的特殊要求，往往需要将获得之样本预先做适当处理，掌握此种实验样品的正确处理与制备方法是做好生化实验的先决条件。

基础生化实验中，最常用的人体或动物样品是全血、血清、血浆及无蛋白血滤液，有时也采用尿液做实验，组织样品则常用肝、肾、脾、胰、胃黏膜或肌肉等组织制成组织糜、组织匀浆、组织切片或组织浸出液，以用于各种生化实验。关于这些样品的制备方法，扼要介绍如下：

(一) 血液样品

1. 全血　无论收集动物或人体血液时，一方面要注意仪器的清洁与干燥，另一方面要及时加入适当的抗凝剂以防治血液凝固。一般在血液取出后，迅速盛于含有抗凝剂的试管内，同时轻轻摇动，使血液与抗凝剂充分混合，以免形成凝血小块。全血如不立即进行试验，应储存于冰箱中。

常用的抗凝剂有草酸盐、枸橼酸盐、氟化钠和肝素等，可视实验要求而定。一般情况下，用廉价的草酸盐即可，但在测定血钙时不适用。氟化钠可作为测定血糖时的良好抗凝剂，因其兼有抑制糖酵解作用，以免血糖分解。但氟化钠也能抑制脲酶，故用尿酶测定尿素是不能用。肝素虽好，但价格较贵，尚不能普遍应用。

抗凝剂用量不能过多，以免影响实验结果，通常每毫升血液加1～2mg草酸盐，5mg枸橼酸钠或5～10mg氟化钠，肝素仅需要0.01～0.2mg，最好将抗凝剂制成适当浓度的水溶液，然后取0.5ml置于准备盛血之试管中，再横放旋转蒸干(肝素不超过30℃)，则抗凝剂在管壁上形成一层薄膜，使用较为方便，效果也好。

2. 血浆　上述抗凝的全血在离心机中离心，则血细胞沉淀，上清液即为血浆。如需应用血浆分析，必须严格防止溶血，故要求采取血液时一切用具(注射器、针头、试管等)皆需清洁干燥，取出血液也不能剧烈振摇。

3. 血清　收集之血液不加抗凝剂，在室温下5～20分钟即自行凝固，通常经3小时，血块收缩而析出血清，为促使血清分出，必要时可离心分离，这样可缩短时间，并取得较多的血清。

制备血清也要防止溶血，一方面仪器要干燥，另一方面，血块收缩后，应及早分离出血清，因为放置过久，血块中血球也可能溶血。

4. 无蛋白血滤液　许多生化分析要避免蛋白质的干扰，往往先将其中蛋白质沉淀而去除。分析血液中许多成分时，也常除去蛋白质，制成无蛋白血滤液，如血液中的非蛋白氮、尿酸、肌酸等测定皆需先把血液制成无蛋白血滤液后，再进行分析测定。蛋白质沉淀剂钨酸、三氯乙酸或氢氧化锌皆可用于制备无蛋白血滤液，可根据不同的需要加以选择。

（二）尿液样品

一般定性实验只需将尿液收集一次即可，但一天之中各次排出尿液的成分随食物、饮水及昼夜内的生理变化等影响而有很大的差异，因此定量测定尿液中的各种成分皆应收集 24 小时尿混合后取样。通常在早晨一定时间排出残余尿而弃去，以后每次尿皆收集在清洁大玻璃瓶中，到第二天早晨同一时间收集最后一次尿，随即混合并用量筒量准其体积。

收集的尿液如不能立即进行实验，则应置于冷处保存。必要时可在收集尿液时，在收集的玻璃瓶中加入防腐剂如甲苯、盐酸等，通常每升尿中约加入 5.0ml 的甲苯或盐酸即可。

如需收集动物尿液，可将动物置于代谢笼中，其排出的尿液经笼下漏斗流入瓶中而收集之。

（三）组织样品

离体不久的组织，在适宜的温度及 pH 等条件下，可以进行一定程度的物质代谢，因此，在生物化学实验中，常利用离体组织，研究各种物质代谢的途径与酶系的作用，也可以从组织中提取各种代谢物质或酶进行研究。

但是各组织器官离体过久后，都会发生变化，例如组织中的酶久置后会发生变性而失活。有些组织成分如糖原 ATP 等，甚至在动物死亡数分钟至十几分钟内，其含量即有明显的降低，因此，利用离体组织做代谢研究或作为提取材料时，都必须迅速将它取出，并尽快地进行提取或测定。一般采用断头法处死动物，放出血液，立即取出实验所需的脏器或组织，去除外层的脂肪及结缔组织后，用冰冷的生理盐水冲洗去血液，必要时也可用冰冷的生理盐水灌注脏器以洗去血液，再用滤纸吸干，即可做实验之用。取出的脏器或组织，可根据不同的目的，用不同的方法制成不同的组织样品。

1. 组织糜　将组织用剪刀迅速剪碎，或用绞肉机绞成糜状即可。

2. 组织匀浆　新鲜组织称取重量后剪碎，加入适当的匀浆制备液，用高速电动匀浆器（waringlilendey）或用玻璃匀浆管打碎组织。后者是由一个特制的厚壁毛玻璃管及一端带有磨砂玻璃杵头的玻璃杵所组成。杵头的外壁必须紧靠玻管的内壁，应用时将玻璃杵与可以调节速度的电动马达相连接。并将匀浆管通过打洞的软木塞插入盛有冰块的广口瓶中，然后将剪碎的组织悬浮于少量匀浆制备液中，倒入匀浆管，再将玻璃杵插入管中，然后开动马达，调节其转动速度，使杵头紧靠着玻璃管内壁而旋转，小心地将套有匀浆管之广口瓶上下移动，以使杵头在玻管中上下移动，如此依靠杵头与玻璃管壁迅速研磨作用，可将组织磨碎而制成匀浆。由于匀浆器的刀片或匀浆管的杵头快速转动，摩擦生热，因此，一般在匀浆时，需要将匀浆器或匀浆管置于冰浴中。

常用的匀浆制备液有生理盐水、缓冲液、Kreb-Ringer 溶液及 0.25mol/L 蔗糖等。可根据实验之不同要求,加以选择。

3. 组织浸出液　将上法制成的组织匀浆加以离心,其上清液即为组织浸出液。

五、试管中液体的混匀法

生物化学实验常需将几种先后加入的试剂混匀,使其充分反应,因此“混匀”是生化实验中常用的基本操作技术。用于试管中液体混匀的方法主要有下列几种。

1. 甩动法　是生物化学实验中最常用的方法。适用于试管中液体较少时,具体操作为右手持管上部,将试管轻轻甩动振摇即可将管内液体混匀。

2. 弹敲法　右手持管上部,将试管的下部在左手掌心弹敲,也适用于试管中液体不多时。

3. 旋转法　右手握住试管上端,五指握紧试管,利用腕力使试管向一个方向做圆周运动,使管内液体造成漩涡而混匀。适用于试管中液体较多时或小口器皿,如锥形瓶。

4. 吸管混匀法　用清洁吸管将溶液反复吸放数次,使溶液充分混匀。适用于成倍稀释某种液体时。

5. 倒转法　以大拇指隔着干净玻璃纸堵住管口,上下倒转数次,就可使液体充分混匀。适用于液体较多且损失少量液体不影响结果时。

6. 振荡器混匀　将需要混合的液体装入容器内(液体约占容器的 1/3),手持容器于振荡器的工作台上即可将液体混匀。

7. 玻棒搅拌法　如用上述方法尚不能将液体混匀,可用玻棒搅拌混匀之。

第二篇　常用技术

第一章　分光分析技术

一、分光分析的基本原理

分光分析是利用物质特有的吸收光谱,对物质作定性或定量检测的一项常用技术。有色溶液对光线有选择性吸收作用,不同物质因其分子结构各异,故对不同波长光线的吸收能力也不同,因此,每种物质都有其特异的吸收光谱。光线是一种电磁波,其中可见光的波长范围大约由 760nm(红色)到 400nm(紫色);波长小于 400nm 的光线称为紫外线,波长大于 760nm 的光线称为红外线。

当光线通过某种真溶液时,其中一部分光线可以透过,另一部分光线则被溶液所吸收。该现象可用于某些物质的定性或定量分析。

分光分析法的理论依据是 Lambert 和 Beer 定律。该定律阐明了溶液对单色光吸收的多少与溶液的液层厚度和浓度之间的定量关系。

(一) Lambert 定律

当一束单色光通过某一真溶液时,由于溶液吸收一部分光能,使入射光的强度减弱。若该溶液的浓度固定不变,则溶液的厚度越大,光线强度的减弱也越显著。

设光线原来的强度(入射光强度)为 I_0,当其通过厚度为 L 的液层后,其强度减弱为 I(透过光强度),则表示光线透过该溶液的程度,称为透光度,以 T 表示:

$$T=\frac{I}{I_0}$$

透光度的负对数($-\lg T$)与溶液液层的厚度成正比,即:

$$-\lg T=-\lg\frac{I}{I_0}=\lg\frac{I_0}{I}\propto L$$

将上式写成等式,得

$$\lg\frac{I_0}{I}=K_1L$$

式中 K_1 为比例常数,又称为吸光率,其数值决定于入射光线的波长、溶液的性质、浓度和溶液的温度等。$\lg\frac{I_0}{I}$又称为光密度(D)或吸光度(A)。因此

$$D=K_1L \tag{1}$$

式(1)表明,当溶液的浓度不变时,光密度与溶液液层的厚度成正比,这就是 Lambert 定律。

（二）Beer 定律

当一束单色光通过某一真溶液，当溶液液层的厚度相同而浓度不同时，溶液的浓度越大，则透射光的强度越弱，其定量关系如下：

$$\lg \frac{I_0}{I} = K_2 C$$

$$D = K_2 C \tag{2}$$

式(2)中 C 为溶液的浓度，K_2 为比例常数（吸光率），其数值决定于入射光的波长、溶液的性质、浓度和溶液的温度等。

式(2)表明：当溶液液层的厚度不变时，光密度与溶液的浓度成正比，此即 Beer 定律。

（三）Lambert-Beer 定律

如果同时考虑液层厚度和溶液浓度对光吸收的影响，则必须将 Lambert 定律和 Beer 定律结合起来，得到

$$\lg \frac{I_0}{I} = KLC$$

$$D = KLC \tag{3}$$

即光密度与溶液液层的厚度和溶液的浓度之乘积成正比，此即 Lambert-Beer 定律。

式(3)中 K 为比例常数。若溶液的浓度用克分子浓度表示，液层的厚度用 cm 表示，则 K 写成 E，得到

$$D = ELC \tag{4}$$

式(4)中 E 称为克分子吸光系数，不同的物质，有不同的克分子吸光系数，E 值越大，说明溶液对光的吸收越强。

在实际工作中，待测溶液的浓度必须与已知浓度的标准溶液相比而得到。设一标准溶液浓度为 $C_{标}$，并测得光密度为 $D_{标}$，待测溶液的浓度为 $C_{未}$，测得其光密度为 $D_{未}$。根据 Lambert-Beer 定律：

$$D_{未} = KC_{未} L$$

$$D_{标} = KC_{标} L$$

将上述式子写成比例式：

$$\frac{D_{未}}{D_{标}} = \frac{KC_{未} L}{KC_{标} L}$$

在操作时，所用波长一样，且标准溶液与未知浓度的溶液性质完全相同，故二者的 K 值相等。又因为二溶液用相同厚度的比色杯比色，故

$$\frac{D_{未}}{D_{标}} = \frac{C_{未}}{C_{标}}$$

$$\therefore C_{未} = \frac{D_{未}}{D_{标}} \times C_{标} \tag{5}$$

$C_{未}$的单位随 $C_{标}$的单位而定。在生化分析中，最后需计算出每 100ml 血液（或 100g 组织）中某物质的含量，所以在利用(5)式计算出待测液中物质的含量后，尚需乘以 $100/V$，才能得出每 100ml 血液（或 100g 组织）中该物质的含量。V 是制备比色待测液时生物样品（血

液、血浆、血清、组织)的净用量。得公式如下:

$$\text{每 100ml(或 g)样品中物质含量} = \frac{D_{未}}{D_{标}} \times C_{标} \times \frac{100}{V} \quad (6)$$

(6)式是生化实验中常用的分光分析的基本计算公式,必须熟练掌握和应用。

二、分光分析法

根据光吸收的定量定律,设计了各种吸收光谱类仪器,以利用物质吸收光谱的特性及吸收定律而进行物质定量分析。此类仪器应用范围极广,从可见光区到红外光区均有。如常见的光电比色计、可见光区、紫外光区及红外光区分光光度计、原子吸收分光光度计等。这些仪器从设计和基本结构上来看,都有光源、光线波长的选择装置、样品吸收池、光电效应器及检测器等,它们的一个共同原理是把光能最后变成电能,并采用初级的仪表直读式或荧光屏显示及数据自动打印等自动化程度不同的检测程序来显示光电能的变化。

分光光度计是一类吸收光谱分析仪器。从原理上看,它们与曾经被广泛使用过但目前已基本被淘汰了的光电比色计(如我国生产的 581-G 型光电比色计)基本相同。从结构上看,它们与光电比色计的主要区别在于此类仪器均使用了“单色器”来取代光电比色计的“滤色片”装置,因而可以从含有不同波长的光源中,分离出实验所需要的较纯的单色光。所以,与光电比色计相比,分光光度计的优点是:能提高测定的灵敏度和准确度;不仅可用于可见光,还可以用于紫外光区和红外光区;可以测定共存于同一溶液中的两种或两种以上的物质;对无色溶液也可以测定,扩大了应用范围;可以测定溶液中物质的含量,还可借助物质特异的吸收光谱以鉴定物质的种类。

分光光度计的种类很多,性能各有其异。从仪器的光源灯泡所能发射出的波长上看,有适用于可见光区的分光光度计,使用的波长范围在 400 ~ 760nm;有适用于紫外光区测定的分光光度计,使用的波长范围为 200 ~ 400nm;有可见紫外两用分光光度计,使用的波长范围为 200 ~ 760nm;还有近红外分光光度计等。从记录方式上看,分仪表直读手记式和自动记录式。从光学系统设计上看,有单光束、双光束及单波长、双波长之区别。分光光度计一般由光源、单色光器(包括分光系统、光路狭缝)、样品室、检测器(包括光电原件、读数放大系统)以及各部分的电源等部分组成。

以下介绍几种常用的分光光度计:

(一) 722s 分光光度计

722s 分光光度计是一种简捷易用的分光分析法通用仪器,能在 340 ~ 1000nm 波长范围内执行透过率、吸光度和浓度直读测定,可广泛适用于医学卫生、临床检验、生物化学、石油化工、环保监测、质量控制等部门作定性定量分析。

722s 分光光度计的基本操作方法如下:

1. 预热　仪器开机后光源及电子部分需热平衡,故开机预热 30 分钟后才能进行测定工作,如紧急应用时请注意随时调 0、调 100% T。

2. 调整波长　使用波长调节钮,调整仪器当前测试波长,具体波长由旋钮左侧的显示窗显示,读出波长时目光应垂直显示窗。

3. 调零　打开样品室盖板(关闭光门)或用不透光材料在样品室中遮断光路,然后按

“0% ”键,即能自动调整零位。

4. 调整 100% T　将用作背景的空白样品置入样品室光路中,盖下试样盖(同时打开光门)按下“100% T”键即能自动调整 100% T(一次有误差时可加按一次)。注意:调整 100%时整机自动增益系统重调可能影响 0% ,调整后请检查 0% ,如有变化应重调 0% 一次。

5. 改变试样槽位置让不同样品进入光路　仪器标准配置中样品槽架是有四格,用仪器前面的样品槽拉杆来改变。打开样品室盖板观察样品槽中的样品位置,最靠近测试者的为“0”位置,依次为“1”、“2”、“3”位置。对应拉杆推向最内为“0”位置,依次向外拉出对应为“1”“2”“3”位置,当拉杆到位时有定位感,到位时请轻轻推动一下以确保定位正确。每次样品置入光路,均可从显示窗读取数据。

(二) 荧光分析法简介

某些物质被紫外光(或紫蓝光)照射,原子核外层电子跃进而发射出比激发光波长更长的光,这种光称为荧光。当停止激发光照射后,荧光也随之消失。

某些物质被紫外光照射后,能够发出该物质特有的荧光,根据荧光强度进行该物质的定性或定量分析的方法称为荧光分析法。用于荧光分析的仪器称为荧光计,其种类和型号很多,大体上可分为目视荧光计、光电荧光计及荧光分光光度计几类。目视荧光计现在已很少应用,已被光电荧光计和荧光分光光度计所代替。

荧光分析法具有下列优点:

(1) 灵敏度高(比一般的比色法、分光分析法高百倍至千倍)。

(2) 选择性高(主要适用于有机化合物)。

(3) 测定所需样品量少,适用于微量分析。

(4) 方法快捷,重现性较好。

参 考 文 献

郭蔼光,郭泽坤. 2007. 生物化学实验技术. 北京:高等教育出版社

倪菊华. 2008. 生物化学与分子生物学实验教程. 北京:北京大学医学出版社

Ausubel, F. M, et al. 2005. 精编分子生物学实验指南. 第 4 版. 北京:科学出版社

Garrett R H, Grisham C M. 2002. 生物化学(影印版). 第 2 版. 北京:高等教育出版社

Kent K. Stewart, Richard E. Ebel. 2003. 生物体系中的化学测量. 北京:化学工业出版社

第二章 电泳技术

带电颗粒在电场作用下向与其电性相反的电极方向移动的现象称为电泳(electrophoresis,简称EP)。早在1808年就发现了电泳现象,但作为一种分离方法却是在1937年,瑞典科学家Tiselius用U形玻管作血清蛋白质电泳,设计了世界上第一台自由电泳仪,建立了"移界电泳法"(moving boundary EP),成功地将血清蛋白质分成清蛋白、α_1、α_2、β和γ球蛋白5个主要成分。

最早的电泳设备和电泳方法分辨率低,干扰因素多,重复性差。20世纪50年代,科学家们着手改进电泳仪,并寻找合适的电泳支持介质,选择找到滤纸、乙酸纤维素薄膜、淀粉、琼脂等作为支持物。20世纪60年代,Davis等利用聚丙烯酰胺凝胶作为电泳支持物,在此基础上逐渐发展了SDS-聚丙烯酰胺凝胶电泳、等电聚焦电泳、双向电泳和印迹转移电泳等新技术。这些技术具有设备简单、操作方便、分辨率高等优点;分离后的物质可进行染色、紫外吸收、放射自显影、生物学活性测定等,从而可获得定量数据。目前,电泳技术已成为生物化学、免疫学、分子生物学、医学等学科中必不可少的分离分析手段。特别是随着蛋白质组学的广泛应用,电泳作为一个支撑技术有了一个质的飞跃,分辨率和重复性得到了大大提高。以下将对电泳原理、电泳方法及应用、电泳染色等作一系统介绍。

第一节 电泳的基本原理和影响因素

一、电泳的基本原理

任何物质,由于其本身的解离作用或表面吸附其他带电质点,在电场中便会向一定的电极移动。作为带电颗粒,可以是小的离子,也可以是生物大分子,如蛋白质、核酸、病毒颗粒、细胞器等。

不同的带电颗粒在同一电场中运动的速度不同,其泳动速度用迁移率(或称泳动度,mobility)来表示。设某一带电颗粒在电场中所受的为力F,F的大小取决于颗粒所带的电荷量Q和电场的强度Z,即:

$$F=QZ$$

根据Stoke定律,某球形颗粒运动时所受到的阻力F'与颗粒的半径r、颗粒的运动速度v和介质的黏度η有关,即:

$$F'=6\pi r\eta v$$

(注:式中6π为球形颗粒的经验数值,其他形状颗粒的数值则不同)。

当该颗粒达到动态平稳时,即$F=F'$

$$QZ=6\pi r\eta v$$

移项,得:

$$\frac{v}{Z}=\frac{Q}{6\pi r\eta} \tag{1}$$

式中,$\frac{v}{Z}$表示单位电场强度时带电颗粒的泳动速度,称为迁移率(mobility),通常用u表示，即：

$$u=\frac{Q}{6\pi r\eta} \quad (2)$$

由式(2)可见，电泳迁移率 u 与颗粒所带的电荷成正比；而与颗粒的半径和溶液的黏度成反比。在确定的实验条件下，某物质的迁移率为常数，是该物质的物化特性常数。

在具体实验中，移动速度 v 用单位时间 t(s)内移动的距离 d(cm)来表示，即：

$$v=\frac{d}{t}$$

电场强度 Z 用单位距离 L(cm)内的电势差 E(伏特)表示，即：

$$Z=\frac{E}{L}$$

以 $v=\frac{d}{t}$，$Z=\frac{E}{L}$ 代入(2)式，即

$$u=\frac{v}{Z}=\frac{d/t}{E/L}=\frac{dL}{Et}\text{cm}^2/(\text{s}\cdot\text{V})$$

所以，迁移率的单位应为 $\text{cm}^2/(\text{s}\cdot\text{V})$。

某物质 A 在电场中移动的距离为：

$$d_A=u_A\frac{Et}{L}$$

物质 B 在同一电场中移动的距离为：

$$d_B=u_B\frac{Et}{L}$$

两物质移动距离之差为：

$$\triangle d=d_A-d_B=(u_A-u_B)\frac{Et}{L} \quad (3)$$

从式(3)可见，物质 A、B 在同一电场中电泳后能否分离决定于两者的迁移率。若两者的迁移率相同，则不能分离；若有差别，则能够分离。分离的距离与实验所选择的条件如电压和电泳时间成正比；而与电场的距离(如支持物的长度)成反比。

二、影响电泳速度的外界因素

被分离物质的泳动速度除受其本身性质的影响外，还与其他外界因素有关。影响颗粒泳动速度的外界因素讨论如下：

(一) 电泳介质的 pH

为了使电泳时 pH 保持恒定，必须采用适当的缓冲液作为电极缓冲液。介质的 pH 决定了带电颗粒的解离程度，亦即决定其所带电荷的多少。对蛋白质等两性电解质而言，介质 pH 离等电点越远，蛋白质所带的净电荷就越多，泳动速度也越快；反之，则越慢。因此，分离某种蛋白质混合液时，应选择一个合适的 pH，使欲分离的各种蛋白质所带的电荷数量有较大的差异，更有利于彼此的分开。由于血清蛋白质的等电点多在 pH4 ~6，因此，分离血清蛋白常用 pH8.6 的巴比妥缓冲液或三羟甲基氨基甲烷(Tris)缓冲液。

（二）电场强度

电场强度是指每厘米的电位降，也称为电位梯度（电势梯度）。例如，在电场中相距离10cm的两个质点的电位降为120V，则电场强度为120÷10＝12V/cm。电场强度越高，则带电颗粒泳动越快。根据电场强度的不同，电泳可分为：

1. 常压（100～500V）电泳　电场强度为2～10V/cm。分离所需时间较长，从数小时到十几小时，适合于分离蛋白质等大分子物质。

2. 高压（2 000～10 000V）电泳　电场强度为50～200V/cm。电泳时间很短，有时只需几分钟，多用于分离氨基酸、多肽、核苷酸、糖类等小分子物质。电压越高，产热量也增加，故高压电泳常需用冷却装置，否则热量可能引起：①蛋白质等活性物质变性；②电泳缓冲液水分蒸发过多，使支持物上的离子强度增加；③毛细现象（电泳槽内的电极缓冲液吸到支持物上）。这些作用均可影响物质的分离。

（三）缓冲液的离子强度

离子强度是表示溶液中电荷数量的一种量度。离子强度等于溶液中各种离子的摩尔浓度与其价数平方之积总和的一半，计算公式为：

$$I=1/2\sum_{i=1}^{s}cZ^2$$

式中：I为离子强度，s表示有s种离子，c为离子的摩尔浓度（mol/L），Z为离子价数，价数越高，则离子强度越大。

〔例1〕　0.154mol/L NaCl溶液的离子强度为：

$$I=1/2(0.154\times1^2+0.154\times1^2)=0.154$$

〔例2〕　0.01mol/L Na_2SO_4溶液的离子强度为：

$$I=1/2\ (0.02\times1^2+0.01\times2^2)=0.03$$

多价离子可使离子强度增高，故电泳缓冲液常用单价离子的化合物配制。一般最适合的离子强度在0.02～0.2。

溶液中的离子浓度越大、或离子的价数越高，离子强度就越大。对缓冲液来说，离子强度过低主要是影响缓冲液的缓冲容量，不易维持介质pH的恒定；离子强度过高，带电粒子的电泳速度减慢。这是由于带电的生物大分子吸附溶液中的相反电荷离子（图2-2-1）形成反离子氛，犹如大气层包围地球。距离中心离子愈近，反离子密度愈大；反之，密度愈小。根据反离子与中心离子结合的紧密程度不同，可将反离子层分为吸附层和扩散层。在电场的作用下，吸附层的反离子随中心离子一起泳动。离子强度越大，吸附层反离子越多，泳动粒子团的净电荷越少，泳动速度也就越慢。

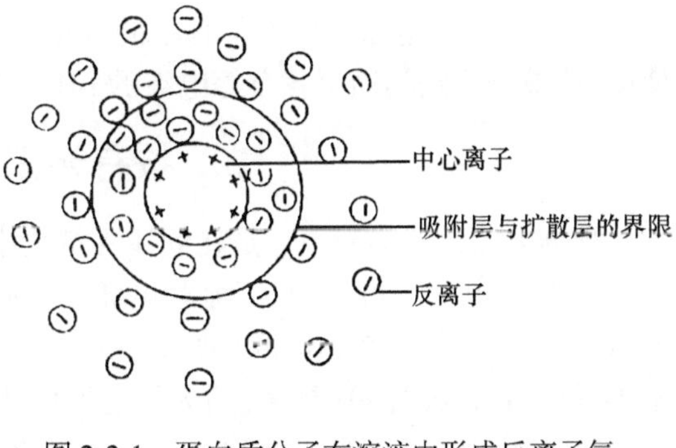

图2-2-1　蛋白质分子在溶液中形成反离子氛

（四）电渗现象

在电场中，由于多孔的支持物吸附水中的正或负离子，使溶液相对带负电或正电，在电场作用下,溶液就向相反的方向移动,此种现象称为电渗。如滤纸吸附 OH^- 而带负电荷,与纸相接触的水溶液带正电荷,液体便向负极移动。由于电渗现象往往与电泳同时存在,故带电粒子的泳动距离也受电渗影响:若电泳方向与电渗相反,则实际电泳的距离等于电泳距离减去电渗的距离;若方向相同,则实际电泳距离等于电泳距离加上电渗的距离。琼脂中含有琼脂果胶,其中含有较多的硫酸根,所以在琼脂电泳时电渗现象很明显。实际工作中,应尽量选择电渗作用较小的物质作电泳支持物。

(五) 温度对电泳的影响

电泳过程中因通电而产生热量,对电泳有很大影响。温度升高时,介质黏度下降,分子运动加快,自由扩散变快而使迁移率增加。温度每升高 1℃,迁移率增加约 2.4%。为降低热效应对电泳的影响,可控制电压或电流强度,也可在电泳系统中安装冷却散热装置。

(六) 支持物的选择

对支持物的选择,一般要求支持物质地均匀、吸附力小、电渗作用小,否则电场强度不均匀,影响区带分离,而且使实验结果及扫描图谱难以重复。

第二节　电泳的分类

一、按分离原理分类

可分为区带电泳、移动电泳、等速电泳和聚焦电泳 4 种。

1. 区带电泳　电泳过程中,不同的离子成分在均一的缓冲液体系中分离成各自独立的区带。这是当前应用最广泛的电泳技术。

2. 移界电泳　是 Tiselius 最早建立的方法,它是在 U 形管中进行的,由于分离的效果较差,已为其他电泳技术所取代。

3. 等速电泳　需专用电泳仪,当电泳达到平衡后,各区带相随分成清晰的界面,并以等速移动。

4. 等电聚焦电泳　由于具有不同等电点的两性电解质载体在电场中,可自动形成 pH 梯度,使被分离物移动至各自等电点的 pH 并聚集为很窄的区带,分辨率较高。

二、按有无固体支持物分类

根据电泳是在溶液中还是在固体支持物中进行,可分为自由电泳和支持物电泳两大类:

1. 自由电泳　可分为:①显微电泳(也称细胞电泳):是在显微镜下观察细胞或细菌的电泳行为;②移界电泳;③柱电泳:是在层析柱中进行,可利用密度梯度的差别使分离的区带不再混合,若再配合 pH 梯度,则为等电聚焦柱电泳;④自由流动幕电泳;⑤等速电泳。

2. 支持物电泳　其支持物是多种多样的,也是目前应用最多的一种方法。其电泳过程可以是连续或不连续的,可进行常压电泳(100 ~ 500V)、高压电泳(>500V)、免疫电泳、等电聚焦电泳及等速电泳。根据支持物的特点又可分为:①无阻滞支持物,如滤纸、乙酸纤维素薄膜、纤维素粉、淀粉、玻璃粉、聚酰胺粉末、凝胶颗粒等。②高密度的凝胶,如淀粉凝胶、聚丙烯酰胺凝胶、琼脂糖凝胶等。

电泳槽的形式也是多种多样的,有垂直、水平、柱状、毛细管状、湿小室状及幕状等。

第三节 电泳技术的种类

电泳技术的种类很多。根据有无固体支持物,可分为两大类,即界面电泳和区带电泳。界面电泳是指在溶液中进行的电泳,没有固体支持物。当溶液中有几种带电粒子时,通电后由于不同种类粒子泳动速度不同,在溶液中形成相应的区带界面,但区带界面由于扩散而易于互相重叠,不易得到纯品,且分离后不易收集,故目前已很少应用界面电泳。区带电泳是指在支持物上进行的电泳。支持物将溶液包绕在其网孔中,防止溶液自由移动。通电后各种带电粒子可以形成许多清晰的区带。故区带电泳的分离效果远比界面电泳的好。根据支持物的不同,常用的区带电泳又可分为纸上电泳、乙酸纤维素薄膜电泳、聚丙烯酰胺凝胶电泳及琼脂糖凝胶电泳等。

一、乙酸纤维素薄膜电泳

乙酸纤维素薄膜电泳是利用乙酸纤维素薄膜做固体支持物的电泳技术,和纸上电泳相似并且在其基础上发展起来的,该电泳技术具有比纸电泳电渗小,分离速度快、样品用量小、分辨率高、分离清晰等优点。

二、琼脂糖凝胶电泳

琼脂在化学上是由琼脂糖和琼脂胶组成的复合物。琼脂胶是一种含有硫酸根和羟基的多糖,它具有离子交换性质,这种性质会给电泳及凝胶过滤以不良的影响,因此目前应用较少。琼脂糖(agarose)是从琼脂(agar)中去除杂质和琼脂胶后得到,是直链多糖,它由 *D*-半乳糖和 3,6-脱水-*L*-半乳糖的残基交替排列织成(图 2-2-2)。

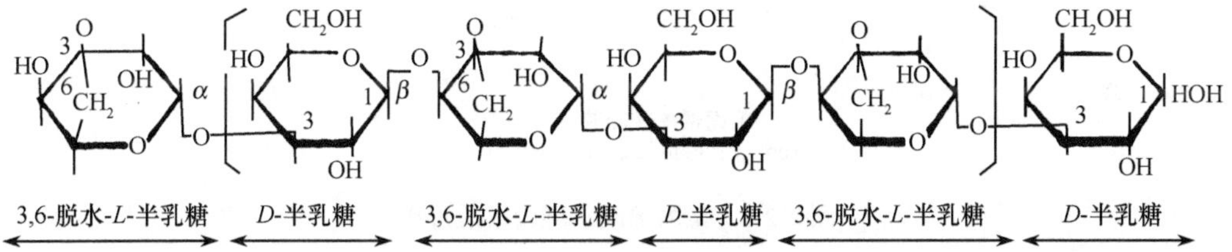

图 2-2-2 琼脂糖结构

电泳时因凝胶含水量大(98%~99%),近似自由电泳,固体支持物的影响较少,故电泳速度快,区带整齐。而且由于琼脂糖不含带电荷的基团,电渗影响很少,是一种较好的电泳材料,分离效果较好。琼脂糖凝胶电泳一般用于核酸等生物高分子的分离。

三、聚丙烯酰胺凝胶电泳

聚丙烯酰胺凝胶电泳(polyacrylamide gel electrophoresis,PAGE)是一种利用人工合成的凝胶作支持介质的区带电泳法。用聚丙烯酰胺作区带电泳的支持物,具有许多优点:①样品不易扩散;②可随意控制凝胶浓度,按照需要制成不同孔径的凝胶;③把分子筛效应与电荷效应结合在同一方法中,使之比任何一种单一效应可获得更高的分辨能力;④它是由—C—

C—C—结合的一种酰胺多聚物，侧链上具有不活泼的酰胺基，没有带电的其他离子基团，故电泳时不产生电渗作用，化学上惰性；⑤合成用的原料（单体）纯净，制成的多聚物再现性高，故对样品分离的重复性也较高；⑥在一定浓度范围内是透明的，机械强度好，有弹性；⑦能按照需要把带有一定电荷的基团作为共聚体掺入其中；⑧需要样品少，一般 1 ~ 100μg 已足够；⑨需要的设备简单，时间短；⑩用途广泛，对蛋白质、核酸等生物分子可进行分离、定性、定量检测和小量制备样品、分子量测定等。

（一）凝胶聚合原理

聚丙烯酰胺是由丙烯酰胺（acrylamide，简称 Acr）单体和交联剂 *N*,*N'*-甲叉双丙烯酰胺（*N*,*N'*-methylene-bis-acrylamide，简称 Bis）在催化剂（如过硫酸铵-ammonium persulfate 简称 AP）作用下聚合交联而形成的三维网状结构的凝胶（图 2-2-3）。为加速聚合，在合成凝胶时还用加速剂如四甲基乙二胺（*N*, *N*, *N'*, *N'*-tetramethyl ethylnediamine，简称 TEMED）。

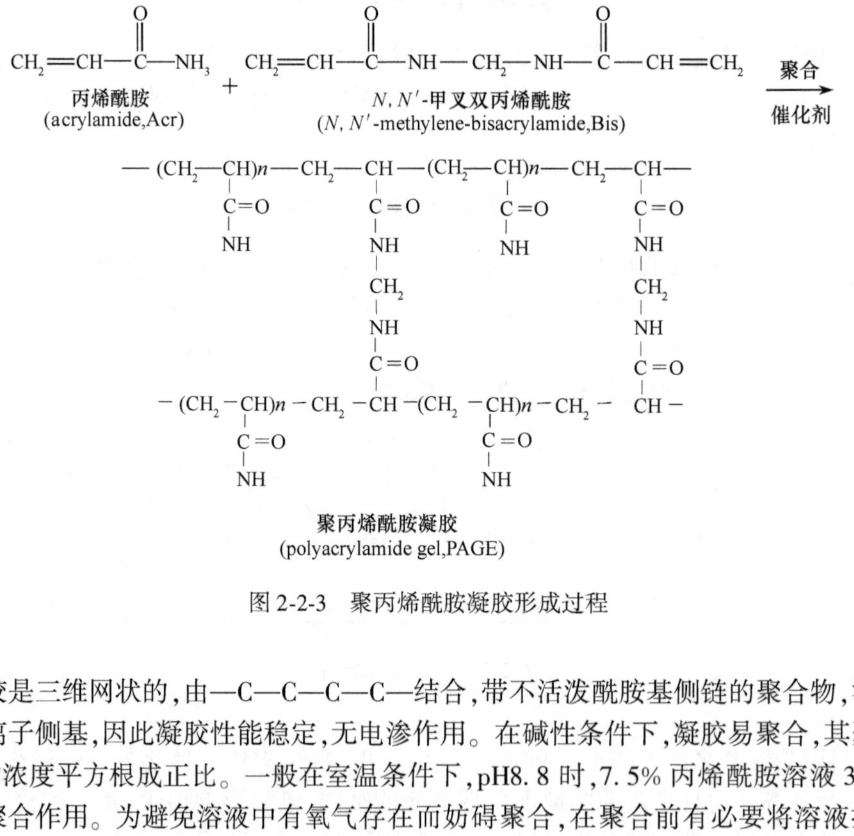

图 2-2-3 聚丙烯酰胺凝胶形成过程

凝胶是三维网状的，由—C—C—C—C—结合，带不活泼酰胺基侧链的聚合物，没有或很少带有离子侧基，因此凝胶性能稳定，无电渗作用。在碱性条件下，凝胶易聚合，其聚合速度与 AP 的浓度平方根成正比。一般在室温条件下，pH8. 8 时，7. 5% 丙烯酰胺溶液 30 分钟即可完成聚合作用。为避免溶液中有氧气存在而妨碍聚合，在聚合前有必要将溶液抽气处理以除去氧。

催化剂有两个系统可供选用。

(1) 过硫酸铵-四甲基乙二胺系统，其中过硫酸铵是引发剂。它在光照射下裂解成带有自由基的硫酸铵，通过自由基的传递，使丙烯酰胺成为自由基，发动聚合反应，TEMED 是加速剂，加快引发剂释放自由基的速度。

$$(NH_4)_2S_2O_8 \longrightarrow (NH_4)_2SO_4$$

(2) 核黄素-TEMED 系统,其中核黄素是引发剂,TEMED 是加速剂。这一催化剂系统需较强的光线和少量氧气。

(二) 凝胶孔径的可调性及有关性质

聚丙烯酰胺凝胶具有三维网状结构,能起分子筛作用。用它作电泳支持物,对样品的分离不仅取决于各组分所带电荷的多少,也与分子大小有关。凝胶网孔的大小主要受成胶物的总浓度及 Acr 和 Bis 的比例的影响。一般电泳采用成胶物质总浓度为 7.5% ,此浓度称为标准凝胶浓度。如果改变总胶浓度,胶的孔径、机械性能、弹性、透明度、黏度和聚合程取决于 Acr 和 Bis 的比例。

$$T(\text{Acr 和 Bis 总浓度})\% = \frac{a+b}{m}\times 100$$

$$C(\text{交联剂的百分比})\% = \frac{b}{a+b}\times 100$$

式中,a 为 Acr 克数,b 为 Bis 克数,m 为缓冲液体积。a/b(W/W) 与凝胶的机械性能密切相关。当 $a/b<10$ 时,凝胶脆而易碎,坚硬呈乳白色;$a/b>100$ 时,即使 5% 的凝胶也呈糊状,易于断裂。欲制备完全透明而又有弹性的凝胶,应控制 $a/b=30$ 左右。不同浓度的单体对凝胶性能影响很大。实验发现:Acr < 20% ,Bis < 0.5% 时,凝胶就不能聚合。当增加 Acr 浓度时应适当降低 Bis 的浓度。通常,T 为 2%~5% 时,$a/b=$ 20% 左右;T 为 5%~10% 时,$a/b=40$ 左右。

实验中应根据分子量大小,选择合适的凝胶总浓度和 Acr 和 Bis 的比例(表 2-2-1)。

表 2-2-1 分子量与凝胶浓度的关系

分子量范围	凝胶浓度(%)
蛋白质<10^4	20~30
10^4~10^6	7.5~15
>1×10^6	3.75~7.0
核酸<10^4	15~20
10^4~10^5	5~10
10^5~2×10^8	2~5

(三) 聚丙烯酰胺圆盘电泳

聚丙烯酰胺凝胶电泳根据其有无浓缩效应,可分为连续系统与不连续系统 2 大类。前者电泳体系中缓冲液 pH 及凝胶浓度相同,带电颗粒在电场作用下,主要靠电荷及分子筛效应;后者电泳体系中由于缓冲液离子成分、pH、凝胶浓度及电位梯度的不连续性,带电颗粒在电场中泳动不仅有电荷效应、分子筛效应,而且还具有浓缩效应,因此其分离条带清晰度及分辨率均较前者佳。目前常用的有垂直的圆盘及板状电泳两种方法。以下介绍圆盘电泳(disc-electrophoresis),"disc"是包含不连续及圆盘状双重意义的双关语。不连续聚丙烯酰胺凝胶圆盘电泳除了一般电泳的电荷效应以外,尚有浓缩效应和分子筛效应。

1. 浓缩效应

(1) 凝胶孔径不连续性:电泳凝胶分为 2 层(图 2-2-4)。第一层为浓缩胶,第二层为分

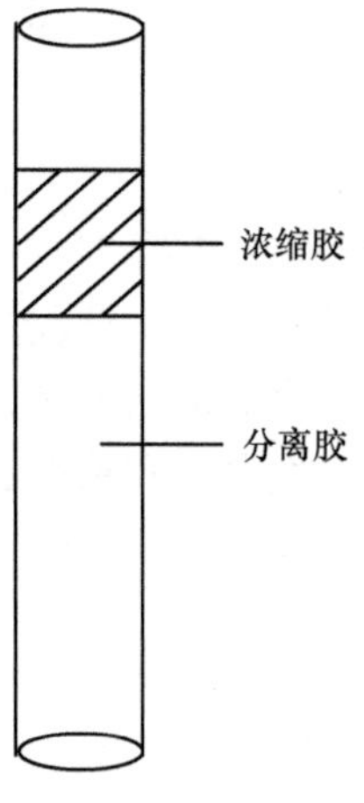

图 2-2-4 在玻璃管中装有 2 层不同的凝胶示意图
一般玻璃管内径为 0.7cm,长为 10cm

离胶。样品加在浓缩胶上面,浓缩胶 $T=5\%$,为大孔胶;分离胶 $T=7.5\%$ 为小孔胶。在电场作用下,蛋白质颗粒在大孔胶中遇到的阻力小,移动速度快;当其进入小孔胶时,蛋白质颗粒受到的阻力增大,移动速度减慢,因而在两层凝胶交界处,由于凝胶孔径的不连续性可使样品被压缩成很窄的区带。

(2) 缓冲体系离子成分及 pH 的不连续性:在 3 层凝胶中均有三羟甲基氨基甲烷(简称 Tris)及 HCl。Tris-HCl 缓冲液的 pH 为 8.9;上下电极缓冲液为 pH8.3 的 Tris-甘氨酸。最上层电极缓冲液中甘氨酸在 pH8.3 时,可部分解离成为 $NH_2CH_2COO^-$,三层胶中的 Tris-HCl 中的 HCl 几乎全部解离为 Cl^-,样品胶中大部分蛋白质(其等电点为 pH5.0 左右)在 pH6.7 时也解离带负电荷。通电后,电极缓冲液中的甘氨酸进入浓缩胶(缓冲液 pH 由 8.3 变为 6.7)而使甘氨酸的解离度降低,负电荷减少,迁移率明显下降(尾随离子);相反,Cl^-处于解离状态,且颗粒和摩擦力最小,因而迁移率最大(先导离子);而蛋白质带有比甘氨酸多的负电荷,故其迁移率居中。结果在浓缩胶中,离子迁移率为 Cl^->蛋白质>甘氨酸。当进入 pH8.9 的分离胶时,甘氨酸解离度增大,随之迁移超过蛋白质,因此 Cl^-及 $NH_2CH_2COO^-$沿着离子界面继续前进。而蛋白质由于分子量巨大,则被留在后面,然后再分成多个区带。

(3) 电位梯度的不连续性:在不连续系统中,电位梯度是自动形成的。电泳开始后,由于快离子的迁移率最大,会很快超过蛋白质,因此在快离子后面;可形成一个离子浓度低的区域即低电导区(因为电势梯度 E=电流强度 I/电导率 η),因此电势梯度陡增,迫使蛋白质和甘氨酸在此区域加速前进而追赶离子,夹在快慢离子中间的蛋白质就会在追逐过程中被挤压聚集成一条狭窄的区带,此浓缩效应可使蛋白质浓缩数百倍。

2. 电荷效应　蛋白质样品在界面处被浓缩成一狭窄的高浓度蛋白质区,但由于每种蛋白质分子所带有效电荷不同,因而泳动率也不同,因此各种蛋白质就按泳动率快慢顺序排列成一个一个圆盘区带。在进入分离胶时,电荷效应仍起作用。

3. 分子筛效应　当被浓缩的蛋白质样品从浓缩胶进入分离胶时,pH 和凝胶孔径突然改变,选择分离胶的 pH8.9 接近甘氨酸的 pK_a9.7～9.8,这样慢离子的解离度增大,因而它的有效泳动率也增加。此时慢离子的有效泳动率超过了所有蛋白质的有效泳动率。这样,高电势梯度不存在了,各种蛋白质仅会由于其分子量或构型的不同,在一个均一的电势梯度和 pH 条件下通过一定孔径的分离胶时所受阻滞的程度不同,表现的泳动率的不同而被分开。

四、高效毛细管电泳

(一) 基本原理

高效毛细管电泳(high performance capillary electrophoress,HPCE)和一般电泳法的区别在于使用毛细管柱。在熔融石英毛细管内壁覆盖一层硅氧基(Si-O)阴离子,由于吸引了溶液中的阳离子,由此在毛细管内壁形成表面带阴离子的双电层。层外缘扩散层中富集的阳离子被电场阴极吸引导致溶液向阴极的流动,这种效应称为电渗(electroosmosis)。电渗流的速度 ueo 和电场强度 E 成正比,定义电渗速度 ueo 和场强 E 的比值为电渗淌度 μeo,即

$$\mu eo = ueo/E$$

电渗淌度与硅氧层表面的电荷密度成正比,与离子强度的平方根成反比。在低 pH 条件下,硅氧层形成分子(Si-OH),因而减少了表面电荷密度,故电渗速度减小。如在 pH=9 的绷砂缓冲液中电渗速度约 2.0mm/s,而在 pH=3 介质中电渗速度减小约一个数量级。影响电渗的一个重要因素是毛细管中因电流作用产生的焦耳热,能使得柱中心的温度高于边缘的温度,形成抛物线形的温度梯度,管壁附近温度低,中心温度高,结果使电渗速度不均匀而造成区带变宽,柱效降低。为此,应避免使用过长和内径大于 50μm 的毛细管柱,还应注意减小毛细管的壁厚、选择适宜的电压和缓冲液及使用良好的冷却系统。

HPCE 中观察到的离子淌度是离子的电泳淌度 μep 与溶液的电渗淌度的加和。定义表观淌度为 μapp,则

$$\mu app = \mu ep + \mu eo$$

根据以上的讨论,带正电荷的离子的 $\mu ep>0$,故 μapp 总是为正号,离子向阴极移动;而带负电荷的离子受电泳流的影响被阴极排斥,$\mu ep<0$,在高 pH 条件下,若 $\mu eo>\mu ep$,μapp 仍为正号,离子仍然可向阴极移动,但在低 pH 条件下,μapp 可为负号,离子将向反方向移动。此时必须改变电场方向,方可检测到欲分析的离子。

对于实际速度为 μnet(net 指 net speed)的组分,表现淌度可由下式计算:

$$\mu app = \mu net/E = \frac{L_d/t}{V/L_\beta 4}$$

式中,L_d:从进样口到检测器的实际柱长;L_t:总柱长;V:电压;t:所需的分析时间。

实际测试电渗淌度时可用中性组分,此时 μep = 0, μeo = μapp, μep = μeo 上式为:

$$\mu eo = \mu_{中性}/E = \frac{L_d/t}{V/L_t}$$

HPCE 的毛细管容易冷却,故可以使用 20 ~ 30kV 的高电压,由于管内径只有 25 ~ 100μm,无涡流扩散,使传质阻抗趋于零,因此,有很高的分辨率。电解质液由毛细管阳极端进入毛细管,携带被分离的组分可以从毛细管阴极端流入检测器的比色池,电泳过程与结果分析均容易自动化。因此 HPCE 已成为效率极高的现代分析仪器,在生物化学与分子生物学中得到日益广泛的应用。

(二) 类型及应用

1. 毛细管区带电泳 毛细管区带电泳法(capillary zone electrophoresis,CZE)的分离基于组分淌度的区别,一般毛细管内壁带负电荷。电渗流从阳极移动至阴极,流出顺序是阴离子<中性分子<阳离子。若毛细管内壁涂上一层阳离子表面吸附剂,则极性颠倒,流出顺序是阳离子<中性分子<阴离子。

毛细管区带电泳具有分离方便、快速、样品用量小的特点,在无机离子、有机物、氨基酸、

蛋白质及各种生物样品的测试中有着广泛的应用。

2. 胶束电动毛细管色谱　CZE 主要用于分析带电荷的离子,对中性分子的测试主要是依靠电渗的作用,分离比较困难。此时可应用胶束电动毛细管色谱(micellar electrokinetic capillary chromatography, MECC)进行分离分析。

MECC 是在缓冲溶液中加入表面活性剂,当表面活性剂浓度超过临界胶束浓度时,则形成荷电胶束。而当无胶束存在时,所有中性分子将同时到达检测测器,有胶束时带负电荷的胶束在电场作用下向相反方向泳动,溶质分子在胶束和水相间形成平衡,在溶液的电渗流和胶束的电泳流的共同作用下分离。溶质分子在胶束内停留时间越长,其迁移所需时间即保留时间越长。

最常用的表面活性剂是十二烷基硫酸钠(SDS)。各种阴阳离子表面活性剂和环糊精等添加剂使得本法有相当多的选择余地,可广泛用于各种类型的样品,在手性分离中也有成功的应用。

3. 毛细管凝胶电泳　毛细管凝胶电泳(capillary gel electrophoresis, CGE)是在毛细管中填充具线状缠结聚合物结构的物理凝胶,使样品中各组分通过净电荷差异和分子大小差异双重机制得以分离。CGE 在蛋白质、多肽、DNA 序列分析中得到成功应用,已成为生命科学基础和应用研究中有力的分析工具。

近年来,其他类型的毛细管电色谱法(capillary electro-chromatography, CEC)发展很快。其中填充毛细管电色谱法(packed column CEC)是将细粒径固定相填充在毛细管柱中,开管毛细管电色谱法(open tubolar CEC)是把固定相的官能团键合在毛细管内壁表面而形成的色谱柱。CEC 是很有前途的分析方法。

五、等电聚焦

等电聚焦(isoelectrofocusing,IEF)电泳是一种利用只有 pH 梯度的电泳介质来分离等电点不同的蛋白质的电泳技术。在电泳槽中加入载体两性电解质,当通以直流电时,即形成一个从阳极到阴极逐步增加的 pH 梯度。若将两性大分子加入该体系中时,不同大分子即移动并聚焦于相当其等电点 pH 的位置,从而可达到以下两个目的:①依等电点的不同将两性大分子彼此分开,从而可高分辨率地用于分离和制备;②测定等电点以鉴定蛋白质。在等电聚焦后蛋白质最高浓度部位的 pH,即为其等电点。

此种方法具有分辨率高(0.01pH 单位),可抵消扩散作用,能使很稀的样品达到高度浓缩等优点,并可在一次实验中测出等电点,精确及重复性好。其缺点在于不适于在等电点时不溶或易发生变性的蛋白质。

在等电聚焦电泳中,能建立稳定的 pH 梯度是一种人工合成的两性电解质(商品名 Ampholine),它是一类分子中多羧基、多氨基的脂肪族化合物,此类物质是由不饱和酸如丙烯酸与乙烯多胺发生双键加成反应的产物(一系列脂肪族多氨基多羧酸同系物和异构物,国内生产的均称为两性电解质载体)。分子量在 300 ~ 600,pI 范围有 pH2 ~ 5、5 ~ 8、3 ~ 10 等数种。

在电泳柱中加入两性电解质,阴极端浸入稀碱(NaOH 或乙二胺等)溶液中,阳极端浸入稀酸(硫酸或磷酸)中,当通以直流电时,两性电解质即可形成从阳极到阴极方向 pH 逐步增加的 pH 梯度。当分离的蛋白质样品泳动时,不同的蛋白质泳动到与其等电点相当的 pH 位置上而形成分离的区带而不再继续泳动。等电聚焦电泳的分辨率比不连续聚丙烯酰胺凝胶更高,特别适合于分离分子量相近而所带电荷不同的两性大分子,等电点只要有 0.02pH 单位的差别就可以被分离开来。等电聚焦电泳是根据两性物质等电点(pI)的不同而进行分离的,它具有很高的分辨率,可以分辨出等电点相差 0.01 的蛋白质,是分离两性物质如蛋白质的一种理想方法。等电聚焦的分离原理是在凝胶中通过加入两性电解质形成一个 pH 梯度,两性物质在电泳过程中会被集中在与其等电点相等的 pH 区域内,从而得到分离。凝胶结束后对蛋白质进行染色时应注意,由于两性电解质也会被染色,使整个凝胶都被染色。所以等电聚焦的凝胶不能直接染色,要首先经过 10% 的三氯乙酸的浸泡以除去两性电解质后才能进行染色。

等电聚焦还可以用于测定某个未知蛋白质的等电点,将一系列已知等电点的标准蛋白(通常 pI 在 3.5 ~ 10)及待测蛋白同时进行等电聚焦。测定各个标准蛋白电泳区带到凝胶某一侧边缘的距离对各自的 pI 作图,即得到标准曲线。而后测定待测蛋白的距离,通过标准曲线即可求出其等电点。

等电聚焦具有很高的灵敏度,特别适合于研究蛋白质微观不均一性,例如一种蛋白质在 SDS-聚丙烯酰胺凝胶电泳中表现单一带,而在等电聚焦中表现三条带。这可能是由于蛋白质存在单磷酸化、双磷酸化和三磷酸化形式。由于几个磷酸基团不会对蛋白质的分子量产生明显的影响,因此在 SDS-聚丙烯酰胺凝胶电泳中表现单一带,但由于它们所带的电荷有差异,所以在等电聚焦中可以被分离检测到。同工酶之间可能只有一两个氨基酸的差别,利用等电聚焦也可以得到较好的分离效果。等电聚焦主要用于分离分析,但也可以用于纯化制备。虽然成本较高,但操作简单、纯化效率很高。

六、双向电泳技术(two-dimensional electrophoresis, 2DE)

(一) 双向电泳原理和特点

双向凝胶电泳是蛋白质组学的支撑技术,它结合了等电聚焦技术(根据蛋白质等电点进行分离)以及 SDS-聚丙烯酰胺凝胶电泳技术(根据蛋白质的大小进行分离)。这两项技术结合形成的二维电泳是分离分析蛋白质最有效的一种电泳手段。通常第一维电泳是等电聚焦,蛋白质根据其等电点的不同在固相胶条上分离。而后将胶条取出,用含有 SDS 的缓冲液处理 30 分钟,使 SDS 与蛋白质充分结合。将处理过的凝胶条放在 SDS-聚丙烯酰胺凝胶电泳浓缩胶上,加入丙烯酰胺溶液或熔化的琼脂糖溶液使其固定并与浓缩胶连接。在第二维电泳过程中,结合 SDS 的蛋白质从等电聚焦凝胶中进入 SDS-聚丙烯酰胺凝胶,在浓缩胶中被浓缩,在分离胶中依据其分子量大小被分离。这样各个蛋白质根据等电点和分子量的不同而被分离、分布在二维图谱上。细胞提取液的二维电泳可以分辨出 1000 ~ 2000 个蛋白质,有些报道可以分辨出 5000 ~ 10 000 个斑点,这与细胞中可能存在的蛋白质数量接近。

双向电泳最早由 Farrel 等在 1975 年建立,但当时固定化胶条技术不成熟,导致重复性较低。解决双向电泳的两个关键参数,即分辨率和可重复性,是实现蛋白质组分离和比对的前提。随着 20 世纪 80 年代末期固定化 pH 梯度胶的应用和不断成熟,双向电泳克服了载体两性电解质阴极漂移等许多缺点而得以建立非常稳定的可以随意精确设定的 pH 梯度。由于可以建立很窄的 pH 范围(如 0.05U/cm),对特别感兴趣的区域可在较窄的 pH 范围内做第二轮分析,从而大大提高了分辨率。此种胶条已有商品生产,因此基本上解决了双向凝胶电泳重复性的问题,这是双向凝胶电泳技术上的一个非常重要的突破。第二向 SDS-PAGE 有垂直板电泳和水平超薄胶电泳两种做法,可分离 10～100kD 分子量的蛋白质。在目前情况下,双向凝胶电泳的一块胶板(16cm×20cm)可分出 3～4 千个,甚至 1 万个可检测的蛋白斑点。随着分级抽提、窄 pH 梯度范围分离、色谱预分离等方法的结合应用,双向电泳可以完成对某一组织的全蛋白质组实现分离。

双向凝胶电泳技术当前面临的挑战是:①低拷贝蛋白的鉴定。人体的微量蛋白往往还是重要的调节蛋白。除增加双向凝胶电泳灵敏度的方法外,最有希望的还是把介质辅助的激光解吸/离子化质谱用到 PVDF 膜上,但当前的技术还不足以检出拷贝数低于 1000 的蛋白质。②极酸或极碱蛋白的分离。③极大(>200kD)或极小(<10kD)蛋白的分离。④难溶蛋白的检测,这类蛋白中包括一些重要的膜蛋白。⑤得到高质量的双向凝胶电泳需要精湛的技术,因此迫切需要自动二维电泳仪的出现。

(二) 双向电泳步骤

1. 第一向等电聚焦(引自 Bio-Rad 双向电泳实验指南)

(1) 从冰箱中取-20℃冷冻保存的水化上样缓冲液(I)(不含 DTT,不含 Bio-Lyte)一小管(1.0ml/管),置室温溶解。

(2) 在小管中加入 0.01g DTT,Bio-Lyte 4～6、5～7 各 2.5μl,充分混匀。

(3) 从小管中取出 400μl 水化上样缓冲液,加入 100μl 样品,充分混匀。

(4) 从冰箱中取-20℃冷冻保存的 IPG 预制胶条,室温中放置 10 分钟。

(5) 沿着聚焦盘或水化盘中槽的边缘至左而右线性加入样品。在槽两端各 1.0cm 左右不要加样,中间的样品液一定要连贯。注意:不要产生气泡。否则影响到胶条中蛋白质的分布。

(6) 当所有的蛋白质样品都已经加入到聚焦盘或水化盘中后,用镊子轻轻的去除预制 IPG 胶条上的保护层。

(7) 分清胶条的正负极,轻轻地将 IPG 胶条胶面朝下置于聚焦盘或水化盘中样品溶液上,使得胶条的正极(标有+)对应于聚焦盘的正极。确保胶条与电极紧密接触。不要使样品溶液弄到胶条背面的塑料支撑膜上,因为这些溶液不会被胶条吸收。同样还要注意不使胶条下面的溶液产生气泡。如果已经产生气泡,用镊子轻轻地提起胶条的一端,上下移动胶条,直到气泡被赶到胶条以外。

(8) 在每根胶条上覆盖 2～3ml 矿物油,防止胶条水化过程中液体的蒸发。需缓慢地加入矿物油,沿着胶条,使矿物油一滴一滴慢慢加在塑料支撑膜上。

(9) 对好正、负极,盖上盖子。设置等电聚焦程序。

(10) 聚焦结束的胶条。立即进行平衡、第二向 SDS-PAGE 电泳,否则将胶条置于样品水化盘中,-20℃冰箱保存。

等电聚焦过程示意图见图 2-2-5。

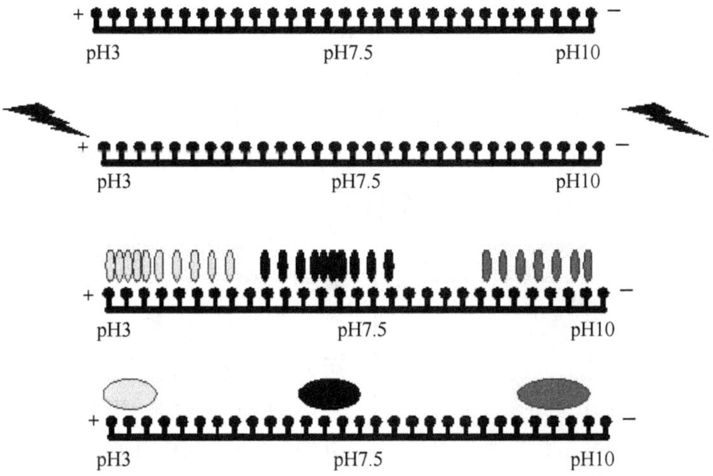

图 2-2-5　等电聚焦过程示意图

2. 第二向 SDS-PAGE 电泳

(1) 配制 10% 的丙烯酰胺凝胶两块。将胶液分别注入玻璃板夹层中,上部留 1.0cm 的空间,用 Milli Q 水、乙醇或水饱和正丁醇封面,保持胶面平整。聚合 30 分钟。一般凝胶与上方液体分层后,表明凝胶已基本聚合。

(2) 待凝胶凝固后,倒去分离胶表面的 Milli Q 水、乙醇或水饱和正丁醇,用 Milli Q 水冲洗。

(3) 从-20℃冰箱中取出的胶条,先于室温放置 10 分钟,使其溶解。

(4) 配制胶条平衡缓冲液Ⅰ。

(5) 在桌上先放置干的厚滤纸,聚焦好的胶条胶面朝上放在干的厚滤纸上。将另一份厚滤纸用 Milli Q 水浸湿,挤去多余水分,然后直接置于胶条上,轻轻吸干胶条上的矿物油及多余样品。这可以减少凝胶染色时出现的纵条纹。

(6) 将胶条转移至溶涨盘中,每个槽一根胶条,在有胶条的槽中加入 5.0ml 胶条平衡缓冲液Ⅰ。将样品水化盘放在水平摇床上缓慢摇晃 15 分钟。

(7) 配制胶条平衡缓冲液Ⅱ。

(8) 第一次平衡结束后,彻底倒掉或吸掉样品水化盘中的胶条平衡缓冲液Ⅰ。并用滤纸吸取多余的平衡液(将胶条竖在滤纸上,以免损失蛋白或损坏凝胶表面)。再加入胶条平衡缓冲液Ⅱ,继续在水平摇床上缓慢摇晃 15 分钟。

(9) 用滤纸吸去 SDS-PAGE 聚丙烯酰胺凝胶上方玻璃板间多余的液体。将处理好的第二向凝胶放在桌面上,长玻璃板在下,短玻璃板朝上,凝胶的顶部对着自己。

(10) 将琼脂糖封胶液进行加热溶解。

(11) 将 10×电泳缓冲液,稀释成 1×电泳缓冲液。赶去缓冲液表面的气泡。

(12) 第二次平衡结束后,彻底倒掉或吸掉样品水化盘中的胶条平衡缓冲液Ⅱ。并用滤纸吸取多余的平衡液(将胶条竖在滤纸上,以免损失蛋白或损坏凝胶表面)。

(13) 将 IPG 胶条从样品水化盘中移出,用镊子夹住胶条的一端使胶面完全浸没在 1×

电泳缓冲液中。然后将胶条胶面朝上放在凝胶的长玻璃板上。其余胶条同样操作。

(14) 将放有胶条的 SDS-PAGE 凝胶转移到灌胶架上,短玻璃板一面对着自己。在凝胶的上方加入低熔点琼脂糖封胶液。

(15) 用镊子、压舌板或是平头的针头,轻轻地将胶条向下推,使之与聚丙烯酰胺凝胶胶面完全接触。注意不要在胶条下方产生任何气泡。在用镊子、压舌板或平头针头推胶条时,要注意是推动凝胶背面的支撑膜,不要碰到胶面。

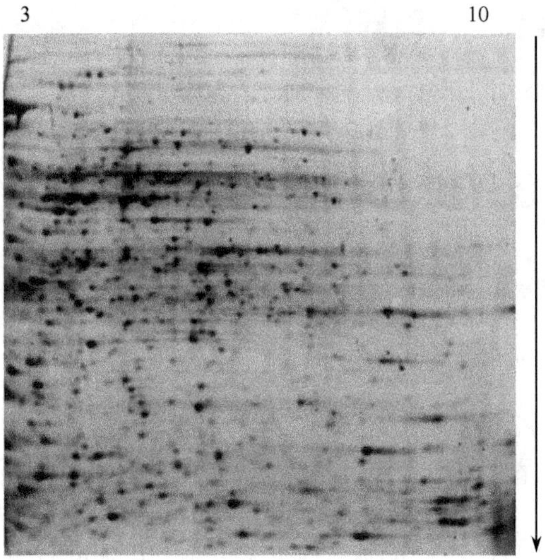

图 2-2-6 小鼠肝脏双向电泳图谱(银染)

(16) 放置 5 分钟,使低熔点琼脂糖封胶液彻底凝固。

(17) 在低熔点琼脂糖封胶液完全凝固后。将凝胶转移至电泳槽中。

(18) 在电泳槽加入电泳缓冲液后,接通电源,起始时用的低电流(5mA/gel)或低电压,待样品在完全走出 IPG 胶条,浓缩成一条线后,再加大电流(或电压)(20 ~ 30mA/gel),待溴酚蓝指示剂达到底部边缘时即可停止电泳。

(19) 电泳结束后,轻轻撬开两层玻璃,取出凝胶,并切角以作记号(戴手套,防止污染胶面)。

(20) 进行染色。图 2-2-6 显示为小鼠肝脏银染 2DE 图谱。

参考文献

郭蔼光,郭泽坤.2007.生物化学实验技术.北京:高等教育出版社
郭立安,常建华. 2011.蛋白质色谱分离技术.北京:化学工业出版社
鞠煜先,邱宗荫,丁世家等.2007.生物分析化学.北京:科学出版社
沃兴德. 2009.蛋白质电泳与分析.北京:军事医学科学出版社
夏其昌,张祥民,周仲驹等.2007.蛋白质电泳技术指南.北京:化学工业出版社

第三章　层析技术

一、概　　述

层析法(Chromatography)是一种应用广泛的生物化学分析技术,它是近代生物化学最常用的分离分析技术之一。层析技术是利用混合物各组分理化性质的差别(如分子形状和大小、吸附力、溶解度、分子极性、分配系数、电荷及分子亲和力等),使各组分以不同的程序分布在两个相中,借此将各组分分离的方法。层析系统包括两个相,其中固定不动的称为固定相,另一个流过此固定相的液体或气体称流动相。

层析技术于1903年由俄国植物学家茨维特首先将层析技术用于分离植物色素。他利用吸附剂对不同颜色的色素吸附能力的不同使混合色素在吸附柱上被分离成不同的色素层,故又称"色层分离"。以后层析技术逐渐发展应用于无色物质的分离纯化,分离机理也不局限于吸附。

层析技术是一种分离方法,主要用于分离纯化和分离分析。前者以从混合物中纯化到目的产物为目的,常以分离度、产物纯度、方法回收率等为指标;后者又可分为定性和定量分析两种,以迁移率、保留时间或体积为鉴定指标。相同物质在相同条件下层析,其迁移率或保留时间应相同,但迁移率或保留时间相同并不能说明两种物质一定是相同物质,若要证明其为同一物质,必须经几种原理不同的层析方法的共同确证。定量分析的指标可以依照斑点大小,斑点内含物洗脱分析或峰高、峰面积等。不管是定性还是定量分析,都需要标准品作对照。

根据层析系统的分离分析原理不同,可将层析方法分成不同类型(见表2-3-1)。固定相可以装入柱中,展成薄层或涂成薄膜,称为色谱床。流动相可以是气体或液体,分别称为气相色谱和液相色谱。

表2-3-1　层析法的种类

分类标准	内　容
按"两相状态"分	气液、气固、液液、液固、液凝胶
按"床的几何形状"分	柱式:填充柱、空管柱;开床式:滤纸、薄层
按"展开方式"分	洗脱、迎头、置换
按"分离机制"分	吸附、分配、离子交换、凝胶过滤、亲和层析等

下面对较为常用的吸附层析、分配层析、离子交换层析、凝胶过滤层析和亲和层析作一简要介绍。

二、层析原理

(一)分配层析

分配层析是利用混合物在两种或两种以上的不同溶剂中的分配系数不同而使物质分离的方法,相当于一种连续性的溶剂抽提。如用带水的材料(载体)作为一种液相(固定相),

加入与水不相溶或仅部分相溶的溶剂为另一种液相(流动相),则混合物各组分在两相中发生不同的分配现象而逐渐分开,形成层析谱。

载体在分配层析中只起负载固定相的作用,它们是一些吸附力小、反应性弱的惰性物质如淀粉、纤维素粉、滤纸等。固定相除水外,也可用稀硫酸、甲醇、酰胺等强极性溶液。流动相则采用比固定相极性小或非极性的有机溶剂。

纸层析是应用较为广泛的一种分配层析,以滤纸为载体,滤纸上吸附着水(20%~22%),是经常使用的固定相;某些有机溶剂如醇、酚等为常用的流动相。把欲分离的物质加在纸的一端,使流动相溶剂经此移动,这样就在两相间进行分配现象。由于样品中各物质的分配系数不同,就逐渐在滤纸上分别集中于不同的部位。在固定相中分配趋势较大的成分,随流动相移动的速度较慢;反之,在流动相中分配趋势较大的成分,移动速度就较快。物质在纸上的移动速率可以用比移值 R_f 表示。

$$R_f=\frac{\text{色斑中心至原点中心的距离}}{\text{溶剂前缘至原点中心的距}}$$

物质在一定溶剂中的分配系数是一定的,移动速率(R_f 值)也恒定,因此可以根据 R_f 值来鉴定被分离的物质。

纸层析法按操作方法分成两类,即垂直型和水平型。垂直型是将滤纸条悬起,使流动物向上或向下扩散。水平型是将圆形滤纸置于水平位置,溶剂由中心向四周扩散。垂直型使用较广,按分离物质的多寡,将滤纸裁成长条,在某一端离边缘 2~4cm 处点样,待干后,将点样端边缘与溶液接触,在密闭的玻璃缸内展开。

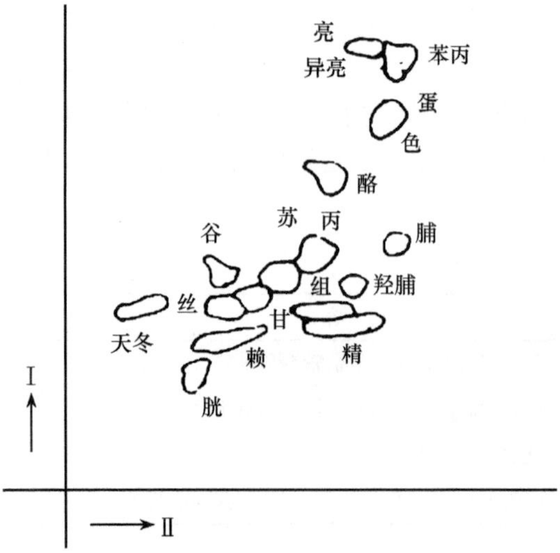

图 2-3-1 氨基酸双向纸层析色谱

I. 正丁醇:冰乙酸:水=4:1:5(V/V)

II. 酚:水=8:2(W/W)

上述方法只是用一种溶剂系统进行一次展开,称为单向层析。如果样品成分较多,而且彼此的 R_f 值相近,单向层析分离效果往往不理想,此时可采用双向层析法,即在长条形或方型滤纸的一角点样,卷成圆筒形,先用第一种溶剂系统展开;展开完毕吹干后,转 90°,再放于另一种溶剂系统中,向另一方向进行第二次展开,如此可使各成分的分离较为清晰(图 2-3-1)。

(二) 吸附层析

某些物质如氧化铝、硅胶等具有吸附其他一些物质的性质,而且对不同物质的吸附能力不同,利用这种差异可将混合物分离。吸附力的强弱,除与吸附剂本身的性质有关外,也与被吸附物质有关。根据操作方式的不同,吸附层析可分为柱层析与薄层层析两种。

1. 柱层析 柱层析是用一根玻璃管柱。在柱底铺垫棉花或玻璃棉,管内加吸附剂粉末,用适当溶剂湿润后,即成为吸附柱。然后在柱顶加入待分离的样品溶液。假如样品内含两种成分 A 与 B,则二者被吸附在柱上端,形成色圈。样品溶液全部流入吸附柱中之后,接着就加入合适的溶剂洗脱,A 与 B 也就随着溶剂以不同的移动速率向下流动,最后可使 A 与 B 分离(图 2-3-2)。在洗脱过程中,管内连续发生溶解、吸附、再溶解、再吸附的现象。例如,被吸附的 A 粒子被溶解(解吸作用)而随溶剂下移,但遇到新的吸附剂,又将 A 吸附,随后,新溶剂又使 A 溶解下移。按照同样道理,由于溶剂与吸附剂对 A 与 B 的溶解力与吸附力不同,A 与 B 移动的距离也不同。经过一定时间,如此反复地溶解与吸附。可形成两个环带,每一环带是一种纯物质。如 A 与 B 为有色物质,就可看到色层。如样品无色,可用其他方法使之显色。为了进一步鉴定,可将吸附柱从管中顶出来,用刀将各色层分段切开,然后分别洗脱。现在多采用溶剂洗脱法,即连续加入溶剂,连续分段收集洗脱剂,直到各成分全部依顺序从柱中洗出为止。

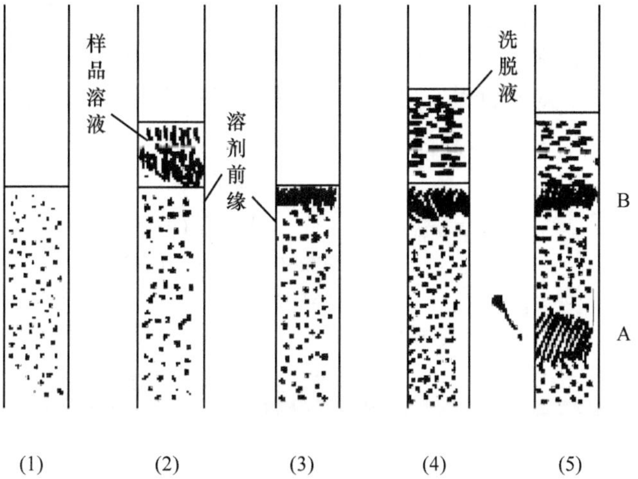

图 2-3-2 二元混合物的柱层析

(1)加溶剂润湿,成层析柱;(2)顶部加样品溶液;(3)样品两种成分被吸附留在柱的上端;(4)加纯洗脱液洗脱;(5)样品中二种成分得到分离

最常用的吸附剂是硅胶和氧化铝。硅胶的吸附能力和含水量关系极大,硅胶吸水后,吸附能力下降。通常非极性与极性不强的有机物如胡萝卜素、甘油酯、磷脂、胆固醇等的分离,用这种方法最为合适。

2. 薄层层析 薄层层析法是将吸附剂在玻璃板上均匀地铺成薄层,把要分析的样品点加到薄层析上,然后用合适的溶剂展开,也可达到分离、鉴定的目的。因为层析是在薄板上进行的,故称为薄层层析。其优点是:①设备简单,操作容易;②层析展开时间短,只需数分钟到几小时,即可获得结果;③分离时几乎不受温度的影响;④可采用腐蚀性显色剂,而且可以在高温下显色;⑤分离效率高。

制备薄板有两种方法;一是不加粘合剂,将吸附剂干粉氧化铝、硅胶等直接均匀铺在玻璃板上,通常称为软板,制作简单方便,但易被吹散;另一种是加粘合剂如水或其他液体,将吸附剂调成糊状再铺板,经干燥后才能使用,通常称硬板,制备较复杂,但易于保存。通常用氧化铝 G(G 表示石膏,即氧化铝中含 5% 煅石膏)或硅胶 G 制备硬板,此外也可用淀粉或羧甲基纤维素纳(CMC)作粘合剂制板。

（三）离子交换层析

离子交换层析是利用离子交换剂对需要分离的离子有不同的亲和力，使离子在层析柱中移行时达到分离的目的，这种柱层析称为离子交换层析。离子交换剂具有酸性或碱性基团，分别能与水溶液中阴离子或阳离子进行交换。交换过程是溶液中的离子穿过交换剂的表面，到达交换剂颗粒内，与交换剂的离子互相交换。这种交换是定量完成的，因此测定溶液中由固体上交换下来的离子量，可知样品中原有离子的含量；也可将吸附在交换剂上的样品的成分用另一洗脱液洗脱下来，再进行定量。

如有两种以上的成分被交换在离子交换剂上，用另一洗脱剂洗脱时，亲和力（即静电引力）强的离子移动较慢，而亲和力弱的离子易洗脱下来，由此可将各成分分开。

目前采用的离子交换剂大多是合成离子交换剂，即离子交换树脂。离子交换树脂是一种人工合成的高分子化合物，一般呈球状或无规则粒状。离子交换树脂分为两大类：分子中具有酸性基团，能交换阳离子的称为阳离子交换树脂；分子中具有碱性基团，能交换阴离子的称为阴离子交换树脂。按其解离性大小，又可分强弱两种：

- 阳离子交换树脂
  - 强酸性
    - 磺酸基（$-SO_3H$）
    - 酚羟基（$-OH$）
  - 弱酸性　羧基（$-COOH$）
- 阴离子交换树脂
  - 强碱性　季胺基（$-NR_3OH$）
  - 弱碱性
    - 伯胺基（$-NH_2$）
    - 仲胺基（$-NH_R$）
    - 叔胺基（$-NR_2$）

虽然交换反应都是平衡反应，但在层析柱上进行时，由于连续添加新的交换溶液，平衡不断按正反应方向进行，直到反应完全。

（四）凝胶层析（分子筛层析）

凝胶层析主要根据混合物中各种分子的大小及形状不同，通过固定相凝胶时，分子的扩散移动速率各异，使大小不同的分子得到分离和纯化。

凝胶颗粒是多孔性的网状结构。凝胶作为一种层析介质，经过适当溶剂平衡后，装入层析柱，形成层析床。当含有分子大小不一的混合物样品加在层析床表面时，样品随大量同种溶剂下行，这时分子较大的物质（阻滞作用小）就沿凝胶颗粒间孔隙随溶剂流动，流程短而移动速率快，先流出层析床。分子较小的物质（阻滞作用大），其颗粒直径小于凝胶颗粒网状结构的孔径，可渗入凝胶颗粒内，流程长而移动速率速率慢，比大分子的物质后流出层析床。

用凝胶过滤有下列优点：

(1) 凝胶一次装柱后，可反复使用多次，每次洗脱过程也就是再生过程，不必经过回收处理，可以连续使用，因此操作简便、快速而且经济。

(2) 实验具有高度的可重复性，样品回收几乎可达100%，如果按比例扩大柱的体积和高度可进行大量样品的分离纯化。

(3) 是一种极其温和的方法，不易引起生物样品的变性。

凝胶过滤也有下列缺陷:

(1) 必须保证样品和洗脱剂的黏度很低,以利于溶剂的有效移动和溶质分子在层析床中的自由扩散。

(2) 由于凝胶颗粒网络孔径的大小是非常有限的,所以可被纯化的物质的分子量范围受到限制。

(3) 凝胶结构对某些溶质分子具有吸附作用,例如芳香族物质及脂蛋白等。

凝胶的分离范围从分子量数百(10^2)到近亿(10^8)。现将常用的凝胶分离的范围列入表 2-3-2。

表 2-3-2 凝胶分离的范围

凝胶		分离范围(分子量)
琼脂糖		
Sepharose		4×10^7
	4B	2×10^7
	6B	4×10^6
葡聚糖		
Sephadex	G-200	6×10^5
	G-100	1.5×10^5
	G-50	3×10^4
	G-25	5×10^2
聚丙烯酰胺		
Biogel	P300	5×10^5
	P150	1.5×10^5

凝胶过滤法广泛用于生物高分子的蛋白质、酶、核酸等的分离和提纯(包括脱盐、浓缩等),并应用于微量放射性物质的分离。目前使用的商品如琼脂糖凝胶可分离的分子量最大达 10^8 故可用以分离高分子量的核酸与蛋白质。凝胶过滤层析还可用来测定蛋白质的分子量。

此外,既有分子筛性质又有离子交换作用的凝胶 QAE-交联葡聚糖,属于强碱型阴离子交换剂,可有效地分离核苷酸类混合物。Sephadex LH-20,可用于分离脂溶性物质,如脂肪、类固醇及脂溶性维生素等。

(五) 亲和层析

亲和层析是利用生物高分子能与相应的配基专一的可逆结合,而对物质分离纯化的方法。如果将配基共价连接在固相载体上制成吸附系统,则通过层析柱的生物高分子就能以其高亲和力与配基特异结合,使其与杂质分离开来,从而达到纯化的目的。由于这是利用生物高分子物质的生物功能进行层析的,提纯效果远大于其他层析法,有时一步操作就能提纯 100 倍,甚至 1000 倍,效率高,操作简便,分离也快速。对含量少且与杂质的溶解度、分子大小、电荷分布等理化性质差异很小的物质,更宜于使用此种方法进行分离纯化。

此法主要用于各种蛋白质如酶、抗原、抗体、受体、转运蛋白等的纯化，但必须要有适当的配基以备共价结合在一定的载体上。

亲和层析所用的载体要求：①必须是非特异吸附很小的惰性物质；②具有大量能与配基结合的化学基团；③有稀疏网状结构，容许大分子物质自由进入；④有较好的化学稳定性，能经受亲和层析时所用的条件；⑤有良好的机械性能，颗粒均匀。常用的有琼脂糖、聚丙烯酰胺凝胶和多孔玻璃珠等。

选择配基要根据所纯化的大分子的生物功能及特性。如分离酶可用其作用物的类似物、效应物、辅助因子，有时也可用其作用物，但需选择条件以停止其催化作用。必须注意：①配基与其所分离的蛋白质之间要有强亲和力，解离常数要低于5.0mmol/L，但亲和力也不能过强，否则强烈的洗脱条件会使蛋白质变性；②配基要有适当的化学基团，虽不参与大分子专一结合，但可借此共价结合到载体上。

配基结合载体的方法有多种。一般先活化载体上功能基团，再与配基连接。例如琼脂糖载体，可在其糖的羟基上用溴化氰于pH11时进行反应，形成氨基甲酯基团或亚氨碳酸基团后，再与配基中的氨基或羟基作用，形成共价结合。

层析时，层析柱中有一定的配基浓度，上样后，待分离的蛋白质与相应配基形成特异复合物，蛋白质配基复合物。随着样品的不断加入，复合物的形成增多，从而形成紧密的吸附带，此时应选择适当离子强度及适当pH的缓冲剂使其更易于形成复合物。接下来再用平衡缓冲液充分洗涤，以除去非特异吸附的杂质，使柱中只留下特异吸附的蛋白质，再改变缓冲液pH或离子强度，使所要分离的蛋白质从复合物中解离而洗脱下来，也可加入可溶性配基作竞争性洗脱。有时亲和力特别强，还可试用尿素、盐酸胍等蛋白质溶剂使其洗脱。

三、层析基本方法

（一）纸层析法

纸层析法是以纸作为载体的层析法，分离原理属于分配层析的范畴。固定相一般为纸纤维上吸附的水分，流动相为不与水相混溶的有机溶剂。在某些特殊情况下，将石油、硅油等吸附在滤纸上作为固定相，以水溶液（或有机溶剂）为流动相，这种方法称为反相纸上分配层析。

纸层析法的一般操作：取滤纸一条，在接近纸条的一端，点加一定量欲分离的试液，干后，悬挂在一密闭的层析筒中，使溶剂（流动相）从试液斑点的一端，通过毛细管作用，慢慢沿着纸条向下扩展（叫下行法），或向上扩展（叫上行法）。此时，点在纸条一端试液中的各种物质随着溶剂的流动，即在两相间进行分配，经过一定时间后，取出纸条，画出溶剂前沿线，待干。如果欲分离物质是有色的，在纸上可以看出各组分的色斑。如为无色物质，可用其他物理的或化学的方法使它们显出斑点来。并用比移值 R_f 来表示各组分在层析谱中的位置：

$$\text{比移值 } R_f = \frac{\text{原点至斑点中心的距离}}{\text{原点至溶剂前沿的距离}}$$

比移值 R_f 是定性分析的指标。

层析用滤纸要求质地均匀，平整无折痕，边缘整齐，纸纤维松紧适宜，杂质含量少，无明显的荧光斑点。在选用滤纸型号时,应结合分离对象加以考虑。对 R_f 值相差很小的混合物,宜采用慢速滤纸;对 R_f 值相差较大的混合物,则可选用快速或中速滤纸;厚纸载量大,供制备或定量用,薄纸供一般定性用(表 2-3-3)。纸层析法除了上行法和下行法外,还有双向展开法、水平展开、经向展开和多次展开法等方式。

表 2-3-3　新华层析滤纸的性能与规格

型号	标重（g/m^2）	厚度（mm）	吸水性（30 分钟内水上升 mm）	灰分（g/m^2）	性能	备注
1	90	0.17	15～120	0.08	快速	
2	90	0.16	120～90	0.08	中速	相当于 Whatman 1 号
3	90	0.15	90～60	0.08	慢速	
4	180	0.34	151～121	0.08	快速	
5	180	0.32	120～91	0.08	中速	相当于 Whatman 2 号
6	180	0.30	90～60	0.08	慢速	

(二) 薄层层析法

把吸附剂(或载体)均匀地铺在一块玻璃板或塑料板上形成薄层,在此薄层上进行层析分离,称为薄层层析法。按分离机制可分为吸附、分配、离子交换、凝胶过滤等法。薄层层析法的优点是:①展开时间短,一般只需十至几十分钟;②分离能力强,斑点集中;③灵敏度高,通常几至几十微克的物质即可被检出;④显色方便,可以直接喷洒腐蚀性显色剂;⑤所用仪器简单,操作方便。薄层层析的展开方式也有上行法、下行法、经向展开法、单向多次展开法、双向展开法和倾斜上行法等,近年还发展了离心薄层层析法,借助于离心力加快展开速度,提高分离效果。

(三) 柱层析法

将固定相装于柱内,使样品随流动相沿一个方向移动,在流动过程中,样品在固定相和流动相中进行千百次的交换,从而将样品中各组分间的微小差别在交换中放大,变成移动时速度的差异,最终使各组分分离,这种方法称为柱层析。其分离机制根据装于柱内的填料不同,可以包括吸附、分配、离子交换、凝胶过滤和亲和层析等。其层析方式大致可以分为四类:常压柱层析,中压柱层析,高压柱层析和气相层析。常压柱层析利用静压差驱动洗脱液流过层析柱。样品液加在层析柱的顶端,待分离的各组分先后从层析柱下端流出,由检测器检测各组分洗脱的情况,收集器分别收集。常压柱层析可由单一洗脱液洗脱,也可分段洗脱或梯度洗脱。这种方法的优点是设备简单,操作简便,样品处理量大,常用于分离制备。缺点是实验条件较难控制,重复性较差,分离周期长。中压柱层析和高压柱层析是仪器化了的层析法。中压柱层析的柱压常为 10～50Pa,高压柱层析的柱压常高达 100～200Pa。中压和高压柱层析都需要恒流速泵来驱动洗脱液。中压层析仪常由塑料管道,塑料层析柱组成,虽不耐高压,却能耐腐蚀,故常用于离子交换层析,如 Pharmacia 公司的 PLC 仪。高压层析仪也叫高效液相层析仪常由不锈钢管道和层析柱组成,能耐高压却不耐腐蚀,常用有机溶剂作洗脱液。这类层析法的优点是:高效固定相产生高分离效果;快速,分离周期短;实验条件易于控制,重复性好。缺点是仪器复杂,价格昂贵。气相层析法也属于柱层析法,其流动相为气体,该法首先要求样品能够气化,这一点限制了气相层析法在生物分子领域内的应用。

参考文献

付晓玲. 2012. 生物分离与纯化技术. 北京:科学出版社
郭蔼光,郭泽坤. 2007. 生物化学实验技术. 北京:高等教育出版社
倪菊华. 2008. 生物化学与分子生物学实验教程. 北京:北京大学医学出版社

第四章　离 心 技 术

一、概　　述

离心技术是利用高速旋转的离心力以及物质的沉降系数或浮力密度的差别进行分离、浓缩和提纯的一种方法。离心机是利用离心力把溶液中的粒子进行分离的一种仪器。

根据离心机转速的不同常将离心机分为普通离心机(最高转速 4 000r/min),高速离心机(最高转速 20 000 ~ 25 000r/min)和超速离心机(最高转速可在 60 000r/min 以上)。超速离心机又可分为分析超速离心机和制备超速离心机两类。按使用温度不同分为常温或冷冻离心机。

离心技术已广泛应用于生物化学、细胞生物学、分子生物学、药理学等领域。它用于连续地分离悬浮液中的细胞或粒子,如各种细胞、病毒粒子、核酸、蛋白质、脂类等生物分子,并能确定这些大分子在离心场中的物理特性参数。离心技术也用于分离亚细胞器,如细胞核、线粒体、叶绿体、高尔基体、内质网、核糖体等。

二、离心分离的原理

悬液静置不动时,由于重力作用,悬粒逐渐自动沉降。粒子越重下沉越快,而密度比液体小的粒子则向上浮。稍大颗粒,如直径为数微米的红细胞可以利用重力来观察其沉降速度。但小于几个微米的微粒如病毒颗粒就不可以利用重力来使其自然沉降,因为微粒小,沉降慢,扩散现象严重,所以需要利用离心的方法,产生强大的离心力场,以加速沉降。

1. 离心力和相对离心力　物质作圆周运动时形成的一种迫使物体脱离圆周运动中心的力即离心力(centrifugal force,F)。当离心机转子以角速度 ω(rad/s)旋转,旋转半径为 r(cm),有效质量为 m 时

$$F = m\omega^2 r \tag{1}$$

相对离心力(relative centrifugal force,RCF)指在离心扬中,作用于颗粒的离心力相当于地球重力的倍数,单位是重力加速度 g(980 cm/s^2)即

$$\mathrm{RCF} = \frac{\omega^2 r}{980} \tag{2}$$

实际应用中,这一关系式常用每分钟转 n 或 r/min 来表示。由于 $\omega = \frac{2\pi n}{60}$,所以

$$\mathrm{RCF} = \frac{4\pi^2 n^2 r}{3600 \times 980} = 1.119 \times 10^{-5} n^2 r \tag{3}$$

由于实际工作中 RCF 与 n 常要进行换算,因此利用上式制成 RCF 与 n 的列线计算图(图 2-4-1),由图中两者数值的点的延线,即得与第三者的交点,此即为所求的第三者数值。

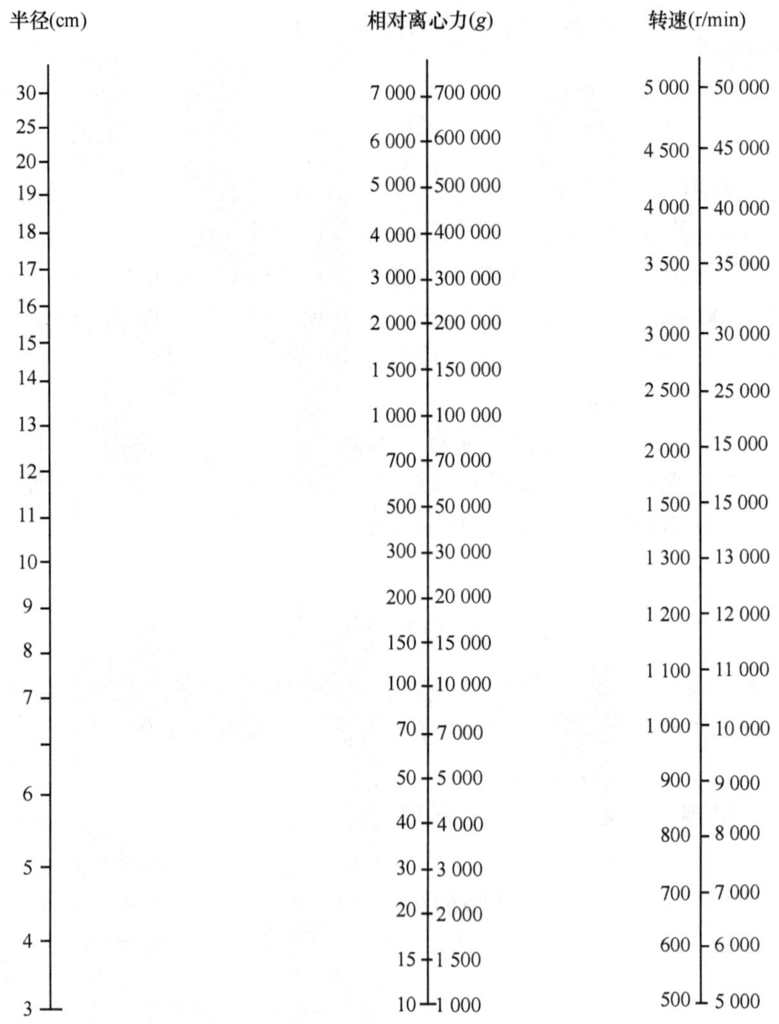

图 2-4-1　离心机转速与离心力的列线图

2. 沉降速度(v)　在强大的离心力作用下,单位时间内粒子沉降的距离。一个粒子的沉降速度不但取决于所提供的离心力,还取决于粒子的密度和半径,以及悬浮介质的黏度。

$$v=\frac{\mathrm{d}x}{\mathrm{d}t}=\frac{d^2}{18}\cdot\left(\frac{\sigma-\rho}{\eta}\right)\cdot\omega^2 r \qquad (4)$$

d 表示颗粒的直径,σ 表示颗粒的密度,ρ 表示介质密度,η 表示溶液的黏度。

3. 沉降系数(S)　沉降系数是粒子在离心场中的物理参数,是在单位离心力作用下粒子的沉降速度。

$$S=\frac{v}{\omega^2 r}=\frac{d^2}{18}\cdot\frac{\sigma-\rho}{\eta} \qquad (5)$$

S 的单位是 s,为纪念超速离心的创始人 Svedberg,规定 10^{-13}s 为一个 Sevdberg 单位(S)即 1S=10^{-13}s。一般蛋白质、核酸、多糖的沉降系数在 1～200S。

4. 沉降时间(t)　某一介质中使粒子从液体的凹面沉降到离心管底部所需要的离心时间。沉降时间与沉降速度成反比。

$$t=\frac{18\eta}{\omega^2 d^2(\sigma-\rho)}\ln\frac{R_{max}}{R_{min}} \tag{6}$$

R_{max} 和 R_{min} 代表转轴中心至离心管的最近及最远距离。

如果已知某粒子的沉降系数(S),则可估计其沉降时间(t):

$$t=\frac{1}{S}\left(\frac{\ln R_{max}-\ln R_{min}}{\omega^2}\right)$$

S 粒子的沉降系数,括号内的部分可用常数 K 表示。则 $K=S_t$,若 t 的单位为小时,S 以 Svedberg 单位表示,可得:

$$K=\frac{\ln R_{max}-\ln R_{min}}{\omega^2}\cdot\frac{10^{13}}{3600} \tag{8}$$

K 是转子的效率因子,K 因子越小的转子,效率越高。转子出厂时都已标上最大转速时的 K 值,由此可求得低速时的 K 值。有了 K 值就能估计具有一定沉降系数的粒子的沉降时间。

三、制备离心技术

制备性离心是以分离纯化生化物质、细胞、亚细胞粒子为目的。主要有两种方法即差速离心法和密度梯度离心法。

1. 差速离心法　采用逐渐增加离心速度或低速与高速交替进行离心,使沉降速度不同的颗粒在不同离心速度及不同离心时间下分批分离的方法,称为差速离心法。一般用于分离沉降系数相差较大的颗粒。

2. 密度梯度离心法　是一种分级区带离心,即样品在梯度介质中进行离心沉降或沉降平衡,在一定离心力作用下把颗粒分配到梯度中某些特定位置上,形成不同区带的分离方法。密度梯度离心法又可分为差速-区带离心法(或称沉降速度法)和等密度离心法(或称沉降平衡法)。

(1) 差速-区带离心法:当不同的粒子间存在沉降速度差时,在一定离心力作用下,粒子各自以一定速度沉降,在密度梯度的不同区域上形成区带的方法称为差速-区带离心法。差速-区带离心仅用于分离有一定沉降系数差的颗粒,与其密度无关。大小相同,密度不同的颗粒(如线粒体、溶酶体和过氧化物酶体)不能用本法分离。

离心时,由于离心力的作用,颗粒离开原样品层,按不同沉降速度沿离心管沉降。离心一定时间后,沉降的颗粒逐渐分开,最后形成一系列界面清楚的不连续区带。沉降系数越大,向下沉降得越快,所呈现的区带也越低。沉降系数较小的颗粒,则在较上部分依次出现。从颗粒的沉降情况来看,离心必须在沉降最快的颗粒(大颗粒)到达管底前或刚到达管底时结束,使颗粒处于不完全的沉降状态,而出现在某一特定区带内。在离心过程中,区带的位置和形状(或宽度)随时间而改变。因此,区带的宽度不仅取决于样品组分的数量、梯度的斜率、颗粒的扩散作用和均一性,也与离心时间有关。

(2) 等密度离心法:当不同颗粒存在浮力密度差时,在离心力场中,颗粒或向下沉降,或向上浮起,一直沿梯度移动到与它们密度恰好相等的位置上形成区带,即等密度离心法。

等密度离心的有效分离取决于颗粒的密度差,密度差越大,分离效果越好,与颗粒的大小和形状无关,但后两者决定着达到平衡的速度、时间和区带的宽度。等密度离心的分辨率受颗粒性质(密度、均一性、含量)、梯度性质(形状、斜率、黏度)、转子类型、离心速度和时间的影响。颗粒区带宽度与梯度斜率、离心力、颗粒分子量成反比。

四、电动离心机的使用

1. 操作

(1) 使用离心机前先检查调速旋钮是否在"0"处。外套管是否完整不漏,外套管内是否有异物,外套管底部需放有橡皮垫。

(2) 离心时先将待离心的物质转移到大小合适的离心管内,量不宜太多,2/3 管体积为宜。将离心管放入外套管,在离心管与外套管间加少量水作缓冲平衡用。

(3) 将上述盛有离心液的两只离心管连同套管置台秤上,调节两边重量使之达到平衡。如不平衡,可调整离心管内容物的量或平衡用水的量。每次离心操作都必须严格遵守平衡的要求,否则将会损坏离心机部件。甚至造成严重事故。

(4) 将平衡好的管,按对称方位放入离心机插孔中,把不用的离心套管取出,并盖严离心机盖。

(5) 开动时,先开电门,然后慢慢拨旋钮使速度逐渐增加至所需的转速档。当达到离心所需时间后,再调旋钮,进行减档降速,最后将旋钮拨到"0",待离心机自动停止后,才能打开离心机盖取出样品,不继续使用时拔下插头。

(6) 用完后,取出套管中橡皮垫洗净,保管好。冲洗外套管,倒置使其干燥。

2. 注意事项

(1) 离心机应放置在牢固的水平平面上。

(2) 启动要慢,若启动过快,不仅多余电流会变成热能,易烧掉线包,而且离心管受震动大,容易洒液,破管。停止时也要慢,绝不能用手阻止强停。

(3) 避免持续使用时间过长。

参 考 文 献

郭蔼光,郭泽坤. 2007. 生物化学实验技术. 北京:高等教育出版社

倪菊华. 2008. 生物化学与分子生物学实验教程. 北京:北京大学医学出版社

Nichols, J. B. 1959. Physical Methods of Organic Chemistry (3rd ed). New York: Interscience press

Pickel, E. G. 1950. Centrifugation in Biophysical Research Methods. New York: Interscience press

第五章 聚合酶链反应技术

聚合酶链式反应(polymerase chain reaction,PCR)是近20余年来发展起来的一种应用十分广泛的DNA体外扩增技术,方法简便,结果可靠,可以在普通实验室完成。该方法最初由Mullis建立,他使用三种温度水浴进行实验,采用大肠杆菌DNA聚合酶Ⅰ的Klenow片段催化复性引物的延伸。由于该酶不能耐受使DNA变性时的高温,所以每一轮反应都需添加新的酶,产量不高且步骤繁复,对实验步骤要求较高,无法推广使用。1988年Saiki等将耐热DNA聚合酶(*Taq*酶)引入了PCR技术。由于*Taq*酶能够耐受97.5℃加热5~10分钟,因此使DNA变性的94℃加热不使其失活,整个扩增过程只加一次酶即可,并且高温反应也增加了扩增的特异性和效率,易于自动化进行。PCR是近代分子生物学史上的一次技术革命,Mullis因其杰出的贡献于1993年获诺贝尔化学奖。

PCR技术能快速特异地在体外复制目的基因,理论上能将其极微量的(pg级)目的基因在较短的时间内(1~2小时)扩增到极易检测的微克水平。PCR技术目前已经成为人们获得目标基因的最常用的方法之一。然而其基本原理并不复杂,主要包括模板DNA(目标DNA)加热变性;降温后反应混合物中特异性引物与单链DNA模板的复性;72℃条件下,引物引发新链由5′端到3′端延伸。每一轮反应,模板拷贝数都增加一倍,理论上n次循环后,扩增产物拷贝数为初始拷贝数的2^n倍。但在PCR反应后期由于底物的消耗,*Taq*酶活力的下降,PCR抑制物的增加,PCR扩增由指数形式逐渐转化为线性形式进入平台期。实际上经过30~35个循环,扩增倍数一般可达百万倍。如果想再提高扩增产物的量,可以将产物DNA再稀释1000倍作为新的模板进行第二轮的PCR扩增,一般二次扩增后的DNA数量已达到所有分子生物学操作的要求。

第一节 PCR基本步骤

一、变 性

加热或在碱性条件下可以使DNA双螺旋的氢键断裂,形成单链DNA,称之为DNA变性。去除变性条件后,单链DNA可以重新结合起来,再形成双链,称之为DNA复性,又叫退火。DNA双链解离一半时温度称为解链温度(T_m)。不同DNA的解链温度不同,取决于DNA中G—C与A—T的含量。G—C间有三个氢键,A—T间有两个氢键,因此G—C比例大的DNA片段解链温度高,一般,G—C含量每增加1%,PCR变性温度增加0.4℃。T_m范围一般为85~95℃,PCR变性温度选择94℃,变性时间为30s到2分钟。

二、退 火

PCR反应体系的退火其实是模板与引物杂交的过程。引物是与模板某段序列互补的DNA单链。一般引物是人们根据目标DNA的序列人工合成的,其长度在15~30碱基之间。引物的设计有一定的原则,但完全达到理论要求的理想引物,几乎不存在。通常反应体系中,引物的浓度大大地超出体系中模板的浓度,所以变性后,系统温度降低,首先是引物与单链模板 DNA 结合,形成局部双链,而不是原来的两条单链模板 DNA 再结合形成的完整的双链(图 2-5-1)。

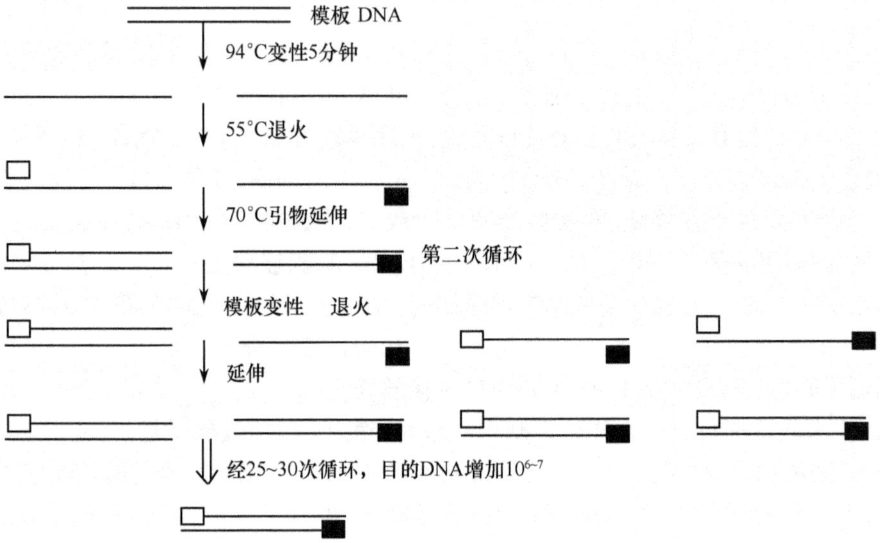

图 2-5-1　PCR 反应过程

三、延　伸

PCR 中链的延伸是有方向的,以引物为起点,从 5′端到 3′端延伸,这是由 DNA 聚合酶(*Taq* 酶)的特性决定的。*Taq* 酶具有 DNA 多聚酶的核心功能以 DNA 为模板,从结合在特定 DNA 模板上的引物出发,将四种脱氧核苷酸以碱基配对方式按 5′→3′的方向,沿着模板顺序合成新的 DNA 链。*Taq* 酶催化 DNA 合成的温度以 70 ~ 80℃为宜,此时该酶的 K_{cat} 值为 150 核苷/(秒 · 酶分子),55℃为 24 核苷/(秒 · 酶分子),37℃为 1.5 核苷/(秒 · 酶分子),22℃为 0.25 核苷/(秒 · 酶分子)。高于 90℃时 DNA 合成几乎不进行。*Taq* 酶具有 DNA 合成的 5′端到 3′端外切酶活性,但不会影响 PCR 扩增。*Taq* 酶没有 3′端到 5′端外切酶活性,所以如果发生脱氧核苷酸的错误掺入时,这种酶没有校正能力。*Taq* 酶对 Mg^{2+} 离子浓度较为敏感,1.5 ~ 2.0mmol/L 条件下酶活性最高。许多生物变性剂对酶活性有不同程度的影响。PCR 扩增 DNA 特定区段,是由人工合成的两条寡核苷酸引物所决定的,这是 PCR 扩增的理论关键。

第二节　PCR 的影响因素

一、模　板

单、双链 DNA 或 RNA 都可作为 PCR 的模板,若起始材料是 RNA,需先通过反转录反应得到 cDNA。为提高 PCR 反应的特异性,所加 DNA 模板量应作相应的调整,如克隆 DNA(ng),染色体 DNA(μg),待扩增片段(10^4 拷贝数量)来做起始材料。模板可以是粗制品,但不能混有蛋白酶、核酸酶、*Taq* 酶抑制剂以及任何能结合 DNA 的蛋白质。

二、引 物

引物是决定 PCR 结果的关键。引物的设计要注意以下几点：

1. 一般考虑 最佳引物应能有效地结合到目的序列上，尽可能不与其他部位结合。两个引物之间距离可长达 10kb，但超过 3kb 后合成效率大为降低，引物设计应能显示 PCR 产物的特异性。

2. 与模板的互补 多数 PCR 引物要与模板序列完全互补。但有时要注意改变其中某些碱基，可引入基因工程的突变、引入新内切酶位点；当缺乏确切的 DNA 序列资料，也会在引物中包含有不配对的碱基。最好把不配对的碱基置于引物 5′端，靠近 3′端会影响引物的延伸。

3. 引物长度 引物的长度一般为 20～30 个碱基，最低不要少于 16 个。

4. 引物序列 尽量使引物的 GC 含量与模板相近，G+C 含量一般为 40%～60%。序列中要避免连续出现多个嘌呤或嘧啶，以防止形成不利的二级结构。

5. 引物二聚体 当两个引物 3′端序列互补时，就会发生退火，然后聚合酶就会把引物延伸到另一引物的末端，从而形成引物的二聚体。这对特异的 PCR 反应造成不良影响。

三、反应温度和时间

PCR 涉及变性、退火、延伸三个不同温度和时间。通常变性温度和时间为 95℃，45s 至 1 分钟，过高温度或持续时间过长会降低 *Taq* DNA 聚合酶活性和破坏 dNTP 分子。退火温度可选择比变性温度（T_m）低 2～3℃，变性温度按 $T_m=4(G+C)\%+2(A+T)\%$ 计算。在 T_m 值允许的范围内，较高的退火温度有利于提高 PCR 特异性，退火时间一般为 0.5～1 分钟。延伸温度为 72℃，时间与待扩增片段长度有关，一般 1.0kb 以内片段延伸时间为 1 分钟，如扩增片段较长可适当增加时间。

四、*Taq* DNA 聚合酶

目前有两种 *Taq* DNA 聚合酶供应：从嗜热水生菌中提取的天然酶和大肠杆菌表达的重组 *Taq* DNA 聚合酶（Ampli *Taq*™）。两种酶都有 5′→3′外切酶活性，但均缺乏 3′→5′外切酶活性。在 PCR 中，它们可以相互替代，催化典型的 PCR 所需酶量为 1.0～2.5 单位。酶量偏少则 PCR 产物相应减少，酶量过高则会增加非特异性反应。

五、dNTP 浓度

dNTP 在饱和浓度（200μmol/L）下使用。由于 dNTP 溶液有较强酸性，配制时可用 1.0mol/L NaOH 溶液将其储存液（50mmol/L）的 pH 调至 7.0～7.5。分装小管于-20℃保存。反复冻融会使其降解。

六、PCR 缓冲溶液

在反应体系中二价阳离子的存在至关重要，Mg^{2+}优于 Mn^{2+}，而 Ca^{2+}无效。它们对引物与模板的结合、产物特异性、错配率、引物二聚体的生成及酶的活性等方面有较大影响，Mg^{2+}浓度一般在0.5～2.5mmol/L。每次使用新的引物时，都应调整Mg^{2+}浓度至最佳。

PCR技术广泛应用于各研究领域，已发展和衍生出许多有用的特殊方法，其中主要有：以RNA为模板扩增cDNA的反转录PCR（RT-PCR）；定量测定扩增产物量的定量PCR（QM-PCR）；检测单碱基突变的单链构象分析（SSCP-PCR）；分析DNA旁侧区病毒整合位点的反向PCR（Inverse PCR）；DNA测序分析的不对称PCR和增加PCR产物特异性及提高灵敏性的巢式PCR（Nested PCR）等。PCR技术的应用将越来越广泛，PCR技术不仅可以用于基因分离、克隆和核酸序列分析，还可用于突变体和重组体的构建、基因表达调控的研究、基因多态性的分析、遗传病和传染病的诊断、肿瘤发生机制的探索、法医鉴定等诸多方面。

参考文献

黄留玉. 2011. PCR最新技术原理、方法及应用（第2版）. 北京：化学工业出版社

夏其昌，张祥民，周仲驹等. 2007. 蛋白质电泳技术指南. 北京：化学工业出版社

张志珍，刘勇军. 2010. 生物化学与分子生物学实验指导. 北京：科学出版社

第六章 印迹技术

印迹技术是指将待测样本结合到一定的固相支持物上,利用靶分子的物理化学特性与液相中探针分子特异性的结合,并依赖探针,达到对目标分了进行定性或定量分析的目的。该技术具有较高的特异性以及敏感度,已成为分子生物学领域中最常用的基本技术之一。

第一节 核酸分子杂交与印迹技术

核酸分子杂交(molecular hybridization)技术实质上是利用碱基之间遵循互补配对原则,形成氢键的特性,使得具有一定同源性的两条核酸单链在一定条件下(适宜的温度和离子强度等)退火形成双链,又称为核酸印迹技术。该技术可广泛应用于基因克隆的筛选和酶切图谱制作、基因组中特定序列的定性和定量检测、基因突变分析及疾病的诊断等各方面。

核酸印迹的形式较为多样:如可以直接将核酸样品点样于固相支持物上,称为斑点或狭缝印迹;也可以利用毛细管虹吸作用或电场作用将凝胶中的核酸分子转移至支持物上;待测核酸序列既可以是克隆的基因片段,也可以是未克隆化的基因组 DNA 和细胞总 RNA。

目前核酸印迹技术中应用得较为广泛的是 Southern blotting 和 Northern blotting。它们之间的区别主要在于目的核酸分子的种类不同,分别对应的是 DNA 和 RNA。现具体介绍如下:

一、Southern blotting

Southern blotting 是由 Southern 于 1975 年首先被设计应用的。大致过程是将经琼脂糖凝胶电泳分离的 DNA 片段转移到特异的固相支持物上(确保转移后的 DNA 片段保持原来的相对位置不变)再用标记的核酸探针与固相支持物上的 DNA 片段杂交,去除未杂交的游离探针分子后,通过放射自显影方法取得分子杂交的结果,即可显示目的 DNA 分子存在的位置。

其具体操作分为 5 个部分:

1. 电泳 取适量的 DNA 样品,进行琼脂糖凝胶电泳,在其中一孔内加入合适的 DNA 分了量标准参照物(Marker)。依据凝胶电泳的特件,可将核酸分子按分子量大小不同,予以分离,并通过与 Marker 相对照,以便于稍后估计目的 DNA 分子的分子量大小。

2. 变性 由于 DNA 样品多为双链状态,为了便于其与探针进行杂交,必须事先对凝胶内部的样本进行变性处理。而不同的 DNA 分子,使其变性的难易程度有所不同。一般以熔解温度(T_m)作为衡量尺度。所谓 T_m 指的是 DNA 双链 50% 被解开保持单链状态时的温度。多数 DNA 分子的 T_m 在 85 ~ 90℃左右;事实上 Tm 并不是一个固定的常数,它受到以下因素的影响:

(1) DNA 的碱基组成：(G+C)% 越高，T_m 也越高；计算公式为：$T_m = (G+C)\% \times 0.41 + 69.3$。

(2) 溶液的离子强度：DNA 链骨架上的磷酸基团带有较多负电荷，它们之间的静电相斥作用是其双链的不稳性因素之一。在无盐的水中，DNA 在室温下就会变性，加入盐后，正离子可以封闭磷酸基团的负电荷，使 DNA 双链的稳定性增加，T_m 亦增高。

(3) pH：pH 在 5～9，T_m 变化不明显。在高 pH 下，可使碱基失去形成氢键的能力。

(4) 变性剂：变性剂可干扰碱基堆积力和氢键的形成，因此可降低 T_m。常用的变性剂是甲酰胺和脲，通常用 50% 的甲酰胺溶液以使 T_m 降低 30℃。

3. 转膜　将电泳完的凝胶进行 DNA 变性处理，然后夹在固相膜和滤纸之间，利用虹吸作用，在转移缓冲液从下而上的移动过程中，将 DNA 从凝胶带到固相膜上。这种转移到膜上的 DNA 不仅保持了在凝胶上的相对位置，而且也保留了凝胶上 DNA 量的信息。选择良好的固相支持物与有效的转移方法是膜上印迹杂交技术成败的两个关键因素。良好的固相支持物应具备以下几个特性：

(1) 具有较强的结合核酸分子的能力，一般要求每平方厘米结合核酸分子的量不应低于 10μg，最好能达到数十微克。

(2) 与核酸分子结合后，不应影响其与探针分子的杂交反应。

(3) 与核酸分子的结合稳定牢固，能经受杂交、洗脱等操作而不致较大程度脱落。

(4) 非特异性吸附少，在洗脱时能将非特异性吸附在其表面的探针分子去除。

(5) 具有良好的机械性能，以便于操作。目前实验室最常用的杂交膜，尼龙膜和聚二氟乙烯(PVDF)膜三种。

4. DNA 的固定　为了满足杂交实验的要求，必须将转移后的 DNA 固定到杂交膜上。彻底干燥可以将 DNA 固定在尼龙膜或硝酸纤维膜上，而尼龙膜在小剂量紫外线照射下可以与 DNA 分子形成共价结合。

5. 杂交　带有 DNA 的膜置于一定的缓冲液中，在此溶液中加入经过 DNA 变性处理的放射性核素标记的探针，在一定温度下进行 DNA 的复性反应。探针是用于检测互补核苷酸链存在与否的已知核苷酸链。为了便于示踪，探针必须用一定的手段加以标记，以利于随后的检测。常用的标记物是放射性核素，如 ^{32}P、^{35}S、^{14}C、^{3}H、^{125}I 等。放射性核素的敏感性高、方法简便、操作稳定；但其半衰期短，有放射性污染。与放射性核素标记的探针相比，非放射性物质，如地高辛配基、生物素、荧光素等标记的探针具有安全、无污染、稳定性好、显色性、易于观察等优点，近年来得到了广泛的应用。杂交前首先进行预杂交，目的是将杂交膜上的非特异性 DNA 结合位点封闭，减少与探针的非特异性吸附作用，降低杂交结果的本底。

6. 显影　杂交结束后，将膜在一张 X 线片上曝光。这样，有放射性核素的放射信号就会在与探针互补的 DNA 条带处出现，从而达到检测的目的。对于非放射性标记物探针的检测，如生物素标记的探针在杂交结束后，加入辣根过氧化物酶(HRP)或碱性磷酸酶结合的链亲和素或卵白素，这些经过酶修饰的链亲和素或卵白素可以与生物素特异性结合。此外，也可以用化学发光法代替颜色反应。操作如图 2-6-1 所示。

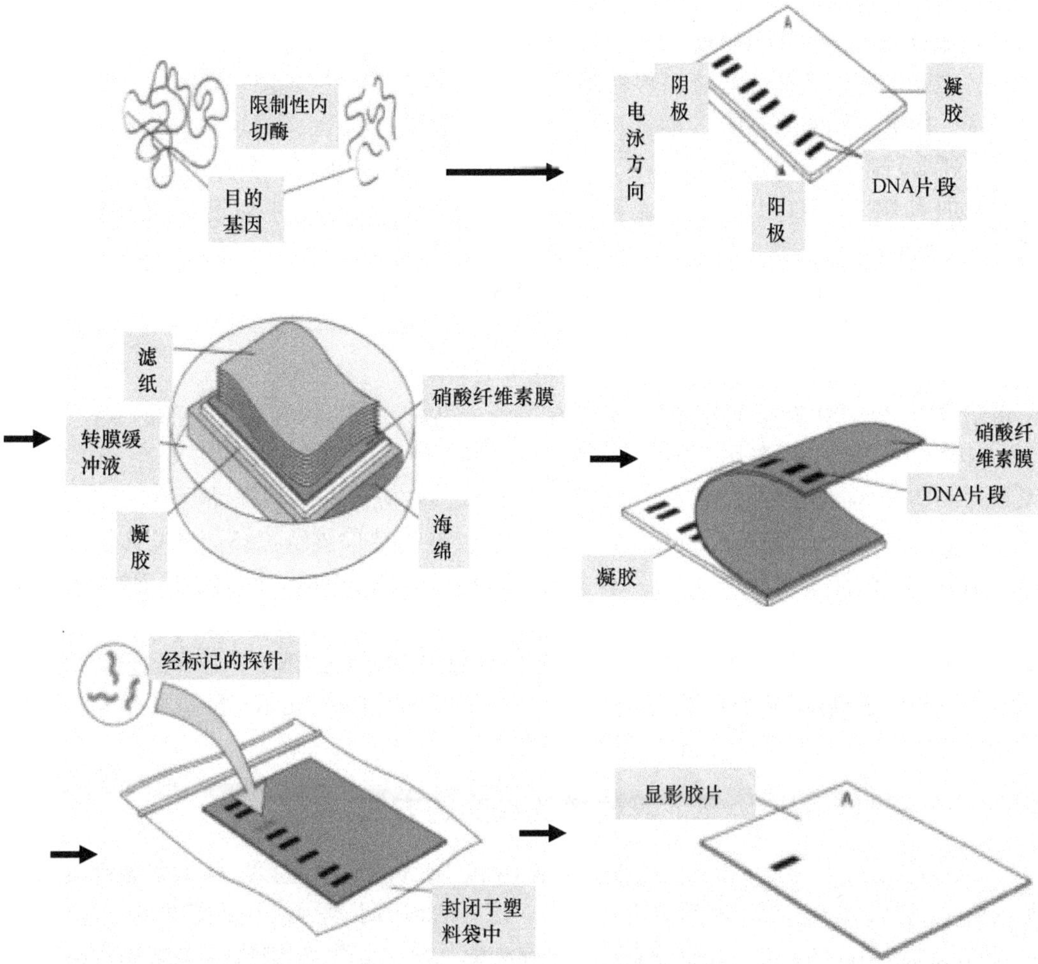

图 2-6-1 显影操作示意图

二、Northern blotting

Southern blotting 方法出现之后,1977 年 Alwine 等提出一种此相类似的、用于分析细胞总 RNA 或含 poly A 尾的 RNA 样品中特定 mRNA 分子大小和丰度的分子杂交技术,这与 Southern 相对因此被定名为 Northern blotting。这一技术自出现以来,已成为分析 mRNA 最为常用的经典方法。

Northern blotting 的基本过程和原理都与 Southern blotting 相类似。所不同的是,样本是提取的 RNA。与 DNA 相比,RNA 操作具有更高的难度。这主要的原因在于 RNase 极为活跃,而且十分稳定,在 100℃煮沸 10 分钟活力无明显丧失,因此此技术关键是防止 RNA 被降解。要创造一个无 RNA 酶的环境,应注意以下几个方面:

(1) 在杂交过程中 RNA 接触到的所有容器、试剂都要进行处理,淬灭其中的 RNA 酶,整个操作过程应该与其他可能含 RNA 酶的操作分开。

(2) 尽可能使用灭菌的一次性塑料制品离心管和枪头，它们基本上无 RNA 酶污染，可以不经处理直接用于制备和储存 RNA。

(3) 实验中所用的玻璃器皿和塑料制品可用 0.1% 焦磷酸二乙酯(DEPC)水浸泡或用氯仿冲洗。DEPC 能够破坏 RNA 酶，但它本身也是一种致癌物，必须在通风橱内小心操作。

(4) 所有试剂均应用 0.1% 焦磷酸二乙酯(DEPC)—H_2O 配制。具体方法是：100ml 去离子水中加入 DEPC 至 0.1% 浓度，盖紧瓶塞，充分混匀，37℃过夜，然后进行高压消毒以除去残存的 DEPC。

(5) 制备 RNA 时，要用盐酸胍，异硫氰酸胍等既能充分裂解细胞，又可有效抑制 RNase 活力。

(6) 必要时使用 RNase 抑制剂，如 RNasin。

由于 RNA 分子单链时，长的 RNA 分子在溶液中可通过自身折叠形成局部的双链，为了使 RNA 按大小分离，必须采用变性剂对 RNA 样品进行处理。一般采用甲醛变性，相应的缓冲系统为 MOPS(3-*N*-马啉代丙磺酸)。同时在杂交之前，应保证核酸样品具有一定的纯度和完整性。质量较好的 RNA 样品在变性琼脂糖凝胶电泳结果显示：28S rRNA 含量应该明显高于 18S rRNA(通常为两倍)。这两种 RNA 可作为分子量的标志，同时也是 RNA 是否降解的一个指标。

探针可以是 DNA，也可以是 RNA，但 DNA 比较稳定。由于 mRNA 是翻译成蛋白质的模板，所以用来代表细胞中某个基因表达的状况。但值得一提的是，mRNA 的量并不是与蛋白质的翻译完全一致的，所以在分析结果时需仔细考虑。

三、其他核酸杂交的方法

1. 斑点印迹杂交(dot blotting)　即是将 RNA 或 DNA 变性后直接点样于硝酸纤维素膜或尼龙膜上，然后再采用特定的探针进行杂交。该方法常用于基因表达的定性及定量分析。RNA 点杂交是由 Kafatos 等首先提出的，这种方法能从许多 mRNA 中快速检测基因的转录产物，对于同时有多个克隆做最初鉴定特别有用。点杂交的优点是简单、迅速，可在一张膜上进行多个样品的检测，对于核酸粗提样品的检测效果较好。缺点是不能鉴定所测基因的分子量，而且特异性不高，有一定比例的假阳性。另一方面，由于斑点较大和尺寸变化，因此不易进行精确定量。

2. 原位杂交(in situ hybridization)　直接用组织切片或细胞涂片进行核酸杂交的方法，可与形态学分析相结合，进行组织细胞内核酸分子的定位、定性或相对定量。其特点在于不需要从组织细胞中提取 DNA 或 RNA，能在成分复杂的组织中进行分析；保持组织细胞的完整性，核酸分子处于原位，可直接反映目标分子在组织细胞内的分布。目前此技术已广泛应用于基因定位，绘制基因图，病毒等外源基因在染色体上整合部位的定位，癌基因定位以及细胞 RNA 转录水平的研究。

3. 荧光原位杂交(florescence in-situ hybridization, FISH)　利用非放射性的荧光信号对原位杂交样本进行检测的技术。其基本原理是用荧光基团标记特异性 DNA 探针，再将标记了荧光信号的探针与待测样品进行原位杂交，最后在荧光显微镜下对发光信号进行辨别和计数。通过观察荧光信号的颜色和数目的异常，达到疾病诊断的目的。探针上荧光基团的标记效率将直接影响检测的灵敏度，一般采用直接法进行探针的标记，并可用不同波长的荧光基团,这样可以使探针在荧光显微镜下呈现多种荧光信号,据此可同时检测多个染色体或基因的异常。

第二节 蛋白质印迹技术

蛋白质印迹技术(Western blotting)又称为免疫印迹技术,是一种比较普遍使用的检测蛋白质的方法。其原理和过程与 Southern blotting 和 Northern blotting 类似。首先将蛋白质用变性聚丙烯酰胺凝胶电泳按分子量大小分开,再把蛋白质转移到 NC 膜(硝酸纤维素薄膜)或 PVDF 膜上,膜上蛋白质的位置可以保持与凝胶上的位置相对应。与 RNA 和 DNA 不同的是,蛋白质的转移只有靠电转移才能完成,而且蛋白质的检测是以特异性的抗体作为探针。Western 印迹可检测样品中特异性蛋白质是否存在,并进行半定量分析的常用技术。由于特殊抗体的供应,也使免疫印迹技术应用于细胞信号转导中的蛋白质磷酸化研究及蛋白质分子间的相互作用。

蛋白质电泳前须从组织或培养的细胞中溶解出来。在组织和细胞裂解过程中要特别注意蛋白质的降解问题,也不能破坏蛋白质的抗原性。因此,可在裂解缓冲液中加入蛋白酶抑制剂,并保持低温操作。当采用 SDS-PAGE 样品缓冲液直接煮沸裂解液时,由于操作时间很短,可以不用蛋白酶抑制剂。组织或细胞裂解后须蛋白定量。

蛋白质经 SDS-PAGE 电泳后转移至固定支持膜上,转移完成后,目的蛋白的检测依赖于高特异性的抗目的蛋白的抗体,配合酶标第二抗体的检测技术,采用了更为敏感的底物显色、化学发光、荧光底物来显示目的蛋白的有无和所在位置,大大推动蛋白质印迹反应的普遍应用。然而,Western blotting 所能测定的不是目的蛋白的绝对含量,只是相对含量。即该技术不能确定一种细胞含有多少目的蛋白,而只能确定该目的基因存在与否或与其他细胞相比,该蛋白质的含量的高低。由于检测信号的强弱受多种因素的影响,所以,一般仅作为半定量指标。

参考文献

卢圣栋. 2004. 现代分子生物学实验技术. 第 2 版. 北京:中国协和医科大学出版社

杨建雄. 2009. 生物化学与分子生物学实验技术教程. 第 2 版. 北京:科学出版社

J·萨姆布鲁克,D. W. 拉塞尔. 2002. 分子克隆实验指南. 第 3 版. 黄培堂译. 北京:科学出版社

第七章　组织细胞培养技术

高等生物是由多细胞构成的整体，在整体条件下要研究单个细胞或某一群细胞在体内(in vivo)的功能活动是十分困难的。但是如果把活细胞拿到体外(in vitro)培养进行观察和研究，则要方便得多。最早证明动物组织培养为一种有用的实验技术是在20世纪初。Harrison(1906年)用淋巴液培养蛙胚神经组织数周，从此标志着体外培养组织细胞的基本模式的建立，一般公认Harrison为"组织培养之父"。Carrel(1910年)发明了卡氏培养瓶，用反复传代的方法将一鸡胚心肌组织培养长达34年，揭示了离体动物组织在合适的条件下能够生长繁殖并同时证明组织培养是研究活细胞和组织的极好方法。习惯上细胞培养与组织培养并无严格地区别，其本意是指从活体取出组织或细胞，在体外模拟体内生理环境使之生存和生长，并维持其结构和功能的方法。组织细胞培养技术在现代分子生物学、遗传学、生物工程、生物制品、药物开发、临床疾病诊断与治疗等生命科学中有着广泛的应用，现在已发展成为一门专门的学科——组织和细胞培养技术。本章中只介绍动物细胞培养的准备工作和基本技术。

第一节　细胞培养的准备工作

一、实验器材

（一）基本设施与设备

1. 无菌室　无菌室是细胞培养的基本条件。无菌室在结构上一般分为：更衣室、缓冲间、操作间三部分。其大小根据条件和需要而定，一般为10～20m^2。无菌室要满足以下条件：一定的密闭性；通风透气良好且不易污染；方便消毒；进出方便但不影响无菌条件。无菌室的消毒原则是：每日(使用前)紫外照射1～2小时；每周甲醛或过氧乙酸熏蒸2小时；每月苯扎溴铵地面和墙壁消毒一次。实际工作中可根据无菌室建筑材料的差异来选择合适的消毒方法。

使用无菌室应按以下次序：①无菌室和净化工作台消毒；②熟悉实验计划，备齐实验用的材料和器具，杜绝实验中间出无菌室取遗忘的物品；③穿戴无菌衣帽和口罩；④关闭杀菌灯，通过一定线路取放物品(应尽量减少出入的次数)；⑤手部消毒进行实验；⑥完成实验后将用完物品移出无菌室外；⑦擦净实验台，退出后打开灭菌灯。

2. 超净工作台　超净工作台是保证细胞培养无菌操作的必要设备。根据工作原理分为侧流式、直流式和外流式三种。超净工作台应安装在无菌室内。为了保持净化度，工作台面的空间的平均风速保持在0.32～0.48m/s较为合适。超净工作台使用次序为：使用前开启工作台内的紫外灯照射10～30分钟，然后让工作台预工作10～15分钟以除去臭氧，使工作台面呈净化状态；开始实验；使用完毕后用70%乙醇溶液擦拭台面和台内四周。

3. 其他设备　CO_2培养箱；CO_2钢瓶；电热恒温培养箱；转鼓培养架；培养盘；试管架；倒置显微镜；普通显微镜；相差显微镜及照相系统；低速离心机(转速在500～4000r/min之间)；冷冻高速离心机；液氮罐；冰箱；恒温水浴锅；药品柜；器械柜。

(二) 消毒灭菌设备

1. 高压蒸汽灭菌器、电热恒温干燥箱。

2. 无菌过滤器分为一次性定型产品(各种型号和规格)和反复使用产品如:蔡氏滤器(Seitz)、玻璃滤器 $G_5 \sim G_6$、微孔滤膜滤器、注射器微量薄膜滤器等;以及与其配套的抽滤泵和滤过瓶。

3. 紫外灯、离子发生器。

4. 洗刷装置:耐酸耐高温容器、玻璃器皿清洗箱、超声波清洗等。

(三) 配液用具

1. 蒸馏水和去离子水制作系统。

2. 天平称量用具和设备。

3. pH 仪和 pH 精密试纸。

4. 容量瓶、量筒、漏斗等玻璃器具。

(四) 细胞培养常规器械

1. 细胞计数板和电子细胞计数仪、80 ~ 200 目尼龙网或不锈钢网。

2. 培养瓶、培养皿、培养板、离心管等。

3. 涡流混悬器、恒温磁力搅拌器、恒温水浴振荡器、真空低温干燥器等。

4. 其他玻璃器皿:细胞冻存管、吸管、滴管、试管、注射器、玻璃瓶等。

二、实验器材的处理

(一) 器具清洗

1. 玻璃器皿的清洗　一般包括四个步骤:浸泡、刷洗、浸酸、冲洗。

(1)浸泡:新的玻璃器皿先用自来水浸泡过夜或简单刷洗后,用 2% ~ 5% 氯化氢溶液浸泡过夜或煮沸 30 分钟。已用过的玻璃器皿立即浸入清水中备刷洗。

(2) 刷洗:将浸泡过的玻璃器皿放到洗涤剂中用软毛刷反复刷洗、不留死角。用清水冲净洗涤剂后晾干。

(3) 浸酸:将上述玻璃器皿放到清洁液(酸液)中,浸泡时间不能少于 6 小时,一般浸泡过夜或更长时间。从清洁液取出器皿时,应沥干清洁液并将器皿放入塑料盆中运输。清洁液有腐蚀性,此操作要小心,防止伤及皮肤、眼睛和衣服。

(4) 冲洗:先用自来水冲洗,吸管流水冲洗 10 分钟以上,其他器皿都要至少重复"灌满-倒空"15 次以上,然后用重蒸水浸洗 3 次。晾干或烤干备用。

2. 塑料制品的清洗

塑料制品的特点是不耐热但耐腐蚀能力强。其清洗过程:用后立即用自来水冲洗→自来水浸泡过夜→用纱布在洗涤剂中清洁→流水冲洗干净→晾干→5% 盐酸浸泡 30 分钟或清洁液浸泡 15 分钟→流水冲洗 15 遍→蒸馏水浸洗 3 次→重蒸水浸泡过夜→晾干→紫外线照射 30 分钟后备用。

3. 橡胶制品的清洗

新购置的橡胶制品(胶塞、橡皮乳头等)其清洗过程:自来水冲洗→ 0.5 mol/L NaOH 溶液煮沸 15 分钟→流水冲洗→0.5 mol/L 氯化氢煮沸 15 分钟→流水冲洗→自来水煮沸 2 次→蒸馏水煮沸 20 分钟→晾干后备用。用过的橡胶制品的清洗方法同玻璃制品的清洗。

4. 除菌滤器的清洗

(1) 玻璃滤器

1) 新的滤器清洗:将 G_5 或 G_6 玻璃除菌滤器首先用自来水冲洗→晾干→滤器内装满清洁液并接到滤瓶上,让清洁液全部自然通过滤板→蒸馏水连续抽滤,直到滤液 pH 为中性→用蒸馏水将内外洗干净→晾干后待灭菌。

2) 用过的滤器清洗:用过的玻璃除菌滤器必须立即浸泡于清水中(注意:不能使滤器干涸)过夜→自来水连续抽滤至滤面基本疏通→晾干→滤器内装满清洁液并接到滤瓶上,让清洁液全部自然通过滤板→蒸馏水连续抽滤,直到滤液 pH 为中性→用蒸馏水将内外洗干净→晾干后待灭菌。

(2) 蔡氏滤器:新的或用过的金属滤器用洗涤剂刷洗→自来水流水冲洗→蒸馏水冲洗→蒸馏水浸泡→三蒸水浸泡→晾干后待灭菌。

(3) 注射器薄膜滤器:该滤器由塑料制成,洗刷处理同塑料制品,晾干后置金属饭盒内待灭菌。

5. 包装　为了消毒、储存方便和避免消毒后再次污染,所有细胞培养用品在消毒前都要仔细包装。常用的包装材料有:牛皮纸、硫酸纸、棉布、铝饭盒、玻璃或金属制吸管筒、锡箔纸、纸绳等。包装方法有局部包装和全部包装两种,较大的器皿可用锡箔纸或牛皮纸等局部包扎,较小的器具可装入饭盒内再用棉布包扎等。

(二) 消毒和灭菌

无菌操作是细胞培养成功的关键条件,严格地消毒灭菌是极为重要的。消毒方法有物理法和化学法。不同的物品要选择不同的消毒方法(表 2-7-1)。

表 2-7-1　常用消毒方法及选择

消毒物品	压力蒸汽	干热	过滤	紫外线	化学气体	消毒剂	电离辐射	抗生素
培养室、工作台				+	+	+		
玻璃制品	+	+					+	
金属器械	+	+				+	+	
塑料制品					+	+	+	
橡胶制品	+				+	+	+	
培养液	+		+					+
布、棉类	+						+	

1. 物理消毒法

(1) 紫外线:用于无菌室空气和操作台表面的消毒。消毒效果与紫外灯的照射时间和灯与物体的距离有密切关系。如用离地面 2m 的 30W 紫外灯,可以照射 $9m^2$ 的房间,每天照射 2～3 小时,期间可间隔 30 分钟。灯管离地面超过 2m,照射时间要延长。距离超过 2.5m 的直接照射效果较差。工作台面的距离应在 1.5m 以内,照射时间以 30 分钟为宜。注意:工作时不能开紫外灯。紫外线不仅对人的皮肤、眼睛有伤害,对培养的细胞、试剂也有影响。

(2) 电离辐射:一般用于不耐热的塑料制品和一次性用品的消毒。由于电离辐射的诱变作用很强,不适合活的生物材料的消毒。射线主要是γ射线和加速粒子。γ射线是由放射性核素^{60}Co产生,加速粒子由电子加速器产生。消毒方法是:洁净干燥的物品用塑料袋封闭包装,摆放置包装纸箱内,由专业人员操作专门的设备进行消毒。

(3) 高温干热灭菌:主要用于体积较大的玻璃器皿、金属器械和不能与蒸汽接触的物品的消毒。灭菌方法:物品置电热烤箱内160~170℃,90~120分钟或者180℃,45~60分钟。关掉烤箱待冷却后才能打开烤箱以防玻璃器皿破裂。

另有干热灭菌的方法是烧灼。细胞培养工作中,在净化工作台内,常利用酒精灯的火焰对金属器具及玻璃器皿口缘进行烧灼灭菌。

(4) 高温湿热灭菌:是最常用的灭菌方法。棉布类、玻璃器皿、金属器械、橡胶制品和某些培养用液灯都可以用此方法消毒。不同的物品其有效灭菌压力和时间不同。一般物品在压力为15 lbf/in^2(121℃)维持15~30分钟,培养用液和橡胶类物品在压力为10 lbf/in^2(115℃)维持10分钟。压力蒸汽消毒后的物品应立即放入60~70℃的烤箱内烘干,备用,否则潮湿的包装物品表面易被微生物污染。

(5) 过滤除菌:用于不耐热的试剂和培养基。可选择合适的滤器与滤板。滤器有玻璃滤器;蔡氏滤器;注射器薄膜滤器。用孔径大小为200~450nm滤板可除去细菌和霉菌等,用孔径大小为200nm的滤板通过二次,可除去支原体但不能除去病毒。玻璃滤器除菌用G_6;注射器微量薄膜滤器除菌以220nm孔径的滤膜效果最好。

2. 化学消毒法 化学消毒法主要是化学消毒剂和抗生素两大类。化学消毒剂主要用于实验室的空气、实验工作台面、实验器械、橡皮、塑料管、实验者皮肤等部位的消毒。抗生素主要用于防止培养用液的微生物污染。下面介绍几种主要的化学消毒剂。

(1) 甲醛:主要是用于实验室空气消毒。可用蒸发法和氧化法。蒸发法:将40%甲醛水溶液到入蒸发皿中加热蒸发,甲醛用量为25.0ml/m^2,作用时间12~24小时。氧化法:将高锰酸钾放入以较大容器中,倒入40%甲醛水溶液,立即产生甲醛气体。用量每平方米空间高锰酸钾30g;甲醛40ml。作用时间12~24小时。常规无菌室空气消毒每2个月一次,如遇细胞培养多次污染,可立即消毒。

(2) 戊二醛:可用于金属器械、橡皮和塑料管等浸泡消毒。通常用2%的碱性戊二醛溶液。配制方法:2%的戊二醛水溶液+0.3%(*W/V*)$NaHCO_3$溶液,调整pH至7.5~8.5后+0.5%(*W/V*)亚硝酸钠。物品在2%的碱性戊二醛溶液中浸泡30分钟以上可以灭菌。灭菌后的物品无需用无菌水冲洗。

(3) 乙醇:是一种使用广泛且消毒效果较好的消毒剂,与戊二醛、碘伏、氯己定等合用时有增效或协同作用。使用浓度为70%~75%。消毒程序:物品在70%乙醇溶液浸泡过夜→灭菌三蒸水浸泡3次(10分钟/次)→无菌条件下晾干→紫外线照射1小时后备用(注意:橡胶和塑料制品长时间接触乙醇会变硬)。

(4) 苯扎溴铵:又称新洁尔灭,可对操作台表面、地面、器械、皮肤等消毒。使用方法:0.1%水溶液物品浸泡或擦拭。

(5) 抗生素:主要用于预防培养用液的污染。常用"双抗溶液"和氨苄西林。"双抗溶液"即青链霉素,使用终浓度为:青霉素10万U/L;链霉素0.1g/L。氨苄西林使用终浓度为0.1g/L。抗生素溶液一般用PBS或培养基配成100倍浓缩液,用时稀释为终浓度。

三、培养用液

在细胞培养中最重要的是培养用液，它保障细胞在接近体内环境的条件下生存、生长。培养用液主要有：培养基、平衡盐和其他常用试剂。培养基按其来源分为天然培养基和合成培养基；按其性质分为液体培养基和固体培养基。

（一）培养基

1. 天然培养基　是来源于动物体液或利用组织分离提取的一类培养基，包括血清、鸡胚浸出液、鼠尾胶原、水解乳蛋白等。下面主要介绍血清的性质和使用注意事项。

血清中含有各种蛋白质、多肽、脂肪、糖、生长因子、激素等细胞生长增殖必不可少的成分，是最常使用的天然培养基。可分为人血清和动物血清，动物血清应用更广泛。动物血清中牛血清是最常用于哺乳动物细胞培养的血清。牛血清分为小牛血清、新生牛血清和胎牛血清。小牛血清取自出生 30 天以内的小牛；新生牛血清取自出生 24 小时以内的小牛；胎牛血清是经剖腹从母牛子宫取出的胎牛中分离到的血清，其品质最高，含对细胞生长有害的成分最少。现市场销售的血清质量不一，使用者可根据需要选择不同的产品。原则上说从外观上观察，好的血清应该是透明清亮，土黄色或棕黄色，无沉淀或极少沉淀，比较黏稠。从质量上看血红蛋白含量越低越好。微生物检测应不含支原体。可用克隆形成率（cloning efficiency）、贴瓶率（plating efficiency）测定法和连续传代培养法观察血清促细胞生长效果。

血清使用过程中应注意：①购买大包装的血清后，首先将血清灭活处理，即 56℃ 水浴放置 30 分钟。然后根据需要将血清在无菌条件下分装成 10ml、20ml、50ml 储存在 -20℃。使用前融化，融化时最好先放置 4℃（时间不宜过长），融化后尽快使用。血清应避免反复冻融。②对于一些高品质的胎牛血清可以考虑不经灭活直接使用。血清灭活的目的主要是除去对细胞产生毒性作用的补体，但也会丧失一些对细胞有力的成分如：生长因子等。③血清常与合成培养基混合使用，其使用浓度为 5%～20%，一般的浓度为 10%。过多地使用血清，容易时培养中的细胞发生变化。

2. 合成培养基　合成培养基是人工设计、配制的培养基。合成培养基如没有加入血清，称为“基本培养基”，如加入一定比例的血清，称为“完全培养基”。基本培养基的基础成分有：氨基酸、无机盐、维生素、碳水化合物等细胞生长必需的营养物质，还有 pH 指示剂酚红。不同种类的基本培养基其成分不完全相同，具体的见附录 5。现有公司提供商品化产品且许多培养基可以适合多种细胞的培养，如何选择培养基没有绝对的标准，在此提几点建议：①可以在购买细胞株时咨询或查阅文献，用该细胞培养的首选培养基。②根据细胞株的特点和实验的需要选择培养基如基因转移实验可选 IMDM 培养基。③根据自己实验室已有的培养基或选择几种培养基预实验培养目的细胞，观察细胞生长曲线、集落形成率等指标选择最佳培养基。现在国内商品化的培养基大部分是干粉剂型，在使用时需要配制。配制培养基时需注意的事项：①配制用水以三蒸水最佳，最低要求用双蒸水；②所用器具要十分洁净，按照洗涤要求，最后用双蒸水浸泡、晾干后才使用；③认真阅读培养基的使用说明书，有些成分未含有的如 $NaHCO_3$、谷氨酰胺等要另外添加；④配制培养基时要使培养基干粉充分溶解后再添加如 $NaHCO_3$、谷氨酰胺等其他成分，再调整 pH 至要求；⑤配制好的培养基要立即过滤除菌，分装，于 4℃ 或 -20℃ 保存备用。

动物细胞的培养常用完全培养基，即基本培养基中加入一定比例血清的混合培养基。在特殊的细胞培养中，要用特殊的培养基，如无血清培养基、无蛋白培养基、限定化学成分培养基等。无血清培养基应用主要是避免血清成分对细胞生长的影响，针对性很强，一般一种无血清培养基只适合一种细胞的培养。它的组成由基础培养基和添加组分，基础培养基常用 HamF12 和 DMEM 的 1 : 1 混合补加 15mmol/L 的 HEPES 配成。添加组分根据不同的细胞添加的成分有：生长因子及激素；促细胞贴壁物质如纤连蛋白等；结合蛋白如牛血清白蛋白；转运蛋白如转铁蛋白；酶抑制剂如大豆胰酶抑制剂；微量元素等。无蛋白培养基(PFM)是不含动物蛋白的培养基，它添加了植物水解物替代动物激素、生长因子的作用，用于基因工程重组技术表达蛋白质细胞的培养中。限定化学成分培养基(CDM)是指培养基中所有的成分都是明确的，不含动物蛋白和植物水解物，只含有一些已知结构和功能的小分子肽、植物激素等，更有利于细胞分泌产物的分析。PFM 和 CDM 现已有商品化产品，如 GIBCO 公司的 CHO-ⅢA PFM。

(二) 其他培养用液

1. 平衡盐溶液(BSS) 平衡盐主要用于配制其他试剂和细胞、组织块的漂洗，其主要组成成分是无机盐和葡萄糖。表 2-7-2 列出常用的平衡盐的组成。

目前常用的 BSS 是 Earle、Hank's 和 PBS 液。从以上表中看出 Earle 平衡盐含有较高的 $NaHCO_3$(2.2g/L)，适合于 5% CO_2 的培养条件。注意 Hank's 平衡盐含有较少的 $NaHCO_3$ (0.35g/L)，在 5% CO_2 的培养条件溶液会迅速变酸。D-Hank's 常用于配制胰酶，与 Hank's 液比较，它不含 Ca^{2+} 和 Mg^{2+}。

平衡盐的配制要注意：①配制要用三蒸水或去离子水。②含有 Ca^{2+}、Mg^{2+} 的试剂单独充分溶解，其他平衡盐先配成浓缩液，用前稀释时加入含有 Ca^{2+}、Mg^{2+} 的试剂(避免产生 $CaPO_4$ 或 $CaCO_3$)。③指示剂酚红先配成 0.4%，平衡盐溶液稀释时再加入。④配好的平衡盐液体可过滤除菌或高压灭菌，4℃保存。

表 2-7-2 几种常用的平衡盐溶液配方(g/L)

	Ringer	PBS	Tyrode	Earle	Hank's	D-Hank's	Dulbecco
NaCl	9.00	8.00	8.00	6.80	8.00	8.00	8.00
KCl	0.42	0.20	0.20	0.40	0.40	0.40	0.20
$CaCl_2$	0.25		0.20	0.20	0.14		0.10
$MgCl_2 \cdot 6H_2O$			0.10				0.10
$MgSO_4 \cdot 7H_2O$					0.20	0.20	
$Na_2HPO_4 \cdot H_2O$		1.56			0.60	0.60	
$NaH_2PO_4 \cdot 2H_2O$			0.05	0.14			1.42
KH_2PO_4		0.20			0.06	0.06	0.20
$NaHCO_3$			1.00	2.20	0.35	0.35	
葡萄糖			1.00	1.00	1.00		
酚红				0.02	0.02	0.02	0.02

2. 细胞消化液　原代细胞培养取材时需要消化组织、分散细胞；传代细胞培养需将细胞脱落瓶壁，这就需要应用细胞消化液。常用的消化液是胰蛋白酶液、EDTA 溶液、胶原酶等。

（1）胰蛋白酶液：酶源常来自牛或猪的胰脏。酶活性是用水解酪蛋白的能力表示的，常见 1∶125 或 1∶250，即 1 份胰酶能消化 125 份或 250 份酪蛋白。胰酶在 pH8.0、37℃时作用力最强。消化组织或细胞时，胰酶的浓度不完全相同，常用的胰酶浓度 0.1%～0.25%。一般先配成 1% 的浓缩液，临用时用 D-Hank's 液稀释至需要的浓度。配制胰酶的液体常用 D-Hank's 液，最好在配制胰酶前将 pH 调至 8.0 左右。配好的胰酶要过滤除菌，除菌后用 5.6% $NaHCO_3$ 调 pH 调至 7.2～7.5 左右，4℃或-20℃保存。

（2）乙二胺四乙酸（EDTA）液：EDTA 是一种螯合剂，能与细胞上的钙、镁离子结合形成螯合物，利用结合后的机械力使细胞变圆而分散细胞或使贴壁细胞从瓶壁上脱离。使用浓度为 0.02%。对于特殊细胞可用胰酶+EDTA 混合液。配制 EDTA 可用无钙或镁离子的 D-Hank's 液，配制时应加碱助溶。配制好后可高压灭菌，分装，4℃保存备用。

（3）胶原酶溶液：胶原酶作用的对象是胶原组织。胶原酶的使用浓度为 0.1～0.3g/L 或 20 万 U/L，作用的最佳 pH 为 6.5。胶原酶可用 PBS 配制。

3. pH 调整液　合成培养基大多呈弱酸性，在细胞培养中往往要调整培养基的 pH 或增加其缓冲能力。常用的调整液有 $NaHCO_3$ 溶液和 HEPES 液。

（1）$NaHCO_3$ 溶液：作为调整液 $NaHCO_3$ 溶液必须单独配制，其浓度常用 5.6% 或 7.4%，配制要用三蒸水或去离子水，配制好后可过滤除菌或高压灭菌，分装，4℃保存备用。调 pH 时要逐滴加入，充分摇匀培养液，以防加入过量。

（2）HEPES 液：中文名为羟乙基哌嗪乙硫磺酸，其对细胞无毒性，主要是增加培养基的酸碱缓冲能力。其使用终浓度为 10～50mmol/L。一般用三蒸水或去离子水配制成 100 倍浓缩液，配制好后可过滤除菌，分装，4℃或-20℃保存。临用时用培养基稀释到终浓度。

4. 抗生素　见化学消毒法。

5. 谷氨酰胺补充液　谷氨酰胺是合成培养基常添加的成分，由于其在溶液中很不稳定，4℃放置 7 天可分解约 50%，故常使用前添加。一般配制为 100 倍浓缩液，即浓度为 200mmol/L（29.22g/L），配制时应用三蒸水并加温 30℃，完全溶解后过滤除菌，分装至小瓶，-20℃储存备用。使用时，在每 100ml 培养液中加入 1.0～2.0ml 谷氨酰胺浓缩液，终浓度为 2～4mmol/L。

第二节　细胞培养基本技术

一、取　材

人和动物细胞的取材是原代细胞培养成功的首要条件，直接影响细胞的体外培养。取材的基本要求：

1. 取材要注意新鲜和保鲜　应尽量在 4～6 小时内能制作成细胞，尽快入箱培养。若不能及时培养，应将组织浸泡于培养液内 4℃存放，但不应超过 24 小时。

2. 应严格无菌　所取标本材料应在无菌条件下进行，取材后用无菌包装的器皿或已消毒好的带少许培养液的小瓶等携带。对所取材料若疑有污染,应将所取组织在含高浓度抗菌类药物(青霉素500U/ml、两性霉素B 2.0μg/ml或10%咪康唑霜)的培养液内4℃下存放2小时以上,再用PBS洗2~3次后入箱培养。

3. 减少组织细胞的损伤 取材时要仔细去除无关组织如血块、脂肪、结缔组织等。切碎组织时应在含少量培养液的器皿中进行避免组织干燥。取材、原代细胞制作或碎组织时,用手术刀或剃须刀片等锋利的器械,尽可能减少对细胞的机械损伤。

4. 做好取材记录 取材应对组织的来源、部位、包括供体的一般情况要做详细的记录,以备以后查询。

不同的组织有不同的具体取材方法,但都遵循以上基本原则。

二、原代细胞的分离和培养方法

1. 悬浮细胞的分离和培养 悬液材料如血液、羊水、胸水或腹水等,最简单的方法是采用1000r/min的低速离心10分钟。经离心后由于各种细胞的比重不同可在分层液中形成不同层,这样可根据需要收获目的细胞。细胞分离后可直接接种培养。

2. 实体组织材料的分离和培养 对于实体组织材料,由于细胞间结合紧密,为了使组织中的细胞充分分散,形成细胞悬液,可采用机械分散法和消化分离法。组织块也能直接培养。

(1) 机械分散法:适用于处理纤维成分少的软组织,如脑组织的细胞培养。一般是用剪刀剪碎组织后放入注射器内(用九号针),使细胞通过针头压出,或在不锈钢纱网内用钝物压挤(常用注射器钝端)使细胞从网孔中压挤出。收集细胞悬液,调整细胞浓度为$(2\sim6)\times10^5$/ml后接种培养。

(2) 消化分离法:先把组织剪切成较小团块(或糊状),应用酶的生化作用和非酶的化学作用使细胞团块得以较充分的分散,制成少量细胞群团和大量单个细胞的细胞悬液,接种培养。根据消化液不同,其方法有胰蛋白酶、胶原酶、EDTA液。

1) 胰蛋白酶分离方法

a. 过夜冷消化:将取得的组织用Hank's液洗三次,剪成碎块大小为4毫米左右,用Hank's液洗2~3次以除去血液和脂肪组织,加入0.25%的胰蛋白酶,摇匀后放4℃过夜,次日1000r/min离心5分钟后收集沉淀,用Hank's液洗涤2~3次,加入少量生长培养液吹打分散,细胞计数,分瓶培养。

b. 热消化多次提取:将剪碎的细胞块置于三角烧瓶内,加入30~50倍的0.25%胰蛋白酶37℃水浴中消化15~20分钟(中间不时摇动),1000r/min离心5分钟后收集沉淀,然后用Hank's液洗涤,再用生长培养基制成细胞悬液,按合适的浓度分瓶培养。未消化的组织按上述方法重复操作,直到组织完全解离。

2) 胶原酶分离方法:其分离方法基本同胰酶的热消化法,只是消化时间要长。表2-7-3比较两种酶生物活性的差别。

3) 消化分离法的注意事项

a. 组织块必须漂洗2~3次以除去组织中的钙、镁离子和血清对胰蛋白酶和EDTA的抑制作用。

b. 胰蛋白浓度不宜过高,作用时间不能太长,以避免毒性作用。

c. 消化后的细胞尽量除去消化液，收集细胞动作要轻，离心速度以 1000r/min，离心 5 分钟为宜，避免膨松的细胞丢失或破坏。

表 2-7-3 胰蛋白酶和胶原酶生物活性的差别

项目	胰蛋白酶	胶原酶
消化特性	适用于消化软组织	适用于消化纤维多的组织
用量	0.01%~0.5%	0.1~0.3mg/ml(200U/ml)
消化时间	0.5~2 小时(小块)	1~12 小时
pH	8~9	6.5~7.0
作用强度	强烈	缓和
细胞影响	时间过长有影响	无大影响
血清、钙、镁离子	有影响	无影响

(3) 组织块培养法：是组织培养最简单的方法，具体如下：

1) 按照前述方法取材，将组织剪成或切成 1~2mm^3 大小的小块，并加入少许培养基使组织湿润。

2) 将小块均匀涂布于瓶壁，每小块间距 0.2~0.5cm。若组织块不易贴壁可预先在瓶壁涂一薄层血清或鼠尾胶原等。小块放置后，轻轻翻转培养瓶，使瓶底朝上，然后于瓶内加入适量生长培养基盖好瓶塞，将瓶倾斜放置在 37℃ 温箱内。

3) 培养 2~4 小时，待小块贴附后，将培养瓶缓慢翻转平放，静置培养(注意：动作要轻，严禁摇动和来回振荡，以防由于冲动而使小块漂起而造成培养失败)。开始培养时培养基不宜多，以保持组织块湿润即可，培养 24 小时后再补液。培养 3~5 天时可换液，一方面补充营养；另一方面去除代谢产物和漂浮小块所产生的毒性作用。培养初期移动和观察时要轻拿轻放，开始几天尽量不去搬动，以利贴壁和生长。

3. 换液和传代

(1) 原代细胞培养的换液

1) 贴壁细胞(包括半贴壁细胞的换液)：其换液方法比较简单，即弃去旧液，加入与原培养液相同的等量完全培养基。若希望细胞能在较长时间内能维持存活，但不需增殖，此时要换成含 2% 小牛血清的维持液。

2) 悬浮细胞：一般用半量换液的方法：将原培养瓶竖起，在 30 分钟内，若细胞沉于瓶底，可用吸管轻轻吸去一半上清弃去，再加入等量的新鲜完全培养基。若细胞不能沉于瓶底，可吸出细胞悬液，采用低速离心(1000r/min，10 分钟)弃去一半上清加入等量的新鲜完全培养基，混匀后再转入原瓶继续培养。

(2) 细胞培养的传代：原代培养后由于细胞增殖，数量增加甚至达饱和密度，细胞难继续生长繁殖，需要进行分瓶培养，这种使原代细胞经分散接种的过程称之为传代。每进行一次分离再培养称之为传一代，传至 5~10 代以内的细胞通常称为次代培养细胞，传至 10~20 代以上的细胞，通常确定为传代细胞(或称传代细胞系)。

不同细胞可采取不同的方法进行细胞传代。贴壁生长的细胞用消化法传代，部分贴壁的细胞用直接吹打或用硅胶软刮的刮除法传代。悬浮细胞可采用加入等量新鲜培养基后直接吹打分散进行传代,或用自然沉降法加入新培养基后再吹打分散进行传代。

传代细胞系的建立,关键是初代培养的首次传代。注意事项如下:

1) 细胞生长密度不高时,或未能达到覆盖整个瓶底时不能急于传代。

2) 原代培养的贴壁细胞多为混杂细胞,形态各异,往往是上皮样细胞和成纤维样细胞并存,采用胰蛋白酶消化时要掌握好消化时间,成纤维细胞易于脱壁,上皮细胞不易脱壁,因此需要选用适当的消化时间及时中止消化。在早先传代时,其消化时间比一般已建系的细胞相对长一些。

3) 吹打已消化的细胞要轻巧,以尽可能减少对细胞的机械损伤。

4) 首次传代时细胞接种数量要多一些,以利于细胞的生存和繁殖。如果消化分离的细胞悬液有组织块,也一并传入到培养瓶,尽量减少细胞损失。

5) 首次传代培养时的 pH 不能高,宁可偏低一些。此外,小牛血清浓度可适当加大至15%~20% 左右。

三、细胞培养的观察和生长测定

细胞在体外培养过程中需要每天进行常规检查和显微镜观察,及时了解细胞生长状态、数量改变、细胞形态、有无污染、培养液是否更换等。细胞常规检查观察的内容为:

1. 细胞培养的观察

(1)肉眼观察:一般常规检查用肉眼即可观察,主要看培养液的颜色和透明度的变化。正常情况下,培养液 pH 介于 7.2~7.4 之间,呈桃红色清亮透明。pH 下降时,颜色变浅变黄。一旦发现培养液变黄,应及时换液传代。一般更换培养液的时间,正常情况生长稳定的细胞 2~3 天换液一次,生长缓慢的细胞 3~4 天换液一次。培养液中加 HEPES 或用 5% CO_2 温箱培养可使 pH 维持稳定,利于细胞生长。细胞换液传代后,若发现培养液很快变黄,要注意是否有细菌污染或培养器皿没有洗干净。贴壁细胞培养时若出现混浊,多为污染。悬浮培养的细胞,应将瓶竖起静置 1 小时,若培养基混浊示为污染,也可在显微镜下仔细观察有无污染现象出现。

(2) 显微镜观察:在显微镜下可观察到细胞数量、形态、结构、有无其他微生物生长等。如发现细胞长满瓶底 80% 应及时传代;悬浮细胞发现生长显著、密度增大、分布稠密、培养液变黄时也应及时传代。密切注意是否有微生物污染发生。一旦发现培养液混浊、液体内漂浮着菌丝或细菌,或生长明显变缓,胞质内颗粒增多,有中毒表现等应怀疑是否有微生物污染,进一步观察检查并及时处理。

培养活细胞可用相差显微镜、暗视野显微镜直接观察,也可用缩时摄影直接记录活细胞的动态变化,还可将离体活细胞染色(见下述第六点)。

2. 细胞培养的生长测定　主要是细胞活力和细胞增殖的测定。有细胞计数、台盼蓝染色法、MTT 比色法、细胞生长曲线法等。

(1) 细胞计数法:用以测定细胞增殖和调整细胞浓度。所用材料为血球计数板,巴氏吸管和显微镜。细胞计数的基本步骤:

1) 取清洁计数板和专用盖玻片,用丝绸布轻轻拭干。

2) 用毛细管取细胞悬液直接将细胞悬液在一侧滴加到盖玻片中,不要溢出,也不要过少或出现气泡。

3）在显微镜下用10×物镜观察计数四角大方格中的细胞数。代入下式得出：

a. 细胞密度：细胞数（个/ml）=（4大格细胞数之和÷4）×10^4×稀释倍数

b. 细胞总数：细胞数（个）= 细胞密度 × 细胞悬液量

c. 注意：每个大格细胞密度以20～50个为宜，如果细胞浓度太大，需要稀释后重新计数。

目前还有新型的自动计数仪，可供大规模细胞计数工作使用。各种型号的计数操作不尽相同，可根据使用说明进行操作。

（2）台盼蓝染色法：台盼蓝染色法可计算出活细胞数和死细胞数以测定细胞存活百分率。一般0.2%～1%的台盼蓝染液可使死细胞染成蓝色，活细胞不着色。此外还可用0.02%的藻红B染液将死细胞或受损细胞染成红色，或用0.05%的苯胺黑染液将死细胞染成黑色。

1）用PBS液配制0.4%台盼蓝溶液。取0.4%台盼蓝溶液0.5ml+Hank's液0.3ml+细胞悬液0.2ml混匀。

2）用毛细管取细胞悬液直接将细胞悬液在一侧滴加到盖玻片中，不要溢出，也不要过少或出现气泡。

3）在显微镜下用10×物镜观察计数四角大方格中的细胞数。

细胞存活百分率 =（4大格活细胞数÷4大格活细胞 + 死细胞数）×100%

（3）MTT比色法

1）MTT：中文名二甲基噻唑二苯基四唑溴盐，在不含酚红的培养基中溶解后呈黄色。活细胞线粒体中的琥珀酸脱氢酶能将MTT还原，同时在细胞色素C的作用下生成甲臜（紫色结晶）。酸性异丙醇或DMSO可溶解甲臜结晶，甲臜的多少可以用酶标仪在波长570nm处进行测定。在通常情况下，甲臜生成量与活细胞数成正比，因此可根据光密度*OD*值推测出活细胞的数目。由于死细胞中不含琥珀酸脱氢酶，因此加入MTT不会有反应。

2）MTT溶液的配制方法：MTT浓度为5.0g/L，称取MTT 5.0g，溶于1000ml的PBS（pH7.2）或无酚红的培养基中，用0.22μm滤膜过滤除菌，置4℃避光保存。

3）酸性异丙醇：用0.04～0.1mol/L氯化氢溶液配制。

4）检测方法：

a. 在培养瓶中按培养基10%体积加入MTT溶液后继续于37℃孵4小时。

b. 吸去培养基，加入与培养基相同体积的酸性异丙醇或DMSO，37℃至少静置30分钟（甚至过夜）。

c. 吸取200μl该溶解液至96孔板孔中，在酶标仪上读取*OD*值，检测波长570nm，参考波长630nm。培养基代替细胞悬液作空白对照，在用酶标仪检测结果的时候，为了保证实验结果的线性，MTT吸光度最好在0～0.7范围内。

细胞存活率=实验组吸光度值÷对照组吸光度值 × 100%

（4）细胞生长曲线法：细胞生长曲线是判定细胞活力的重要指标，也是培养细胞生物学特性的基本参数之一。细胞生长曲线包括潜伏期、对数生长期和平台期、退化衰亡期。以存活细胞数（万个/ml）对培养时间（小时或天）作图，即得生长曲线。具体方法：

1）取生长良好接近汇合的细胞，用胰酶消化，用新培养基制成细胞悬液后计数。悬浮细胞则离心（1000r/min，10分钟）弃旧培养基后，换上一定量的新鲜培养基然后制成细胞悬液计数。

2）根据细胞计数结果按每个小方瓶 5×10^4/ml 作传代培养接种细胞，共接种 21 瓶细胞。

3）24 小时后开始计数细胞，以后每隔 24 小时计数一次，每次取 3 瓶细胞，分别进行计数。计算平均值。连续计数 7 天。

4）根据细胞计数结果，以单位细胞数（细胞数/ml）为纵坐标，以时间为横坐标绘制生长曲线。

细胞生长的测定还可以用[^{3}H]-TdR 掺入法或 BrdU 掺入法测定细胞 DNA 合成的情况等。

四、细胞的冻存、复苏、运输

冷冻保存（cryopreservation）是将体外培养物悬浮在加有或不加冷冻保护剂的溶液中，以一定的冷冻速率降至零下某一温度（一般是低于-70℃的超低温条件），并在此温度下对其长期保存的过程。复苏（thawing）是以一定的复温速率将冻存的培养物恢复到常温的过程。液氮低温冻存活细胞已是当前细胞培养室常规性通用技术。细胞在液氮中，温度达-196℃，储存时间几乎是无限的。用时解冻细胞仍能生长增殖，为培养工作提供了极大的方便。

1. 细胞的冻存过程

（1）冻存液配制：7 份培养基+2 份小牛血清+1 份甘油或 DMSO 混合。现配现用，或配制后放入普通冰箱冰盒内冷冻保存。使用前，于室温下水浴融解。

（2）待冻存细胞悬液的准备

1）按常规方法消化处于对数生长期的细胞培养物，制备成单细胞悬液。计算细胞总数。

2）将细胞悬液以 1000r/min 离心 5 分钟，弃上清液。

3）向沉淀物中加入冷冻液。轻轻吹吸均匀，使细胞密度达 1×10^6 ~ 1×10^7 个/ml。

4）按每管 1 ~ 1.5ml 的量，分装于冻存小管内。拧紧管盖。

5）在冻存小管上做标记，包括细胞代号及冻存日期。

（3）分级冷冻：有几种方法可以使用。常用的方法是：

1）先将冻存小管放入普通冰箱冷藏层（4 ~ 8℃），约 40 分钟。

2）接着置于普通冰箱冷冻层（-20 ~ -10℃），30 ~ 60 分钟。

3）再于-30℃放置 30 分钟左右。

4）然后在-80 ~ -70℃下过夜。

5）最后将冻存小管投入液氮保存。

也可用 4 ℃预冷的冷冻保护液悬浮细胞，分装冻存小管后，将冻存小管放在 4℃下 30 分钟；然后置于壁厚 1.0cm 以上的泡沫塑料小盒内封好，立刻将小盒放置在-80 ~ -70 ℃冰箱中 24 小时以上至 1 周；再将冻存小管投入液氮中保存。

6）记录：做好冻存记录。记录内容包括冻存日期、细胞代号、冻存管数、冻存过程中降温的情况、冻存位置以及冻存经手人。

2. 细胞的复苏过程

（1）调配 37 ~ 40℃的温水，或将恒温水浴箱的温度调至 37 ~ 40℃。

（2）从液氮中取出冻存小管，立即投入 37 ~ 40℃温水中快速晃动，直至冻存液完全融解。要在 1 ~ 2 分钟内完成复温。

(3) 将细胞冻存悬液移入离心管,加入约 5.0ml 培养液,轻轻吹匀。

(4) 将细胞悬液经 1000 r/min 离心 5 分钟,弃上清液。

(5) 给细胞沉淀物加入生长培养液,轻轻吹吸均匀。将细胞悬液移入培养瓶内,加足培养液进行培养。

复苏后的细胞应该保持其冻存时的活力,活细胞数达 90% 以上。

注意事项:细胞冻存悬液一旦融化后,要尽快离心弃除冷冻保护液,防止冷冻保护剂对细胞产生毒性。

3. 影响冷冻效果的因素　冷冻速率、冷冻保存温度、复温速率、冷冻保护剂等。

4. 细胞的运输　在购买或实验室间交换细胞时需要运输,为此要有适当的运输细胞方法。装运方法有两种,一是用液氮或干冰保存;二是充液法。前者效果较好,但需用特制容器如小液氮罐等,又因液氮和干冰蒸发均较快,适于空运。充液法比较简便,可贴身携带,具体操作如下:

(1) 选生长状态良好的细胞,确定细胞密度以覆盖培养瓶底 1/2 ~ 2/3 为宜,换入新培养液,量要达到培养瓶的颈部(过满易污染),保留少许空间,塞紧瓶塞,用胶带密封瓶口。

(2) 将培养瓶放入贴身口袋,一般在 1 ~ 2 天到达目的地的情况下,对细胞活力无严重影响。

(3) 到达后,倒出大部分培养液,保留正常量,置 37℃ 培养,次日传代。

五、培养过程中的污染问题

1. 污染的来源　细胞培养过程中污染的来源有:不洁的动物组织标本、空气、清洗消毒、操作、血清等。来自操作者的污染主要有是操作无菌观念不强,操作技术不熟练。

2. 污染的种类　在细胞培养中,凡是混入培养环境中的对细胞生存有害的成分和造成细胞不纯的异物都应视为污染,那么应包括微生物污染、化学污染和其他细胞的污染。微生物污染是最常见的。主要的污染微生物有:细菌、真菌、支原体和病毒等。

(1) 细菌污染:培养细胞受细菌污染后,会出现培养液变混浊、变色,pH 改变。也有的培养液肉眼观察无多少改变,但在显微镜下能发现细菌颗粒,培养基背景变得模糊不清。污染后细胞发生病理改变,胞内颗粒增多、增粗,最后变圆脱落死亡。

(2) 真菌污染:培养细胞受真菌污染后,可见培养液中漂浮着白色或浅黄色的小点,有的散在生长,培养液一般不发生混浊;倒置显微镜下可见丝状、管状或树枝状的菌丝纵横交错在细胞之间或培养基中,有的呈链状排列。真菌污染后,细胞生长变慢,但最后由于营养耗尽及毒性作用而使细胞脱落死亡。

(3) 支原体污染:支原体一般过滤除菌无法去除它,光镜下难以看清它的形态结构。开始不易发现,能在偏碱条件(pH7.6 ~ 8.0)下生存,对青霉素有抗药性。多吸附于细胞表面或散在于细胞之间。培养细胞受支原体污染后,部分敏感细胞可见细胞生长增殖变慢,部分细胞变圆,从瓶壁脱落。但多数细胞污染后无明显变化,或略有变化,若不及时处理,还会产生交叉污染。

(4) 病毒污染:潜在病毒是细胞大量生产疫苗、干扰素等生物制品工作中的难题。病毒的检测有很多方法,如红细胞吸附实验检测带血凝素的病毒;动物接种;电镜观察;已知病毒核酸探针;PCR 反应等。

3. 污染的预防

（1）强调操作者的责任心，强化操作技术的熟练程度。

（2）实验前，严格按要求处理、清洁、消毒实验器材和实验室、操作台等。

（3）实验中严格遵守无菌规程。操作时尽量不要谈话，若打喷嚏或咳嗽应转向背面。

（4）防止细胞交叉污染。在进行多种细胞培养操作时，所用器具要严格区分，最好做上标记便于辨别。并按顺序进行操作，避免一起进行时易发生混乱。所有细胞一旦购置，或从别处引入，或自己建立，均应及早留种冻存，一旦发生污染可弃之复苏，重新培养。

4. 污染的处理　培养细胞一经污染，要及时处理。通常污染细胞会弃掉；有细胞株留存的或可购置的，积极寻找原因后彻底消毒操作室，复苏或重新购置细胞，再培养。一般排除污染的方法有：使用抗生素、加温、巨噬细胞吞噬法等。

（1）使用抗生素：抗生素预防用药比污染后再用药效果好。预防用药一般用双抗生素（青霉素 100U/ml 加链霉素 100μg/ml），污染后清除用药需采用大于常用量 5～10 倍的冲洗法，加药后作用 24～48 小时，再换常规培养液。此法在污染早期可能有效。所用抗生素品种还可用庆大霉素、卡那霉素、多黏菌素、四环素、制霉菌素等。

（2）加温处理：将污染的组织培养物放在 41℃ 培养 18 小时，可杀死支原体，但对细胞有不良影响。所以在处理前要进行预试验，摸索能最大限度杀死支原体又对细胞影响最小的加热时间。此法有时不可靠。若先用药物处理后，再以 41 ℃ 加温处理效果更佳。

除了上述去除污染的方法外，还有动物体内接种除菌法、巨噬细胞吞噬法、污染培养瓶中加溴尿嘧啶再用光照射的方法及过滤法等，但均较麻烦，且效果不确定。所以一旦支原体污染，除非有特别重要价值，一般均弃之重新培养。

六、培养物常用固定、染色方法

1. 细胞固定基本方法　细胞培养中，为了观察和检测方便，常将细胞固定、染色、制成永久标本。细胞固定的方法有很多，要根据检测工具、对象、目的和要求来选择固定剂液、固定方法。

（1）固定液：有两类，一是简单固定液，由单一化学试剂配成，如乙醇、甲醛、戊二醛、苦味酸等；二是混合固定剂，由两种以上的化学试剂组成，如 Mueller 固定液、FAA 固定液等。下面介绍几种固定液的配制：

1）4% 甲醛溶液-PBS：40% 甲醛溶液：PBS = 1：9，是染色体、线粒体、高尔基复合体的固定液。

2）戊二醛：用 0.1mol/L PBS（pH7.2）与 25% 戊二醛溶液按不同比例（体积/体积）配成 1%～3% 的溶液。能很好固定微管、膜性结构、蛋白质、糖原等。

3）甲醇/乙酸溶液：用甲醇：冰乙酸=3：1 现用现配。适用于观察染色体和 Giemsa 染色。

4）FAA 固定液：80% 乙醇溶液 90.0ml+冰乙酸 5.0 ml+中性甲醛 5.0 ml（40% 甲醛，用时向瓶中加过量 $MgCO_3$ 中和）。适用于盖片单层培养，固定效果好。

5）Carnoy 固定液：无水乙醇 60.0 ml+氯仿 30.0 ml+冰乙酸 10.0 ml，是非水溶性固定液，适用于显示细胞化学成分如黏多糖等，对固定培养单层细胞效果很好，但穿透力差。

（2）固定方法：无论用双盖片悬浮培养、加盖片单层培养还是悬液培养，都能将细胞固定染色，其中以盖片培养最常用。其步骤为：

1）培养时加入一清洁盖片。

2）待盖片长满细胞或所需的适宜时期用镊子轻轻取出盖片，迅速投入37℃ Hank's 液中漂洗两次，每次3～5s，以洗除血清防止其妨碍染色；如用悬液培养的细胞时，离心（800r/min，5分钟）收集细胞沉淀，向沉降细胞中加入少许温 Hank's 液，用吸管轻轻吹打漂洗后，留少许悬液，再做涂片，晾干。

3）将上述玻片浸于固定液15分钟。常用的固定剂有甲醇/乙酸、FAA 固定液、Carnoy 固定液等。

2. 常用染色方法

（1）H. E（苏木精-伊红）染色法：基本原理是用碱性染料苏木精和酸性染料伊红分别与细胞核和细胞质发生作用，使细胞的微细结构通过颜色而改变它的折射率。光镜下观察，细胞呈粉红色，细胞核呈蓝紫色。

1）染色的基本材料：苏木精、铵矾 $(NH_4)_2SO_4Al_2(SO_4)_3$、甘油、冰乙酸、$NaIO_3$、伊红、蒸馏水。苏木精先配成20倍浓缩液，临用时用蒸馏水稀释至应用液。

2）染色过程为：样品制备、染细胞核、染细胞质、脱水、透明和封固等。染色的步骤（盖片培养法为例）：

a. 用镊子轻轻取出细胞长成单层的盖玻片，用37℃温 PBS 漂洗3次，每次20s至1分钟。

b. 将盖玻片浸入中性10%甲醛溶液30分钟。

c. PBS洗2次，每次1分钟，蒸馏水漂洗1次，浸入苏木精液染色10分钟。

d. 自来水浸洗，置入1% $NaHCO_3$ 液中洗至蓝紫色。

e. 1%伊红水溶液中染30s至1分钟。

f. 蒸馏水洗，迅速通过丙酮2次，每次3～5分钟。

g. 通过2∶1丙酮/二甲苯3次，每次1～2分钟。

h. 通过1∶2丙酮/二甲苯3次，每次1～2分钟。

i. 通过纯二甲苯5～10分钟。

j. 把盖片细胞面向上，置载物玻片上，用树胶封存，再覆以较大盖片。

（2）Giemsa 染色法：适用于多种细胞和染色体染色。用 Giemsa 染液可将细胞核染成紫红色或蓝紫色，胞浆染成粉红色，在光镜下呈现出清晰的细胞及染色体图像。

1）Giemsa 染色的基本材料：Giemsa 粉、甘油、纯甲醇、Sorensen 缓冲液。Sorensen 缓冲液的配制：

a. pH6.81：Na_2HPO_4（1/15mol/L）50ml + KH_2PO_4（1/15mol/L）50ml

b. pH6.98：Na_2HPO_4（1/15mol/L）60ml + KH_2PO_4（1/15mol/L）40ml

c. pH7.17：Na_2HPO_4（1/15mol/L）70ml + KH_2PO_4（1/15mol/L）30ml

d. pH7.38：Na_2HPO_4（1/15mol/L）80ml + KH_2PO_4（1/15mol/L）20ml

2）染色液配制：Giemsa 母液∶Sorensen 缓冲液（pH6.81～7.38）= 1∶9 混合配成染色液。（注意：染色液宜现用现配且保存时间不超过48小时，缓冲液 pH 要准确）

3）染色的步骤

a. 细胞标本用甲醇固定10分钟，或用1∶3乙酸/甲醇固定30分钟。

b. 用滴管把染色液布满玻片上（注意不要有气泡），染10～15分钟。（用染色缸染色前应先用小片滤纸刮除液面的氧化脂后再进行染色）。

c. 用自来水冲去玻片上多余的染料，自然干燥，二甲苯透明，光学树脂胶封固。

3. 特殊染色方法 随着组织化学、免疫细胞化学、分子生物学等技术的飞速发展，细胞染色方法也有了较大的发展，进一步分辨细胞的形态和细胞细微结构有了更为先进的手段和技术。其中 Feulgen 染色法能够鉴别细胞中的 DNA；免疫荧光染色法和免疫酶染色法可以灵敏、特异检测细胞标本中的抗原或抗体、特异蛋白质等。下面介绍 ABC 免疫酶标技术——DAB 显色法。

ABC 免疫酶染色法即卵白素-生物素-酶复合物法，基本原理：特异性第一抗体与组织细胞相应抗原结合→生物素化抗体与第一抗体结合→卵白素-生物素-辣根过氧化酶复合物与生物素化抗体与第一抗体结合→辣根过氧化酶酶促反应，DAB 显色→显示组织细胞相应的抗原。ABC 免疫酶染色法是目前最敏感、特异性强、对比度佳的免疫细胞化学染色法之一。

使用的主要材料现已有商业化的试剂盒。染色的基本步骤：

（1）取已固定的细胞盖片，用 PBS 洗 5 分钟，浸入 0.75% H_2O_2-PBS 37℃3 分钟，以阻断内源性过氧化物酶。

（2）PBS 振洗 2 次，每次 10 分钟。

（3）滴加正常马血清，在湿盒内，37℃保温 30 分钟，以消除非特异性染色。

（4）弃去正常马血清，滴加特异性第一抗体，在湿盒内 37℃保温 60 分钟或 4℃下过夜。

（5）PBS 振洗 3 次，每次 5 分钟，滴加第二抗体，置湿盒内 37℃30 分钟。

（6）PBS 振洗 3 次，每次 3 分钟，滴加 ABC 复合剂（卵白素–生物素–辣根过氧化酶复合物），在湿盒内 37℃60 分钟。

（7）PBS 振洗 2 次，每次 3 分钟，浸入新鲜配制的底物溶液，在室温下置暗处 10 ~20 分钟。

（8）自来水洗 5 分钟（若采用显微分光光度计进行定量分析，则无需作细胞核衬染，直接进行脱水、透明和封片）。

（9）细胞核衬染 浸入苏木精染液染色 2 分钟，自来水洗，迅速过氯化氢乙醇溶液，自来水洗，过氨水溶液，自来水洗。

（10）逐级脱水 过 70% 乙醇溶液 1 次，95% 乙醇溶液 2 次，无水乙醇 3 次，每次 1 分钟。

（11）透明 过二甲苯溶液 3 次，每次 1 分钟。

（12）将有细胞的面向下，用中性树脂封片。

实验中应设置阳性对照、阴性对照、空白对照和抑制试验。空白对照用 PBS 做第一抗体。此法染色结果在光镜下观察，阳性部分呈棕褐色。

参考文献

陈瑞铭 . 1998. 动物组织培养技术及其应用 . 第 2 版 . 北京：科学出版社

鄂征 . 1997. 组织培养和分子细胞学技术 . 第 2 版 . 北京：北京出版社

薛庆善 . 2001. 体外培养的原理与技术 . 北京：科学出版社

张卓然 . 1999. 实用细胞培养技术 . 北京：人民卫生出版社

章静波，林建银，杨恬 . 2002. 医学分子细胞生物学 . 北京：中国协和医科大学出版社

章静波 . 2002. 组织和细胞培养技术 . 北京：人民卫生出版社

第三篇　生物化学实验

实验一　蛋白质定量测定

【学习目的要求】

(1) 掌握 Folin-酚试剂法的实验原理及比色计的使用。

(2) 熟悉标准曲线的制备。

(3) 了解双缩脲法、考马斯亮蓝染色法、紫外分光光度法等蛋白质定量测定的方法。

【实验教学内容】

(1) Folin-酚试剂法。

(2) 二喹啉甲酸法(BCA 法)。

(3) 双缩脲法。

(4) 考马斯亮蓝染色法。

(5) 紫外分光光度法。

(6) 微量凯氏定氮法。

一、Folin-酚试剂法(Lowry)

(一) 实验原理

血清蛋白中的酪氨酸酚基和色氨酸的残基,在碱性环境中,能与酚试剂中的磷钼钨酸作用产生蓝色化合物。此反应过程分两步。第一步:在碱性环境中(pH = 10),蛋白质分子中的肽键与碱性铜试剂中的 Cu^{2+} 作用生成蛋白质-Cu^{2+} 复合物,这一步利用了双缩脲法反应原理。第二步:蛋白质-Cu^{2+} 复合物中所含的酪氨酸酚基和色氨酸残基还原酚试剂中磷钼钨酸,生成蓝色化合物。其蓝色化合物的量与蛋白质浓度成正比,且呈线性关系。该反应 30 分钟后呈色充分,在波长 650nm 有较强吸收峰。

制备标准曲线:用已标定蛋白浓度(g/100ml)的血清作为标准血清,将其按 1/2 倍数稀释,分别稀释成 5 管不同浓度蛋白液,在波长 650nm 时,读取 5 管各自的吸光度值(OD)为标准曲线图的纵坐标,所对应的各稀释管蛋白浓度为横坐标,作出标准曲线图。另外样本同样按上述方法稀释和测定,根据样品的 OD 值,在标准曲线图上读出样本的蛋白浓度。

Folin-酚试剂法操作简便,灵敏度高,是测定蛋白质含量用得最广泛方法之一。

(二) 实验操作

1. 样品制备

(1) 标准血清稀释液制备:3 个干净 50ml 容量瓶,7 支干净中号试管,备用。

1) 1 : 50 标准血清稀释液制备:用奥式吸管准确吸取标准血清 1ml,置入 50ml 容量瓶中,用 0.9% NaCl 溶液缓缓沿容量瓶内壁加至刻度(避免产生气泡),颠倒混匀。

2)(1)液制备:用移液管准确吸取 1 : 50 标准血清稀释液 10ml,置入 50ml 容量瓶中,用

0.9% NaCl 溶液缓缓沿内壁加至刻度(避免瓶内产生气泡),颠倒混匀。

3) (2)液制备:准确吸取(1)液 3.0ml 置入中号试管中,再加 0.9% NaCl 溶液 3.0ml 稀释至 6.0ml,混匀。

4) (3)液制备:准确吸取(2)液 3.0ml 置入中号试管中,再加 0.9% NaCl 溶液 3.0ml 稀释至 6.0ml,混匀。

5) (4)液制备:准确吸取(3)液 3.0ml 置入中号试管中,再加 0.9% NaCl 溶液 3.0ml 稀释至 6.0ml,混匀。

6) (5)液制备:准确吸取(4)液 3.0ml 置入中号试管中,再加 0.9% NaCl 溶液 3.0ml 稀释至 6.0ml,混匀。

(2) 待测标本制备:准确吸取待测血清 0.1ml,置入 50ml 容量瓶中,用 0.9% NaCl 溶液缓缓沿容量瓶内壁加至刻度(避免产生气泡),混匀。

2. 各管标准血清稀释液蛋白浓度换算

$$C_{(1)液} = 1/250 \times (\text{标定血清 g/100ml}) \times 10\,000 \ (\mu g/ml)$$
$$C_{(2)液} = 1/500 \times (\text{标定血清 g/100ml}) \times 10\,000 \ (\mu g/ml)$$
$$C_{(3)液} = 1/1000 \times (\text{标定血清 g/100ml}) \times 10\,000 \ (\mu g/ml)$$
$$C_{(4)液} = 1/2000 \times (\text{标定血清 g/100ml}) \times 10\,000 \ (\mu g/ml)$$
$$C_{(5)液} = 1/4000 \times (\text{标定血清 g/100ml}) \times 10\,000 \ (\mu g/ml)$$

3. 测定　按表 3-1-1 操作

表 3-1-1　Folin-酚试剂法操作表

试剂 \ 管号	空白管	1	2	3	4	5	待测管
稀释标准血清(ml)	—	(1)液 1.0	(2)液 1.0	(3)液 1.0	(4)液 1.0	(5)液 1.0	待测标本 1.0
0.9% NaCl(ml)	1.0	—	—	—	—	—	—
碱性铜(ml)	5.0	5.0	5.0	5.0	5.0	5.0	5.0
	各管混匀,放至室温 20 分钟						
Folin-酚试剂(ml)	0.5	0.5	0.5	0.5	0.5	0.5	0.5

注:各管迅速混匀,放至室温 30 分钟,在 650nm 波长下,以空白管调“0”点进行比色,读取各管吸光度(*A*)值,以 *A* 值为纵坐标,各管浓度(*C*)为横坐标,做标准曲线图,查找待测标本蛋白浓度,换算其蛋白质含量

(三) 计算

待测管 *A* 读数,查找标准曲线后换算其蛋白质含量

$$\text{蛋白质含量(g/100ml)} = \frac{\mu g \times 500 \times 100}{1\,000\,000} = \frac{\mu g}{20}$$

(四) 试剂与器材

1. 碱性铜溶液　临用前取甲液 50ml、乙液 1.0ml 混合后使用。

(1) 甲液:称取 4.0g NaOH 加 500ml 蒸馏水完全溶解后,再加入 2.0g Na_2CO_3 混合,完全溶解后加蒸馏水定容至 1000ml。

(2) 1% 酒石酸钾(或酒石酸钠)溶液:称取 10.0g 酒石酸钾加蒸馏水 1000ml。

（3）乙液：称取5.0g硫酸铜（$CuSO_4 \cdot 5H_2O$）溶于1%酒石酸钾（或酒石酸钠）1000ml溶液中。

2. Folin-酚试剂　分别称取100g钨酸钠（$Na_2WO_4 \cdot 2H_2O$）和25g钼酸钠（$Na_2MoO_4 \cdot 2H_2O$），混合后加700ml蒸馏水完全溶解，再依次加85%磷酸50ml、浓盐酸100ml。所有液体充分混匀后，置1000ml圆底烧瓶中回流10小时（累计）。回流完毕，再加150g硫酸锂（$Li_2SO_4 \cdot H_2O$）、50ml蒸馏水（加硫酸锂需冷却再摇匀，稍加过量水有助溶解）、数滴液体溴，将上述液体煮沸30余分钟，以驱除过量的溴，冷却后用蒸馏水定容到1000ml。过滤后其颜色为金黄色。如显绿色，可加溴水数滴使氧化至溶液呈淡黄色。置于棕色瓶中暗处保存备用。使用时以酚酞为指示剂，用标准NaOH溶液滴定，以标定该试剂的酸度为1.0 mol/L（由于滤液为浅黄色，滴定时滤液需稀释100倍，以免影响滴定终点的观察）。

3. 标准蛋白质溶液配置　用电子天平精密称取牛（或人）血清白蛋白500mg，用少量0.9% NaCl溶液完全溶解后，转移至100ml容量瓶中，准确稀释至刻度，使蛋白质浓度为5.0mg/ml，置冰箱保存。

4. 实验器材　50ml容量瓶；10.0ml移液管；1.0ml奥式吸管；5.0ml刻度吸管；1.0ml刻度吸管；722S分光光度计；比色杯；中号试管；洗耳球。

二、二喹啉甲酸法（BCA法）

BCA（Bicinchoninic acid）检测法是Lowry测定法的一种改进方法。与Lowry方法相比，BCA法的操作更简单，试剂更加稳定，几乎没有干扰物质的影响，灵敏度更高（微量检测可达到0.5μg/ml），应用更加灵活。

（一）实验原理

蛋白质分子中的肽键在碱性条件下能与Cu^{2+}络合生成络合物，同时将Cu^{2+}还原成Cu^{+}。二喹啉甲酸及其钠盐是一种溶于水的化合物，在碱性条件下，可以和Cu^{+}结合生成深紫色的化合物，这种稳定的化合物在562nm处具有强吸收值，并且化合物颜色的深浅与蛋白质的浓度成正比。故可用比色的方法确定蛋白质的含量。

（二）实验操作

1. 绘制标准曲线　取6支干燥洁净的大试管，编号，按表3-1-2加入试剂。

表3-1-2　二喹啉甲酸法（BCA法）操作表

加入物 \ 管号	空白管	2	3	4	5	6	待测管
标准蛋白溶液（μl）	—	10	20	30	40	50	—
待测血清（μl）	—	—	—	—	—	—	50
蒸馏水（μl）	50	40	30	20	10	—	—
BCA试剂（ml）	1.0	1.0	1.0	1.0	1.0	1.0	1.0
蛋白质含量（μg/ml）	0	20	40	60	80	100	?

上述试剂加完后，混匀，于37℃保温30min，冷却至室温后，以空白管调零点，使用酶标仪在562nm处比色，读取各管吸光值，以牛血清白蛋白含量为横坐标，以吸光值为纵坐标，

绘制标准曲线。

2. 样品测定　准确吸取 50μl 样品溶液于一干燥洁净的试管中，加入 BCA 试剂 1.0ml，摇匀，于 37℃保温 30min，冷却至室温后，以空白管调零点，使用酶标仪在 562nm 处比色，记录吸光值。

（三）实验结果

根据样品的吸光值从标准曲线上查出样品的蛋白质含量。

（四）试剂与器材

1. BCA 试剂的配制　取 50 份试剂 A 与 1 份试剂 B 混合均匀。此试剂可稳定一周。

（1）试剂 A：分别称 10.0g 二喹啉甲酸、20.0g $Na_2CO_3 \cdot H_2O$、1.6g $Na_2C_4H_4O_6 \cdot 2H_2O$、4.0g NaOH、9.5g $NaHCO_3$，加水至 1000ml，用 NaOH 或固体 $NaHCO_3$ 调节 pH 至 11.25。

（2）试剂 B：取 2.0g $CuSO_4 \cdot 5H_2O$，加蒸馏水充分溶解，定容至 50ml。

2. 标准蛋白质溶液　称取 10mg 牛血清白蛋白，溶于蒸馏水中并定容至 100ml，制成 100μg/ml 的溶液。

3. 样品溶液　人血清样品或配制约 50μg/ml 的牛血清白蛋白溶液。

4. 实验器材　酶标仪；恒温水浴槽；移液管；微量进样器；试管架和试管。

三、双缩脲法

（一）实验原理

在碱性溶液中，双缩脲（$H_2N-\overset{\overset{\displaystyle O}{\|}}{C}-NH-\overset{\overset{\displaystyle O}{\|}}{C}-NH_2$）与硫酸铜作用形成紫红色的络合物，称为双缩脲反应。凡具有两个或两个以上的肽键（—NH—CHR—）的化合物都有双缩脲反应。蛋白质分子中因含有很多的肽键，故所有蛋白质都有双缩脲反应。在一定的浓度范围内，紫色络合物颜色的深浅与蛋白质含量成正比，因此可作蛋白质定量测定。

本法操作简便、迅速，受蛋白质特异性影响较小，但灵敏度较差，仅适用于蛋白质浓度在 0.5mg/ml 以上的样品测定。

（二）实验操作

1. 标准曲线制作　取试管 7 支，按表 3-1-3 操作：

表 3-1-3　双缩脲法标准曲线制作操作表

管号 加入物	空白管	1	2	3	4	5	6
蛋白质标准液（0.5mg/ml）（ml）	—	0.5	1.0	1.5	2.0	2.5	3.0
0.9% NaCl 溶液（ml）	3.0	2.5	2.0	1.5	1.0	0.5	—
双缩脲试剂（ml）	2.0	2.0	2.0	2.0	2.0	2.0	2.0
相当于血清蛋白质量（mg/L）	—	0.25	0.50	0.75	1.00	1.25	1.50

将各管混匀后，立即在分光光度计上用波长 540nm 进行比色测定，用空白管液调零点，记录各管吸光度。以蛋白质浓度为横坐标，吸光度为纵坐标，绘制出标准曲线。

2. 未知样品测定　准确量取待测血清 1.0ml，直接置于 100ml 容量瓶内，加 0.9% NaCl 溶液稀释至刻度。此为待测血清标本。再取试管 2 支，按表 3-1-4 操作：

表 3-1-4　未知样品测定表

加入物	测定管	空白管
待测血清(ml)	3.0	—
0.9% NaCl 溶液 (ml)	—	3.0
双缩脲试剂(ml)	2.0	2.0

混匀，用空白管液调零点，在分光光度计上用波长 540nm 与标准曲线的各管同时比色。然后，将未知样品溶液测定的吸光度值，对照标准曲线求出血清蛋白质浓度。

（三）试剂与器材

1. 双缩脲试剂　称取 1.75g 硫酸铜（$CuSO_4 \cdot 5H_2O$）溶解于 50ml 蒸馏水中，置于 1000ml 容量瓶中，加入浓氨水 300ml，冰冷的蒸馏水 300ml 及饱和氢氧化钠溶液 200ml，混匀后，放置使溶液温度降至室温，以蒸馏水稀释至刻度，摇匀。此试剂在室温下可以放置 3 ~ 4 个月不影响显色。

2. 蛋白质标准溶液　经凯氏定氮法校正的血清蛋白(或试剂级冻干牛血清蛋白)，用 0.9% NaCl 溶液配成 0.5mg/ml 溶液。

3. 0.9% NaCl 溶液。

4. 器材　试管；刻度吸管；分光光度计等。

四、考马斯亮蓝染色法

（一）实验原理

考马斯亮蓝 G-250(Coomassie brillant blue G-250，CBBG-250)是一种蛋白质染料，在酸性溶液中为棕红色，最大吸收峰在 465nm，当它与蛋白质以范德华引力结合形成考马斯亮蓝 G-250-蛋白质复合物时，变为蓝色，其最大光吸收峰改变为 595nm，一定范围内，其吸光度与蛋白质含量呈线性关系，故可用于蛋白质含量的测定。本法操作简便、快速、灵敏度高、重复性好。

（二）实验操作

1. 标准曲线制作　取 1.0mg/ml 蛋白质标准溶液，制备系列稀释液，使其浓度分别为 1000μg/ml、500μg/ml、250μg/ml、125μg/ml 和 62.5μg/ml。按表 3-1-5 操作：

表 3-1-5　考马斯亮蓝染色法标准曲线制作操作表

管号 / 加入物	空白管	1	2	3	4	5
蛋白质标准稀释液 (ml)	—	0.1	0.1	0.1	0.1	0.1
0.9% NaCl 溶液(ml)	0.1	—	—	—	—	—
染色液(ml)	5.0	5.0	5.0	5.0	5.0	5.0
蛋白质含量(μg/ml)	0	62.5	125	250	500	1000

摇匀，室温静置 3 分钟，以空白管调节“0”点，于波长 595nm 处比色，读取吸光度，以各管吸光度为纵坐标，各蛋白质标准浓度(μg/ml)为横坐标作图得标准曲线。

2. 样品测定　取待测血清 0.25ml 置于 50ml 容量瓶中,加 0.9% NaCl 溶液至刻度,摇匀即为稀释样品血清(此时样品稀释 200 倍)。再取试管 2 支,按表 3-1-6 操作:

表 3-1-6　样品测定表

加入物	测定管	空白管
稀释样品血清(ml)	0.1	—
0.9% NaCl 溶液(ml)	—	0.1
染色液(ml)	5.0	5.0

混匀,静置 3 分钟,在 595nm 波长下比色,读取吸光度,查标准曲线,求得稀释样品血清蛋白质浓度。

未知样品蛋白质浓度(μg/ml)= 释样品浓度 × 稀释倍数

(三) 注意事项

当样品中存在有较大量的十二烷基硫酸钠(SDS)、Triton X-100 等去垢剂时,显色反应会受到干扰,如样品缓冲液呈强碱性时也会影响显色。考马斯亮蓝染色能力很强,比色杯应洗干净,否则会影响吸光值,注意不可用石英比色杯。

本法为常量法,蛋白质含量的检测范围以 10 ~ 100μg/ml 为宜。

(四) 试剂与器材

1. 0.9% NaCl 溶液。

2. 蛋白质标准溶液　牛血清蛋白精确配成 1.0mg/ml。

3. 染色液　称取 CBBG-250 0.1g 溶于 50ml 95% 乙醇溶液(G. R.)中,再加入 100ml 80%(*W/V*)磷酸(A. R.),然后加蒸馏水定容到 1000ml。染色液不宜久贮,以 1 ~ 2 个月为宜。若不加水可长期保存,临用前再稀释。

4. 器材　试管;刻度吸管;分光光度计等。

五、紫外分光光度法

(一) 实验原理

蛋白质在 275 ~ 280nm 及 200 ~ 250nm 两个紫外区波长段有光吸收。前者吸收与蛋白质分子中含有共轭双键的酪氨酸、色氨酸和苯丙氨酸残基有关,后者吸收主要依赖于蛋白质分子的肽键。在波长 280nm 或 215/225nm 处测定吸光度。在一定范围内,蛋白质溶液的吸光度值与浓度呈正比,借此可作蛋白质的定量测定。

此法操作简便、快速,测定样品可以回收,低浓度盐类不干扰测定,故在蛋白质和酶的生化制备中广泛应用。缺点主要是:①当待测的蛋白质与标准蛋白质中的酪氨酸和色氨酸残基含量差异较大时则产生一定的误差,故该法适用于测定与标准蛋白质氨基酸组成相似的样品;②若样品中含有其他在 280nm 附近有吸收的物质,如核酸等化合物,就会出现较大的干扰。但是,核酸的吸收高峰在 260nm,因此,必须分别测定 280nm 和 260nm 两处的光吸收值(用 A_{280} 和 A_{260} 表示),然后通过计算消除核酸对蛋白质的影响,从而得出蛋白质浓度。

（二）实验操作

1. 280nm 和 260nm 的光吸收差法　准确吸取血清 0.1ml 直接置于 50ml 容量瓶中，用 0.9% NaCl 溶液稀释至刻度，分别测出在 280nm 和 260nm 两处吸光度值，再由下列经验公式算出该溶液的蛋白质浓度。

（1）当 $A_{280}/A_{260}<1.5$ 小时，用 Lowry-Kalckar 公式：蛋白质浓度（mg/ml）＝ $1.45\ A_{280}-0.74\ A_{260}$

（2）当 $A_{280}/A_{260}>1.5$ 小时，用 Warburg-Christian 公式：蛋白质浓度（mg/ml）＝ $1.55\ A_{280}-0.76A_{260}$

2. 280nm 和 260nm 的光吸收法

（1）标准曲线制作：取试管 8 支，按表 3-1-7 操作：

表 3-1-7　紫外分光光度法标准曲线制作操作表

加入物＼管号	0	1	2	3	4	5	6	7
蛋白质标准液(ml)	—	0.5	1.0	1.5	2.0	2.5	3.0	4.0
0.9% NaCl 溶液(ml)	4.0	3.5	3.0	2.5	2.0	1.5	1.0	—
蛋白质含量(mg/ml)	—	0.125	0.25	0.375	0.5	0.625	0.75	1.00

混匀后，选用直径为 1.0cm 的石英比色杯，波长 280nm，以 0 号管调节零点，分别测定各管溶液的吸光度值。以吸光度值为纵坐标，蛋白质浓度为横坐标，绘制出血清蛋白标准曲线。

（2）样品测定：取待测血清用 0.9% NaCl 溶液稀释，使其浓度在蛋白质标准曲线范围内。再取试管 2 支，按表 3-1-8 操作：

表 3-1-8　样品测定操作表

加入物	测定管	空白管
稀释样品血清（ml）	1.0	—
0.9% NaCl 溶液（ml）	3.0	4.0
蛋白质含量(mg/ml)		

混匀后，按标准曲线测定方法测定吸光度值，根据标准曲线查出蛋白质浓度。

本法测定范围为 0.1～1.0mg 蛋白质/ml 溶液。

对于稀蛋白质溶液，可用 215nm 和 225nm 的光吸收差法　将血清蛋白用 0.9% NaCl 溶液作 100 倍稀释，读取 215nm 和 225nm 两处的吸光度，利用 Waddell 提出的经验公式计算：蛋白质浓度（mg /ml）＝ $0.144(A_{215}-A_{225})$。

蛋白质浓度在 20～100μg/ml 范围，用 215nm 和 225nm 光吸收差法测得的吸光度服从 Beer 定律。

（三）注意事项

（1）本法需用石英比色杯比色。

（2）由于蛋白质的紫外吸收高峰常因 pH 的改变而变化，因此使用本法时要特别注意溶液的 pH,最好与标准曲线制定时的 pH 一致。

（四）试剂与器材

1. 蛋白质标准溶液　准确称取经凯氏定氮法校正的结晶牛血清白蛋白或人血清白蛋白,用 0.9% NaCl 溶液配制成 1.0mg/ml。

2. 0.9% NaCl 溶液。

3. 器材　试管;刻度吸管;分光光度计等。

六、微量凯氏(Kjeldahl)定氮法

（一）实验原理

蛋白质成分中氮元素的含量较为恒定,平均为 16%,即 1.0g 氮相当于 6.25g 蛋白质。因此,只要测定蛋白质样品中的含氮量,即可推算出样品中蛋白质的含量。若待测样品中除蛋白质外尚含有其他非蛋白质含氮物质,则应从测得的总氮量中减去非蛋白含氮物质的氮(NPN)量,才能代表样品中蛋白质的含氮量。

本法定氮分为三步:消化、蒸馏、吸收及滴定。

1. 消化　含氮有机物与浓硫酸共热时,其中的碳与氢被氧化为 CO_2 和 H_2O,硫酸则被还原为 SO_2,后者再使氮还原为 NH_3,自身则被氧化成 SO_3。遇硫酸生成 $(NH_4)_2SO_4$,这一过程称为消化。

$$\text{含氮有机物} + H_2SO_4 \xrightarrow{\triangle} CO_2\uparrow + H_2O + SO_2\uparrow + (NH_4)_2SO_4$$

为了加速反应的进行,常加入少量的硫酸铜与硫酸钾。铜离子因有很强的催化能力,可使氧化作用加快,硫酸钾因能提高硫酸的沸点,使氧化作用在较高温度下进行,所以可以提高反应速度。

2. 蒸馏　消化液中的硫酸铵与浓氢氧化钠作用,生成 NH_4OH。然后用水蒸气驱氨入硼酸溶液中,氨立即与硼酸生成硼酸铵。

$$(NH_4)_2SO_4 + 2NaOH \longrightarrow 2NH_4OH + Na_2SO_4$$

$$NH_4OH \xrightarrow{\text{蒸馏}} NH_3\uparrow + H_2O$$

3. 吸收　$3NH_3 + H_3BO_3 \longrightarrow (NH_4)_3BO_3$

4. 滴定　以标准酸中和固定于硼酸溶液中的 NH_3,从标准酸的用量即能算出氮的含量。

$$(NH_4)_3BO_3 + 3HCl \longrightarrow 3NH_4Cl + H_3BO_3$$

滴定用的混合指示剂由溴甲酚绿和甲基红组成,甲基红的变色域为 pH 4.2～6.3(由红变黄,终点为橙色)。溴甲酚绿的变色域在 pH 3.8～5.4 之间(由黄变蓝,终点为绿色)。当两种指示剂按适当比例混合时,在 pH 5.0 以上呈绿色,在 pH 5.0 以下为橙色,在 pH 5.0 时因颜色互补而呈紫灰色。硼酸为一弱酸,pK= 9.24,2% 的硼酸溶液的 pH 为 4.8 左右。故加入混合指示剂后,溶液应为蓝绿色。当用酸滴定至溶液颜色转变为紫灰色时即为终点。

（二）实验操作(以测定血清蛋白量为例)

1. 无蛋白血滤液的制备(供测定 NPN 用)　取血清 1.0ml 于试管中,加 5% 三氯乙酸溶 4.0ml,充分摇匀,静置约 5 分钟,用滤纸过滤,取上清液备用,上清液应澄清透明。

2. 消化　取凯氏烧瓶 4 个,分别标号,按表 3-1-9 操作:

表 3-1-9　微量凯氏定氮法消化操作表

加入物	空白管	标准管	测定管	NPN 管
稀释血清(1∶5)(ml)	—	—	1.0	—
无蛋白血滤液 (ml)	—	—	—	1.0
硫酸铵标准溶液 (1mg 氮/ml)(ml)	—	1.0	—	—
0.9% 氯化钠溶液(ml)	1.0	—	—	—
30% 硫酸钠溶液 (ml)	3.0	3.0	3.0	3.0
消化剂(ml)	2.0	2.0	2.0	2.0

将以上各管内加小瓷珠 2 粒,摇匀。以约 60°角固定在铁架台上,放在电炉上加热(在通风柜中进行),至瓶中有白烟冒出时,盖上盛有玻璃球的漏斗(以防 SO_2 逸出过多),溶液逐渐变成棕色,继续加热至溶液变为澄清的蓝绿色时,再继续反应 10 ~ 15 分钟即可。冷却后,沿瓶内壁加入蒸馏水约 2.0ml 以稀释消化液,以免冷却冻结。

3. 蒸馏与吸收

(1)清洗蒸馏器:蒸馏器示意图如图 3-1-1 所示。

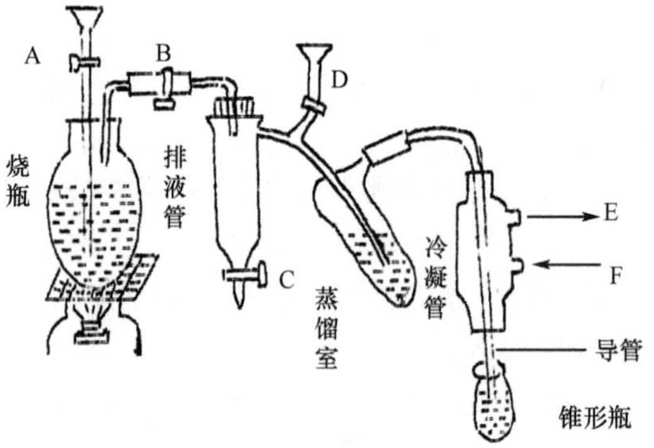

图 3-1-1　微量凯氏定氮蒸馏装置示意图

用前需熟悉其使用方法:使自来水由 F 管流经冷凝管,并由 E 管口流出,从 D 漏斗加适量的蒸馏水,关闭 A 和 C、D 夹,开 B 夹,冷凝管下端插进盛有蒸馏水的锥形瓶中,然后,将盛有 2/3 体积蒸馏水的圆底烧瓶加热煮沸,使蒸汽导入蒸馏室,煮沸 10 分钟后,关闭 B 夹,蒸馏水即将倒吸排液管内。再开 B 夹,如此重复两次,蒸馏器即可使用。注意 A 夹与 B 夹同时关闭时,不能持续太久,否则,可能造成蒸馏汽瓶塞冲出的危险。

(2)蒸馏:清洗过的蒸馏器,继续加热,使蒸汽不断经排液管入蒸馏室,另取一个清洁的 125ml 锥形瓶中加入 2% 硼酸 10ml(内加有混合指示剂数滴,必要时用酸或碱调节成蓝紫色),置于冷凝管下,使冷凝中导管口恰好接触硼酸溶液,再将消化好的样品液由 D 漏斗缓缓加入蒸馏室,为了防止样品喷射到排液管内,避免使氮量不准确,将 C 夹打开的情况再加样品。关闭 C 夹后,再将 50% NaOH 7.0 ml 倒入 D 漏斗,防止氨气逸出,故控制开 D 夹开口的程度,使碱液缓缓流入蒸馏室,等刚流完而剩余一点的时候,就立即关闭 D 夹,并于 D 夹漏斗中加入少量水掩盖之，待第一滴蒸馏液从冷凝管下端滴下时起，继续蒸馏 5 分钟，然后将锥形瓶放低，使冷凝中导管离开液面再蒸馏 2 分钟，最后，用蒸馏水洗冷凝中导管外壁，蒸馏即告完毕，移出锥形瓶。随即将蒸馏器洗净，以备用。每次蒸馏完毕后，必须马上清洗，否则冷却后，清洗困难。

4. 滴定 先滴定空白管，后滴定样品管和标准管，用标定过的 0.02mol/L HCl 滴定锥形瓶中溶液，至溶液的颜色由蓝开始变灰白或接近紫灰色时，即达滴定终点，记录 HCl 的用量(ml)。

（三）计算

$$蛋白质含量(g/100ml)=\frac{(样品耗\ HCl\ ml\ 数-空白耗\ HCl\ ml\ 数)\times HCl\ 当量\times 14\times 100\times 6.25}{1000\times 0.2}$$

注：N 元素的分子量为 14；1.0g N=6.25g 蛋白质；实际用血清 0.2ml。

血清中实际蛋白质的含量要减去非蛋白氮的含量。

（四）试剂与器材

1. 稀释血清(1∶5) 用 0.9% NaCl 溶液进行稀释。

2. $(NH_4)_2SO_4$ 标准溶液(1.0mg 氮/ml) 将 $(NH_4)_2SO_4$ 置于 110℃烤箱中 30 分钟，取出后置干燥器内冷却，精确称取此干燥的 $(NH_4)_2SO_4$ 4.716g，置于 1000ml 容量瓶内，加蒸馏水若干使其溶解，再加入 HCl(浓)1.0ml，用蒸馏水稀释至刻度。

3. 30% Na_2SO_4 准确称取 30.0g 无水 Na_2SO_4，溶于去离子水 100ml 中。

4. 消化剂 2% $CuSO_4\cdot 5H_2O$ 与浓 H_2SO_4 以 1∶4 比率混合而成。

5. 2% 硼酸 准确称取 2.0g 硼酸，溶于去离子水 100ml 中。

6. 混合指示剂 0.1% 溴甲酚绿无水乙醇溶液 10.0 ml 与 0.1% 甲基红无水乙醇溶液 2.0ml 混合即成。

7. 50% NaOH 溶液(饱和)。

8. 0.02mol/L HCl 溶液。

9. 浓 H_2SO_4(分析纯 AR)。

10. 器材 试管；刻度吸管；凯氏烧瓶；漏斗；微量凯氏定氮蒸馏装置等。

（五）示范操作

1. 刻度吸管的使用。

2. 分光光度计的使用。

3. 酶标仪的使用。

4. 微量凯氏定氮蒸馏装置的使用。

（六）设计型实验

一个未知样品，用什么方法可以测定样品中含有蛋白质(或核酸)？如果含有蛋白质，请设计实验测定蛋白质的含量。

【课堂作业】 观察实验结果，书写实验报告。

【复习思考题】

(1) 蛋白质定量测定的方法有几种？哪几种方法是比色法？

(2) 简述各种测定方法的适用范围。

（3）影响 Folin-酚试剂法测蛋白质含量的因素有哪些？

实验二 蛋白质的沉淀反应

【学习目的要求】

（1）掌握重金属盐与某些酸沉淀蛋白质的原理。

（2）掌握有机溶剂降低蛋白质在溶液中稳定性的机制。

【实验教学内容】

（1）重金属盐与某些酸沉淀蛋白质。

（2）乙醇沉淀蛋白质。

一、重金属盐与某些酸沉淀蛋白质

（一）实验原理

重金属盐(如 Pb^{2+}、Hg^{2+}、Ag^{+}等)能与蛋白质的羧基结合生成不溶性的蛋白质金属盐类而沉淀,同时蛋白质发生变性。某些酸(如三氯乙酸、钨酸等)的酸根与蛋白质的氨基结合生成不溶性的蛋白质沉淀,同时蛋白质发生变性。

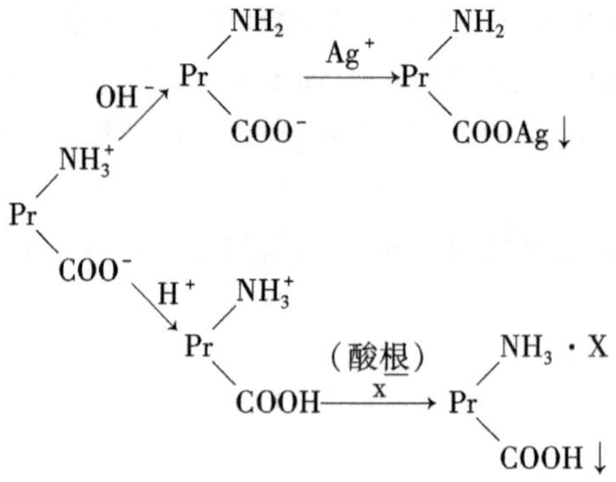

（二）实验操作

取小试管 2 支,按表 3-2-1 加入试剂:

表 3-2-1 实验操作表

管号	5% 鸡卵清蛋白溶液	0.1mol/L NaOH 溶液	3% $AgNO_3$ 溶液	5% 三氯乙酸
1	20 滴	1 滴	4 滴	—
2	20 滴	—	—	5 滴

充分混匀后,观察结果。

（三）试剂与器材

1. 5% 鸡卵清蛋白溶液。
2. 0.1mol/L NaOH 溶液。
3. 3% $AgNO_3$ 溶液。

4. 5% 三氯乙酸溶液。

5. 器材 试管和滴管等。

二、乙醇沉淀蛋白质

（一）实验原理

某些有机溶剂（如乙醇、甲醇、丙酮等）能破坏蛋白质胶粒的水化膜，降低了蛋白质在溶液中的稳定性，当溶液的 pH 接近等电点或有少量中性盐（如 NaCl）存在时，蛋白质胶粒上的电荷被中和，加入这些有机溶剂至一定浓度，蛋白质就迅速沉淀。

（二）实验操作

取小试管 1 支，加入 5% 鸡卵清蛋白溶液 10 滴后慢慢滴入 95% 乙醇 20 滴，边滴边摇，静置片刻，观察有无沉淀。再滴入饱和 NaCl 溶液 1 ~ 2 滴，观察结果。

（三）试剂与器材

1. 5% 鸡卵清蛋白溶液。

2. 95% 乙醇溶液。

3. 饱和 NaCl 溶液。

4. 器材 试管和滴管等。

（四）设计型实验

某溶液中混有蛋白质，请设计实验方案以去除蛋白质。

【课堂作业】 观察实验结果，书写实验报告。

【复习思考题】

（1）重金属盐与某些酸沉淀蛋白质的机理有何不同？

（2）简述蛋白质有哪些重要的生理功能。

（3）在乙醇沉淀蛋白质的实验中，为何加入 NaCl 溶液？

（4）简述蛋白质的理化性质。

实验三 蛋白质的两性反应和等电点测定

【学习目的要求】

（1）掌握蛋白质两性解离的性质。

（2）熟悉蛋白质等电点测定方法。

（3）了解利用等电点特性分离、纯化蛋白质的原理。

【实验教学内容】

（一）实验原理

蛋白质如同氨基酸一样，是一种两性电解质。若调节溶液的氢离子浓度，使蛋白质分子中所带的正负电荷相等，此时蛋白质表面净电荷为零，称作蛋白质的等电点（pI）。若溶液的 pH 大于该蛋白质的 pI，蛋白质分子释放出 H^+ 而带负电荷。若溶液的 pH 小于该蛋白 pI 蛋白质分子结合 H^+ 而带正电荷。

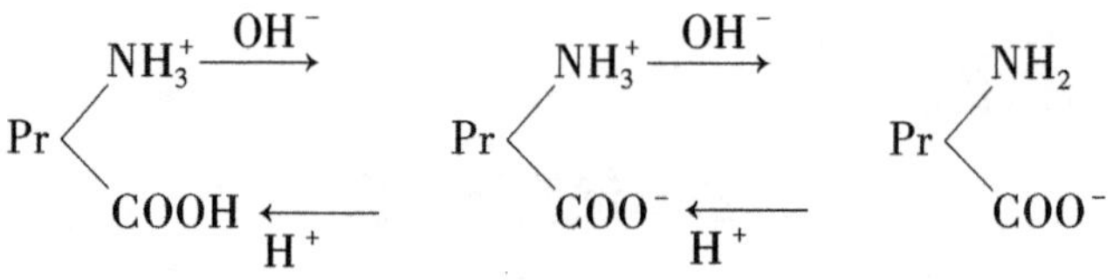

正离子 (pH < pI)　　两性离子 (pH = pI)　　负离子 (pH > pI)

因为不同的蛋白质其氨基酸残基的种类及数量各不相同，在不同 pH 溶液中所带的电荷也不相同，所以不同种类的蛋白质都有其相应的等电点。

蛋白质在等电点时，表面净电荷为零，蛋白质分子可相互聚集而变大，溶解度最小，故将此特性应用于蛋白质的分离及提纯。

（二）实验操作

1. 蛋白质的两性反应　取试管 1 支，加 0.5% 酪蛋白溶液 20 滴，然后依下表逐项加入试剂不断摇匀，同时观察并记录颜色变化，是否出现沉淀及沉淀变化情况，逐项做出解释（表 3-3-1）。

表 3-3-1　蛋白质的两性反应表

加入物	颜色变化	沉淀及变化	解释结果
0.01% 溴甲酚绿溶液指示剂（5～7 滴）			
0.02mol/L HCl 溶液逐滴加入			
继续滴加 0.02mol/L HCl 溶液			
0.02mol/L NaOH 溶液逐滴加入			
继续滴加 0.02mol/L NaOH 溶液			

2. 酪蛋白等电点的测定　取直径相近的干燥试管 4 支，按表 3-3-2 操作：

表 3-3-2　酪蛋白等电点测定操作表

管号 / 加入物（ml）	1	2	3	4
蒸馏水	3.7	3.0	—	2.4
0.10mol/L 乙酸溶液	0.3	1.0	4.0	—
1.0mol/L 乙酸溶液	—	—	—	1.6
0.5% 酪蛋白-乙酸钠溶液	1.0	1.0	1.0	1.0
混匀，放置 10～20 分钟				
各管相当的 pH	5.3	4.7	4.1	3.5
混浊程度				

观察各管的混浊度，以"-，+，++，+++"符号表示。根据观察结果，指出哪一 pH 是酪蛋白的等电点？

（三）试剂与器材

1. 0.5%酪蛋白溶液（以0.01mol/L NaOH溶液作溶剂）。

2. 0.5%酪蛋白-乙酸钠溶液 称取纯酪蛋白0.25g，置于50ml容量瓶内，加蒸馏水20ml及1.0mol/L NaOH溶液5.0ml（必须准确）。振荡使酪蛋白溶解，然后加1.0mol/L乙酸溶液5.0ml（必须准确）。最后用蒸馏水稀释至刻度，混匀。

3. 0.01%溴甲酚绿指示剂，其变色的pH范围是3.8～5.4，指示剂的酸色型为黄色，碱色型为蓝色。

4. 0.02mol/L NaOH溶液。

5. 0.02mol/L HCl溶液。

6. 0.1mol/L乙酸溶液。

7. 1.0mol/L乙酸溶液。

8. 器材 试管；滴管；刻度吸管等。

（四）设计型实验

请设计实验方案测定卵清蛋白的等电点。

【课堂作业】 观察实验结果，书写实验报告。

【复习思考题】

(1) 蛋白质为何能成为两性离子？

(2) 何谓蛋白质的等电点？

(3) 不同蛋白质的等电点为何不同？

实验四 血清蛋白乙酸纤维素薄膜电泳

【学习目的要求】

(1) 掌握血清蛋白乙酸纤维素薄膜电泳原理。

(2) 熟悉血清蛋白乙酸纤维素薄膜电泳操作、观察分析结果。

(3) 了解血清蛋白乙酸纤维素薄膜电泳的临床意义。

【实验教学内容】

（一）实验原理

血清中各种蛋白质的等电点，大都低于pH7.0，在pH 8.6缓冲液中，电离成负离子，在电场中向正极移动。由于血清中各种蛋白质等电点不同，在同一pH下所带电荷量不同，此外各种蛋白质的分子量大小与分子形状也不相同，因而在电场中的泳动速度不同。一般说来，蛋白质分子带的净电荷量越多、分子量越小、分子呈球形，则泳动速度快，反之，则慢。因此可以利用电泳速度快慢不同将各种蛋白质分开。

乙酸纤维素薄膜作为电泳支持物具有电渗小、分离速度快、区带清晰、操作简便等优点。

本实验用乙酸纤维素薄膜为支持物，依上述原理将血清蛋白质分离为白蛋白、α_1球蛋白、α_2球蛋白、β球蛋白及γ球蛋白等五个区带。

蛋白质分离后，用染色剂染色，蛋白质的量与结合的染料量成正比，故可将各蛋白质区带剪下，分别用0.4mol/L NaOH溶液浸洗，再用比色法测定其相对含量。也可以将染色后的薄膜直接进行光密度扫描测定其相对含量。

（二）实验操作

1. 准备与点样

(1) 将薄膜切成2.5cm×8cm的小片。在薄膜无光泽面距一端1.5cm处用铅笔画一线，表示点样位置。

(2) 将薄膜无光泽面向下，漂浮于巴比妥缓冲液面上（缓冲液盛于培养皿中），使膜条自然浸湿下沉。

(3) 将充分渗透（指膜上没有白色斑痕）的膜条取出，用滤纸吸去多余的缓冲液。

(4) 吸取少量血清滴于玻璃板上，用钢口加样器的蘸取样品，然后将钢口平直印于膜无光泽面上，待血清全部渗入膜内，移开点样器。

2. 电泳　将点样后的膜条置于电泳槽架上，放置时无光泽面（即点样面）向下，点样端置于阴极。槽架上四层滤纸作桥垫，膜条与滤纸需贴紧，等平衡5分钟后通电，调节电压90～110V，电流为0.4～0.6mA/cm宽，通电1小时左右关闭电源。

3. 染色　电泳完毕后用镊子将薄膜取出，直接浸于盛有氨基黑10B的染色液中，染5分钟取出。立即浸入盛有漂洗液的培养皿中，反复漂洗数次，直至背景漂净为止。用滤纸吸干薄膜。

4. 定量　取试管6支，编好号码，分别用吸管吸取0.4mol/L NaOH溶液4.0ml。剪开薄膜上各条蛋白色带，另于空白部位剪一平均大小的薄条。将各条分别浸于上述试管内，不断摇动，使蓝色洗出。约半小时后，用分光光度计进行比色，波长为650nm，以空白薄膜条洗出液为空白对照，读取白蛋白、α_1、α_2、β及γ球蛋白各管的光密度。

（三）计算

光密度总和 $T=A+\alpha_1+\alpha_2+\beta+\gamma$

各部分蛋白质的构成比为：白蛋白$=A/T$，α_1 球蛋白$=\alpha_1/T$，以此类推，计算各蛋白比例。

（四）临床意义

(1) 正常值

白蛋白	57%～72%
α_1 球蛋白	2%～5%
α_2 球蛋白	4%～9%
β 球蛋白	6.5%～12%
γ 球蛋白	12%～20%

(2) 肝硬化时白蛋白显著降低，γ球蛋白升高2～3倍，肾病综合征时白蛋白降低，α_2球蛋白和β球蛋白升高。

（五）试剂与器材

1. 巴比妥缓冲液（pH8.6）　巴比妥钠15.458g，巴比妥2.76g，用蒸馏水溶解并定容至1000ml。

2. 氨基黑10B染色液　取氨基黑10B 0.5g、冰乙酸10ml及甲醇50ml，混匀后加蒸馏水至100ml。

3. 漂洗液　取 95% 乙醇溶液 45ml，加冰乙酸 5.0ml，混匀后，加蒸馏水至 100ml。

4. 器材　乙酸纤维薄膜；点样器；电泳仪；分光光度计；吸管；试管等。

(六) 示范操作

点样器的使用；电泳仪的使用；染色过程。

(七) 设计性实验

现有 2.0ml 兔血清样本，内含有多种蛋白质。如何通过实验证实其含有白蛋白和 γ 球蛋白？其含量各为多少？请设计实验方案并说明之。

【课堂作业】 观察实验结果，书写实验报告。

【复习思考题】

(1) 什么是蛋白质的等电点？

(2) 简述影响蛋白质电泳速度的外界因素。

(3) 选择乙酸纤维薄膜作为电泳支持物有哪些利弊？

(4) 了解临床上血清蛋白定量测定有哪些方法？各有哪些利弊？

实验五　聚丙烯酰胺凝胶电泳

【学习目的要求】

(1) 掌握聚丙烯酰胺凝胶圆盘电泳分离血清蛋白原理。

(2) 熟悉聚丙烯酰胺凝胶圆盘电泳分离血清蛋白操作，观察分析结果。

(3) 了解聚丙烯酰胺凝胶电泳测定蛋白质的分子量。

【实验教学内容】

(1) 聚丙烯酰胺凝胶圆盘电泳分离血清蛋白。

(2) SDS-聚丙烯酰胺凝胶电泳测定蛋白质分子量。

一、聚丙烯酰胺凝胶圆盘电泳分离血清蛋白

(一) 实验原理

聚丙烯酰胺凝胶是由丙烯酰胺（单体，简称 Acr）与亚甲基双丙烯酰胺（双体，简称 Bis）在水溶液中经催化剂引发聚合而成的亲水性高聚物，是一种透明而不溶于水并有韧性的凝胶。以这种凝胶作为支持物用于电泳分析称为聚丙烯酰胺凝胶电泳（polyacrylamide gel electrophoresis，简称 PAGE）。这种凝胶具有机械强度好、弹性大、透明、化学稳定性高、无电渗作用等优点，该电泳方法设备简单、样品量少，分辨率高，并可通过改变单体浓度来调节凝胶的孔径大小，可适用不同分子量物质的分离。

盘状电泳是 PAGE 的一种常见形式，是在区带电泳基础上，以不同孔径的凝胶为支持物，采用不连续体系（包括凝胶孔径不连续、缓冲液离子成分不连续和 pH 不连续）进行样品的电泳分离。它应用了 3 种物理效应：①样品的浓缩效应；②凝胶的分子筛效应；③一般电泳分离的电荷效应。

(二)实验操作

1. 准备凝胶管　将凝胶管插在厚橡胶板的小孔中，小孔的直径要略小于玻璃管的直径，

或者在凝胶玻璃管底部黏上一小块胶布，封堵玻璃管底部端，以防胶液从玻璃管底部漏出。

2. 制备分离胶(7.5%) 按表3-5-1操作。取30% Acr-Bis储存液2.5ml，分离胶缓冲液1.25ml，TEMED 10μl，加H_2O 6.19ml，将上述液体置一烧杯中充分混匀，再加入10%过硫酸铵50μl。混匀后迅速加至垂直立在凝胶架中的凝胶管中。每支凝胶管加胶液2.0ml左右，胶柱高度约5～7cm。然后用注射器在胶液表面小心地覆盖3～5mm厚的水层。水层可隔绝空气，避免空气中的氧对聚合产生不良影响。凝胶聚合时，凝胶表面与水层之间可观察到折光线。

3. 制备浓缩胶(3%) 按表3-5-1操作。取30% Acr-Bis储存液1.0ml，浓缩胶缓冲液1.25ml，TEMED 10μl，H_2O 7.64ml置于小烧杯中混匀，再加入10%过硫酸铵100μl。将凝胶管中分离胶表面的水层倒去，迅速将上述制备好的浓缩胶液加至分离胶的上面。胶柱高约1.0cm左右，加好胶液后同样在其表面覆盖一水层。放置30min，待凝胶形成后可除去水层上样电泳。

表3-5-1 分离胶和浓缩胶的配制

试剂	分离胶(ml)	浓缩胶(ml)
分离胶缓冲液	1.25	—
浓缩胶缓冲液	—	1.25
30%丙烯酰胺储存液	2.50	1.00
蒸馏水	6.19	7.64
TEMED	0.01	0.01
	充分混匀	
10%过硫酸铵	0.05	0.10
总体积(ml)	10	10
胶浓度(g%)	7.50	3.00

4. 加样品 将制备好的凝胶管插入橡胶套中，调节橡胶套至合适高度，撕去胶布。将凝胶管垂直插到电泳上槽的小孔中(注意插紧以免发生电极缓冲液渗漏)。在电泳上槽中加入1×电极缓冲液，使每一凝胶管上部空间都充满缓冲液。如出现气泡，可用滴管吸取除去。

取血清0.25ml，加6×上样缓冲液0.05ml混匀。用微量移液器吸取样品后，穿过缓冲液面在凝胶的表面加样30μl(注意不要损坏凝胶的表面)。在电泳下槽中加入1×电极缓冲液，使凝胶管直接接触下槽的电极缓冲液。如果凝胶柱顶端有气泡，要注意除去以免影响导电性。

5. 电泳 接通电源，电泳上槽接负极、下槽接正极。开始调节电流每管1～2mA，10分钟后增至每管3～5mA。电泳50分钟左右，当溴酚蓝指示剂到达距管底0.5cm处，关闭电源，倒出电极缓冲液。

6. 染色和脱色 从电泳槽上取下凝胶管，用局麻针头注射器吸满蒸馏水，让长针头紧贴玻璃管内壁，从玻璃管一端缓缓插入，同时注水并旋转玻璃管，使凝胶与玻璃管壁分离，用洗耳球从玻璃管一端轻轻将凝胶柱吹出。将胶柱放入小试管中加染色液浸泡30分钟。倒出染液，换入漂洗液漂洗数次，至凝胶背景干净，电泳区带清晰为止。

7. 结果 用本法可将正常人血清蛋白质分出10余条区带。电泳结果可用光密度计扫描定量，也可拍摄照片保存。

（三）试剂与器材

1. 分离胶缓冲液(1.5mol/L Tris-HCl，pH8.8)　称取 Tris 18.171g，用 50ml 蒸馏水充分溶解，再用 1.0mol/L HCl 调 pH 至 8.8，加蒸馏水定容至 100ml，4℃保存。

2. 浓缩胶缓冲液(1.0mol/LTris-HCl，pH6.8)　称取 Tris 12.114g，用 50ml 蒸馏水充分溶解，再用 1.0mol/L HCl 调 pH 至 6.8，加蒸馏水定容至 100ml，4℃保存。

3. 30% Acr-Bis 储存液　Acr29.0 g，Bis 1.0 g，加 H_2O 充分溶解并定容至 100 ml，棕色瓶置冰箱保存。

4. 10×电极缓冲液(Tris-甘氨酸缓冲液，pH8.3)　称取 Tris 碱 3.03g，甘氨酸 18.8g，加 H_2O 充分溶解并定容至 100ml。

5. 1×电极缓冲液(25mmol/L Tris，0.25mol/L 甘氨酸，pH8.3)　取 10×电极缓冲液 100ml，用蒸馏水稀释定容至 1000ml。

6. 催化剂　10% 过硫酸铵溶液(新鲜配制)。

7. 6×上样缓冲液(0.25% 溴酚蓝；40% 蔗糖溶液)　称取溴酚蓝 0.25g 加 20ml 蒸馏水充分溶解。称取蔗糖 40.0g 加 50ml 蒸馏水充分溶解。将上述液体混合并用蒸馏水定容至 100ml。4℃储存备用。

8. 染色液(0.25% 考马斯亮蓝)　称取 0.25g 考马斯亮蓝 R_{250} 溶于 100ml 漂洗液中。

9. 漂洗液(8% 冰乙酸；25% 乙醇)　取无水乙醇 250ml，冰乙酸 80ml，加 H_2O 定容至 1000ml。

10. 器材　电泳仪；电泳槽；微量移液器；烧杯；吸管；试管；注射器等。

（四）注意事项

1. Acr、Bis 是神经性毒剂，并对皮肤有刺激作用，操作时应避免与皮肤接触。

2. 过硫酸铵溶液最好当天配制，冰箱中储存也不能超过一周。

3. 吸取溶胶的滴管、吸管用后要及时清洗，以防堵塞。

二、SDS-聚丙烯酰胺凝胶垂直板电泳法测定蛋白质分子量

（一）实验原理

蛋白质混合样品经过聚丙烯酰胺凝胶电泳后，各组分的电泳迁移率不同。此种差异就蛋白质分子本身而言主要与其所带的净电荷、分子形状和分子量有关。本实验与前一个实验一样，采用聚丙烯酰胺凝胶作为电泳支持物，但不一样的是本实验引入了 SDS 和二硫键变性剂。SDS(sodium dodecyl sulfat，十二烷基硫酸钠)是一种阴离子去污剂，作为变性剂和助溶试剂，它能断裂分子内和分子间的氢键，使分子去折叠，破坏蛋白分子的二、三级结构。而强还原剂如巯基乙醇、二硫苏糖醇能使半胱氨酸残基间的二硫键断裂。因此，在样品和凝胶中加入还原剂和 SDS 后，分子被解聚成多肽链，解聚后的氨基酸侧链和 SDS 结合成蛋白-SDS 复合物，所带的负电荷大大超过了蛋白原有的电荷量，这样就消除了不同分子间的电荷差异和结构差异。因此，SDS-PAGE 电泳中，蛋白质的迁移率只取决于它的分子量。

此外，SDS-蛋白质复合物的流体力学和光学性质研究表明，它们在水溶液中的形状近似长椭圆体。不同蛋白质的 SDS 复合物的短轴长度都一样，约为 18Å，而长轴则随蛋白质分子

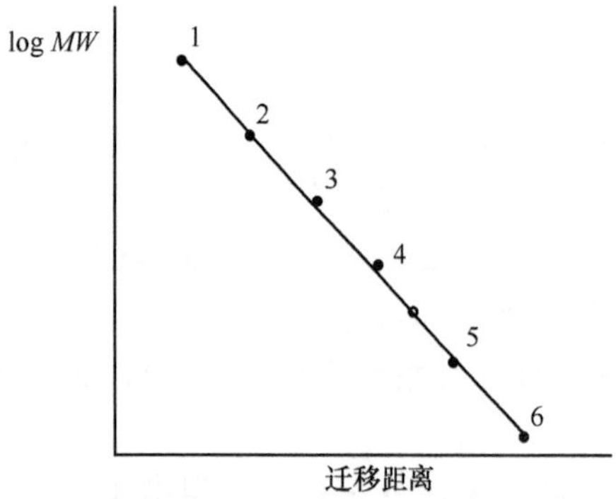

图 3-5-1 SDS-PAGE 测定蛋白质的分子量
1. 兔磷酸化酶 B;2. 牛血清白蛋白;3. 兔肌动蛋白;4. 牛碳酸酐酶;5. 胰蛋白酶抑制剂;6. 鸡蛋清溶菌酶;空心点表示待测蛋白质

量成正比例变化。这样的蛋白质-SDS 复合物在凝胶电泳中的迁移率,不再受蛋白质原有电荷及分子形状的影响,而只取决于椭圆棒的长度即蛋白质分子量的函数。实验证明,蛋白质的分子量在 11.7～165kD 之间时,蛋白质-SDS 复合物的电泳迁移率与蛋白质分子量的对数呈直线关系,符合下列方程:

$$\lg MW = K - bm$$

式中,$\lg MW$ 为分子量的对数,K、b 均为常数,m 为迁移率。将已知分子量的标准蛋白质在 SDS-聚丙烯酰胺凝胶中的电泳迁移率对分子量的对数作图,即可得到一条标准曲线。只要测得未知分子量的蛋白质在相同条件下的电泳迁移率,就可根据标准曲线求得其分子量(图 3-5-1)。

(二) 实验操作

1. 制胶板

(1) 配胶:根据标准蛋白质分子量选择凝胶浓度。分别配制 12% 分离胶(表 3-5-2)和 5% 浓缩胶(表 3-5-3)。

表 3-5-2 SDS-PAGE 分离胶(12%)的配制

溶液成分	不同体积(ml)凝胶液中各成分所需体积(ml)	
	10	15
水	3.3	4.9
30% 丙烯酰胺溶液	4	6
1.5 mol/L Tris-HCl (pH8.8)	2.5	3.8
10% SDS	0.1	0.15
10% 过硫酸铵!	0.1	0.15
TEMED!	0.004	0.006

注:! 表示加入这两种物质后,要迅速混匀灌胶。

表 3-5-3 SDS-PAGE 浓缩胶(5%)的配制

溶液成分	不同体积(ml)凝胶液中各成分所需体积(ml)			
	5	6	8	10
水	3.4	4.1	5.5	6.8
30% 丙烯酰胺溶液	0.83	1.0	1.3	1.7
1 mol/L Tris-HCl (pH6.8)	0.63	0.75	1.0	1.25
10% SDS	0.05	0.06	0.08	0.1
10% 过硫酸铵!	0.05	0.06	0.08	0.1
TEMED!	0.005	0.006	0.008	0.01

注:! 表示加入这两种物质后,要迅速混匀灌胶。

以上各液加入后用玻棒轻轻稍加搅动使混匀(为除去抑制聚合的氧气,最好在锥形瓶内配胶,并在10%过硫铵加入前作抽气处理)。

(2)安装电泳槽及灌胶:将清洗后的两块干燥玻璃板重叠放置,使两块玻璃板之间形成夹层。将玻璃板安装在电泳槽上,固定。下端用密封垫或密封条封住,用蒸馏水测试密封情况,确保没有液体漏出。将配好的分离胶溶液用玻璃滴管加入到玻璃板夹层中(注意不要灌入气泡)。夹层中分离胶溶液至短玻璃板上端约3cm时停止灌胶(可以轻轻振动电泳槽,使夹层中分离胶液面平整)。用注射器或者移液器吸取少量蒸馏水,轻轻加入到分离胶上端(加水封的目的是隔离空气中的氧,并使凝胶液表面平坦)。操作时注意尽量不要搅动凝胶液以保证凝胶的正常聚合并形成平坦的表面。

(3)聚合及配置浓缩胶:常温静置约20~40分钟。当水封层与凝胶面之间出现一条明显的折光线,即表示凝胶已经聚合完全。倒去水层,用滤纸伸入到夹层,吸去多余的蒸馏水,同法灌入浓缩胶,凝胶高度与短玻璃板齐平,根据夹层厚度,插入对应规格的梳子。室温放置10~20分钟等待聚合。

2. 蛋白质样品的处理

(1)蛋白质marker的处理:取市售的标准分子量蛋白质marker,主要含兔磷酸化酶B、牛血清白蛋白、兔肌动蛋白、牛碳酸酐酶、胰蛋白酶抑制剂、鸡蛋清溶菌酶等6个蛋白(表3-5-4),按照说明书加入2×样品缓冲液,并进行煮沸处理。

(2)待测蛋白质的处理:若待测蛋白质是固体,则称取该样品1.0mg,加入蒸馏水1.0ml溶解,然后加入2×样品缓冲液1.0ml,煮沸处理。(注意:若待测蛋白质样品是水溶液,且样品浓度在10mg/ml以上,可以稀释至大约1mg/ml浓度,再加入2×样品缓冲液1.0ml,在100℃水浴中保温3~5分钟)。样品冷却后12 000r/min离心2分钟后备用。

3. 加样 浓缩胶凝固后,拔掉梳子。用微量进样器分别取已经处理过的蛋白质样品10~20μl,加在梳孔顶部。由于样品中含有甘油,其比重大于电极液,因此样品液将自动沉降从而在凝胶面形成样品层。

4. 电泳 加样毕,将内槽接负极,外槽接正极。浓缩胶中电压40~60V,电泳约20~30分钟,待溴酚蓝到达分离胶时,升高电压至100~150V。分离胶电泳大约1小时,当溴酚蓝即将迁移出分离胶下端时即停止电泳。

5. 剥胶 取下玻璃板,用剥胶铲将上层玻璃撬开,测量分离胶至溴酚蓝前沿的移动距离。用剥胶铲小心将玻璃板上的凝胶剥出,放在染色盘中。

6. 染色与脱色 在染色盘中加入考马斯亮蓝R_{250}染色液,至水平摇床上摇动1小时或过夜。弃去染色液(染色液可以回收使用),加入适量脱色液,水平摇床上脱色20分钟,更换脱色液3~5次,至凝胶背景透明,蛋白质条带清晰为止。脱色后的凝胶置于白色背景下,用直尺测量蛋白质条带迁移距离(以分离胶顶端为原点)。

凝胶在脱色液中有些收缩,将凝胶转入到蒸馏水中,浸泡10~30分钟至原来大小。

7. 结果测量 如需要可对实验结果拍照或者用专业成像系统拍照,凝胶图谱可以用电泳分析软件(如Quantity One,Bio-rad)进行分子量大小、含量分析。

(三)数据处理

1. 电泳迁移率的计算 按下列公式计算蛋白质样品的相对迁移率(M_R):

$$相对迁移率(M_R) = \frac{蛋白质样品移动距离}{指示剂移动距离}$$

2. 标准曲线的制作 以各种蛋白质样品的相对迁移率为横坐标,蛋白质分子量的对数为纵坐标,在坐标纸上作图,可得出一条标准曲线。

3. 求算待测蛋白质样品的分子量 根据待测蛋白质样品的相对迁移率直接从标准曲线上可查得该蛋白质的分子量。将以上测定的各实验数据填入下表(表 3-5-4),并计算待测样品分子量。

表 3-5-4 标准蛋白质和待测样品电泳结果

标准蛋白质	分子量(*MW*)(D)	Log *MW*	移动距离(cm)		相对迁移率
			蛋白质	溴酚蓝	
兔磷酸化酶 B	97 400	4. 987			
牛血清白蛋白	66 200	4. 821			
兔肌动蛋白	43 000	4. 633			
牛碳酸酐酶	31 000	4. 491			
胰蛋白酶抑制剂	20 100	4. 324			
鸡蛋清溶菌酶	14 400	4. 158			
待测样品 1					
待测样品 2					

(四) 试剂与器材

1. 分离胶缓冲液(1. 5mol/LTris-HCl,pH8. 8) 称取 Tris 18. 171g,用 50ml 蒸馏水充分溶解,再用 1. 0mol/L HCl 调 pH 至 8. 8,加蒸馏水定容至 100ml,4℃保存。

2. 浓缩胶缓冲液(1. 0mol/L Tris-HCl,pH6. 8) 称取 Tris 12. 114g,用 50ml 蒸馏水充分溶解,再用 1. 0mol/L HCl 调 pH 至 6. 8,加蒸馏水定容至 100ml,4℃保存。

3. 30% Acr-Bis 储存液 Acr 29. 0 g,Bis 1. 0 g,加 H_2O 充分溶解并定容至 100 ml,棕色瓶置冰箱保存。

4. 10% SDS 溶液 称取 SDS 1. 0g,加蒸馏水 10ml,加热溶解。

5. 10% 过硫酸铵溶液 称取过硫酸铵 1. 0g,溶于 10. 0ml 蒸馏水中,临用前配制。

6. 5×电泳缓冲液(pH8. 3) 称取 Tris 3. 78g,Gly 23. 50g, SDS 1. 25g,加去离子水 250ml,溶解,用时稀释 5 倍。

7. 1×电极缓冲液(25mmol/L Tris,0. 25mol/L 甘氨酸,0. 1% SDS,pH8. 3) 取 5×电极缓冲液 200ml,用蒸馏水稀释定容至 1000ml。

8. 2×样品缓冲液(0. 1mol/L Tris-HCl pH6. 8;0. 2mol/L DTT;4% SDS;20% 甘油;0. 2% 溴酚蓝) 取浓缩胶缓冲液 1. 0ml,甘油 2. 0ml,SDS 0. 4g,1. 0mol/L DTT(二硫苏糖醇)2. 0ml,溴酚蓝 0. 02g,蒸馏水 5. 0ml,充分溶解混合,4℃保存[不含 DTT 的 2×样品缓冲液可室温保存,临用前加 1. 0mol/L 二硫苏糖醇(DTT)储存液]。

9. 1. 0mol/L 二硫苏糖醇(DTT) 准确称取 3. 085g DTT,溶于 0. 01mol/L 乙酸钠(pH5. 2)20ml,过滤除菌后分装成 1. 0ml 小份-20℃保存。

10. 考马斯蓝染色液(0.25%) 称取0.5g考马斯亮蓝R-250,溶于200ml漂洗液中。

11. 漂洗液(10%冰乙酸;45%甲醇) 取甲醇450ml,冰乙酸100ml,加H_2O定容至1000ml。

12. 标准蛋白质样品 已知相对分子质量的蛋白质或者蛋白质组合试剂。

13. 器材 微量进样器、染色缸、脱色缸、刻度尺、电泳仪、制胶模具、垂直电泳槽、水平摇床、离心机等。

(五) 示范操作

1. 安装电泳槽及灌胶、剥胶。
2. 点样。
3. 凝胶板测量。

(六) 设计型实验

请设计实验检测人血清蛋白质的种类。

【课堂作业】 观察实验结果,书写实验报告。

【复习思考题】

(1) 聚丙烯酰胺凝胶电泳与乙酸纤维薄膜电泳比较有何优点?

(2) 聚丙烯酰胺凝胶电泳的基本原理是什么?应用了几种物理效应?

(3) SDS在聚丙烯酰胺凝胶电泳测定蛋白质的分子量中起什么作用?

实验六 肝染色质蛋白的提取与鉴定

【学习目的要求】

(1) 掌握肝染色质蛋白分离的基本原理。

(2) 熟悉染色质蛋白制备的技术。

(3) 熟悉SDS-PAGE分离蛋白质的原理和操作。

(4) 了解SDS-PAGE在测定蛋白质分子量中的应用。

【实验教学内容】

(一) 实验原理

用缓冲液分离细胞核并制备染色质蛋白,通过聚丙烯酰胺凝胶电泳分离染色质蛋白并测定其分子量。聚丙烯酰胺凝胶电泳测定染色质蛋白分子量的原理见第三篇-实验五-二。

(二) 实验操作

1. 染色质的制备

(1) 肝匀浆制备:将小鼠处死,迅速取出肝脏,用0.9% NaCl洗去血液,除去结缔组织,剪碎,称取0.5g肝组织,加9倍体积的1.5%柠檬酸溶液,在匀浆器中制成匀浆。将匀浆液用双层200目尼龙布过滤3次,以除去未打碎的残渣。

(2) 分离细胞质与细胞核

1) 将匀浆液全部倾入离心管中,4000r/min离心15分钟。弃去上清液,沉淀为粗制的细胞核。

2) 在沉淀中加入1.5%柠檬酸5.0ml,搅拌混匀后2000r/min离心10分钟,去上清。沉淀加入 0.25mol/L 蔗糖-柠檬酸溶液 1.0ml,用玻棒搅匀,成为核悬液。

3）另取离心管 1 支,加 0.88mol/L 蔗糖-柠檬酸溶液 9.0ml,用滴管吸取核悬液,沿管壁缓缓铺于液面上,再以 2000r/min 离心 10 分钟,倾去上清液,将试管倒立于滤纸上,吸干余液,此为初步纯化细胞核。

4）用 Tris-HCl-NaCl 核洗液 5.0ml 洗涤沉淀,2000r/min 离心 10 分钟,弃去上清液,再重复洗涤一次,白色沉淀即为肝细胞核。

（3）染色质的制备

1）在肝细胞核中加核裂解液 20.0ml（含 10mmol/L Tris-HCl;0.1mmol/L EDTA）,液体匀浆（玻璃匀浆器）,然后放置 10 分钟,镜检核破否。

2）3000r/min 离心 20 分钟,收集沉淀。加 20.0ml 1% SSC 液匀浆（玻璃匀浆器）,放置 10 分钟。

3）3000r/min 离心 20 分钟,收集沉淀（染色质）。储于-20℃备用。

2. 染色质蛋白的制备　取上述染色质沉淀,加入 10×DNase Ⅰ缓冲液 400μl 和 DNase Ⅰ液 200μl,混匀后放置室温约 60 分钟,然后加 0.2mol/L EDTA 液 20μl。经 DNA 酶消化后的液体（含染色质蛋白）可用于下面电泳分析。

3. 染色质蛋白电泳　实验过程可分为制备凝胶、样品处理及点样、电泳、染色与脱色及结果观察几个阶段。具体操作参照第三篇-实验五-二（SDS-聚丙烯酰胺凝胶垂直板电泳法测定蛋白质分子量）。

（1）凝胶制板（胶厚约 1.0mm）:参照第三篇-实验五-二（SDS-聚丙烯酰胺凝胶垂直板电泳法测定蛋白质分子量）。

（2）样品处理及上样:取经消化好的染色质蛋白样品 100μl,加 2×样品缓冲液 100μl,混合后沸水浴中煮 3～5 分钟。冷却后上样,每孔上样品液约 20～40μl。同时用市售的低分子标准蛋白 marker (97.4～14.4kD)作对照。

（3）电泳、染色及脱色:参照第三篇-实验五-二（SDS-聚丙烯酰胺凝胶垂直板电泳法测定蛋白质分子量）。

（4）结果观察和数据计算:参照第三篇-实验五-二（SDS-聚丙烯酰胺凝胶垂直板电泳法测定蛋白质分子量）。组蛋白的分子量为 10～20kD;非组蛋白分子量为 5～15kD。

（三）试剂与器材

1. 0.9% NaCl 溶液。

2. 1.5% 柠檬酸。

3. 5.0% 柠檬酸。

4. 0.25mol/L 蔗糖-柠檬酸溶液（含 3.3mmol/L $CaCl_2$）　蔗糖 86.0g 和 $CaCl_2$ 0.363g,用 5.0% 柠檬酸溶液稀释至 1000ml。

5. 0.88mol/L 蔗糖-柠檬酸溶液（含 3.3mmol/L $CaCl_2$）　蔗糖 301.0g 和 $CaCl_2$ 0.363g,用 5.0% 柠檬酸溶液溶解并稀释至 1000ml。

6. 核洗液（0.05mol/L Tris-HCl pH7.5;0.15mol/L NaCl）　取 0.2mol/L Tris-HCl (pH7.5)缓冲液 250ml,加入 NaCl 8.7g,充分溶解,再用蒸馏水稀释定容至 1000ml。

7. 核裂解液　10mmol/L Tris,0.1mmol/L EDTA。

8. 1% SSC 液　0.15mol/L NaCl,0.015mol/L 柠檬酸钠。

9. 10×DNase I 缓冲液　0.1mol/L Tris,0.1mol/L NaCl,0.13mol/L $MgCl_2$。

10. DNase I 酶。

11. 0.2mol/L EDTA。

12. 2×样品缓冲液　1.0mol/L Tris-HCl(pH6.8)10.0ml;10% SDS 8.0ml;50% 甘油 20ml;巯基乙醇 2.0ml;溴酚蓝 0.5g,用蒸馏水定容至 100ml。

13. 电泳试剂参照第三篇-实验五-二(SDS-聚丙烯酰胺凝胶垂直板电泳法测定蛋白质分子量)。

14. 低分子标准蛋白(97.4 ~ 14.4kD)。

15. 器材　200 目尼龙布;50ml 离心管;低速离心机;冷冻离心机;电泳仪;垂直板电泳槽;玻璃匀浆器;注射器;烧杯;试管等。

(四) 示范操作

1. 聚丙烯酰胺凝胶制板和剥胶。

2. 电泳样品处理及点样。

(五) 设计型实验

请设计一实验方案分离纯化细胞核蛋白质。

【课堂作业】　观察实验结果,书写实验报告。

【复习思考题】

(1) 简述细胞内 DNA 和 RNA 的分布情况。

(2) 简述 SDS-PAGE 测定蛋白质分子量的机制。

(3) 比较 PAGE 与 SDS-PAGE 在分离蛋白质时的差异。

(4) 简述染色质蛋白的主要生物学功能。

实验七　凝胶层析法分离血红蛋白与 DNP-酪蛋白

【学习目的要求】

(1) 掌握凝胶层析法分离蛋白质的原理。

(2) 熟悉层析技术的原理。

(3) 了解凝胶层析法分离蛋白质的具体步骤。

【实验教学内容】

(一) 实验原理

凝胶层析法(Gel Chromatography)是利用凝胶把分子大小不同的物质分离开的一种方法。血红蛋白的分子量为 64.5kD,酪蛋白的分子量为 3.0kD,利用凝胶层析法可以将它们从混合物中分离开。根据被分离物质分子量,可选用葡聚糖凝胶 G-50(SephadexG-50),它的分子量适用范围为 1.5 ~ 30kD。所以,血红蛋白不能进入凝胶内部,随洗脱液直接流出。酪蛋白分子量较小,可以进入凝胶内部,它的流经途径较长,较后流出层析柱。血红蛋白本身有红色。酪蛋白无色,将黄色的 DNP(2,4 -二硝基氟苯)偶联于酪蛋白,使其着色,便于观察。偶联的化学反应如下:

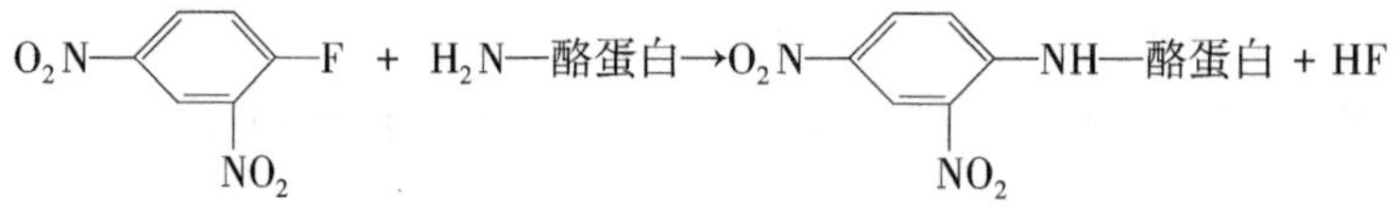

操作　　　　　　　　　　　　（黄色）

（二）实验操作

1. 凝胶的准备　称取葡聚糖凝胶 G-50 1.0g，置于锥形瓶中，加蒸馏水 30ml，于沸水浴中煮沸 2 小时（如在室温中溶胀，需 6 小时以上），取出，待冷却至室温备用。

2. 装柱　取直径 1.0cm，长 20cm 的层析柱一支，垂直安装于铁架台上。底部填少许玻璃棉，关闭玻管的出口，自顶部缓缓加入上述备用的葡聚糖凝胶 G-50 悬液，待底部凝胶沉积 1～2cm 时，再打开出口，调节流速 10 滴/分，至凝胶层积集至 17cm 高即可。操作过程中注意防止气泡进入凝胶。

3. 样品的制备　取 0.3ml 血红蛋白溶液、0.5ml DNP-酪蛋白溶液混合作为样品。

4. 加样与洗脱　加样时先将层析柱出口打开，使层析柱中的蒸馏水流出，直到层析柱中液面下降与凝胶表层平齐时（注意，不可使凝胶表面干掉），关紧流出口，用滴管将上述样品液（约 0.8ml）缓缓地沿层析柱内壁小心加于凝胶表面，注意尽量不使凝胶表层扰动。然后打开流出口，使样品进入凝胶柱内，待样品液面与凝胶表层平齐时，再加 1～2 倍于样品体积的蒸馏水，使样品完全进入凝胶柱内。当此少量蒸馏水将近流干时，反复加入多量蒸馏水进行洗脱，用试管分别收集之。注意观察层析柱中红色的血红蛋白与黄色的 DNP-酪蛋白分离的情况、色带位置及其洗脱顺序，记录现象。

（三）试剂与器材

1. 葡聚糖凝胶 G-50（SephadexG-50）（浙江黄岩四青生化材料厂 50～100 目）。

2. 血红蛋白溶液　取草酸钾抗凝血 2.0ml 于离心管中，离心 5 分钟，弃去上层血浆。用 0.9% NaCl 溶液洗涤血细胞二次，每次用 2.0ml 0.9% NaCl 溶液把血细胞搅起，离心后尽量倒去上清液。加蒸馏水 2.0ml 于血细胞中，混匀，即为血红蛋白溶液。

3. DNP-酪蛋白溶液　称取酪蛋白 75mg 溶于 10% NaOH 溶液 1.0ml 中。另取 2,4-二硝基氟苯（1-Fluro-2,4-dinitrobengene）0.05g 溶于微热的 95% 乙醇溶液 1.0ml 中，充分溶解后，立即倾入上述蛋白质溶液。然后将此液置于沸水溶中，煮沸 5 分钟，冷却后，加 2 倍体积的 95% 乙醇溶液，可见黄色 DNP-酪蛋白沉淀，离心 5 分钟，弃去上清液。沉淀用 95% 乙醇溶液洗 2 次。所得沉淀溶于 0.5ml 蒸馏水中。

4. 洗脱液　蒸馏水。

5. 器材　离心机、锥形瓶、沸水浴、1cm×20cm 层析柱等。

（四）示范操作

1. 葡聚糖凝胶的装柱过程。

2. 加样。

（五）设计型实验

已知几个分子量不同的蛋白质混合物，请设计实验方案并将它们分开。

【课堂作业】　观察实验结果，书写实验报告。

【复习思考题】

(1) 简述蛋白质的分离纯化方法。

(2) 简述凝胶层析法分离蛋白质的原理。

实验八 DEAE-纤维素离子交换层析分离血清蛋白质

【学习目的要求】

(1) 掌握离子交换层析分离蛋白质的原理。

(2) 熟悉 DEAE-纤维素离子交换层析分离血清蛋白质的操作过程。

(3) 了解柱层析的整个装置。

【实验教学内容】

(一) 实验原理

DEAE-纤维素中文名:二乙氨基乙基纤维素(diethylaminoethyl cellulose,DEAE-纤维素)属弱碱性阴离子交换剂,交换剂中的电荷基团带负电,可与溶液中带正电荷化合物或阳离子进行交换反应。将血清蛋白质加到 DEAE-纤维素离子交换层析柱上,蛋白质分子可与离子交换纤维素之间以离子键相结合,其结合能力强弱主要取决于蛋白质分子所带电荷量。由于血清各种蛋白质等电点不同,因而在某一 pH 时所带电荷量不同,与 DEAE-纤维素结合能力也不同。应用梯度洗脱法使吸附在离子交换纤维素上的蛋白质依次失去电荷,血清中的蛋白质可分成 γ-球蛋白、α-球蛋白、β-球蛋白、清蛋白等几个部分被洗脱下来,以达到分离纯化的目的。

(二) 实验操作

1. DEAE-纤维素的处理 称取 5.0g DEAE-纤维素(DE_{32}),用 0.5mol/L HCl 溶液 100ml 浸泡 30 分钟后,玻棒搅拌、静置 10 分钟,倾去上层细颗粒,再加水悬浮、静置,倾去上层悬浮颗粒,重复此过程 2~3 次,倾入垫有细尼龙布的布氏漏斗中抽滤去除盐酸,用蒸馏水反复洗涤至流出液 pH>4。再将纤维素放入烧杯中,加 0.5mol/L NaOH 溶液 100ml 浸泡 30 分钟,倾入垫有尼龙布的布氏漏斗中抽滤,蒸馏水洗至流出液 pH≤8。

如用已经处理过的 DE_{52} 湿性纤维素,用蒸馏水洗至无醇味即可。

2. 平衡 将上述处理过的纤维素放入 250ml 烧杯中,加 10mmol/L Na_2HPO_4溶液 100ml,搅拌,放置 5 分钟,倾去上层液体,重复几次直至 pH8,最后再加 100ml Na_2HPO_4 搅匀。

3. 装柱 取洁净层析柱(1.5 cm×20 cm)垂直夹于支架上,用 10mmol/L Na_2HPO_4 溶液充满柱下死腔,排出气体,螺旋夹关闭出口。用滴管向柱内加少量上述处理过的纤维素悬液,让其沉降至柱床高 1.0cm 后松开螺旋夹,使缓冲液缓慢流出,陆续加入纤维素悬液(注意不要带入气泡),待纤维素完全加入后关闭出口。装好的柱要求交换剂分布均匀,不含气泡,无断层,柱床面平坦,否则要重新装柱。

4. 加样 打开柱出口,使柱床表面只留下一层极薄液体,立即关闭出口。用吸管小心缓慢加入 0.5ml 血清,打开螺旋夹,使液体缓慢流出,待全部血清刚好流入纤维素床界面,立即用滴管沿管壁小心加入 0.5ml,10mmol/L Na_2HPO_4 溶液,当液面接近床面时,关闭出口 30 分钟。

5. 洗脱 关闭梯度发生器储液瓶与混合瓶之间联通管。储液瓶内盛 30ml 0.5mol/L

Na_2HPO_4 溶液。混合瓶内盛30ml,10mmol/L Na_2HPO_4 溶液。混合瓶下置一磁力搅拌器,层析柱入水口接混合瓶(注意:接口要密封,不可漏气)。层析柱出水口依次接恒流泵和部分收集器。松开所有开关,控制液体流速5~7滴/分,3.0ml/管,共收集15~20管。层析装置见图3-8-1。

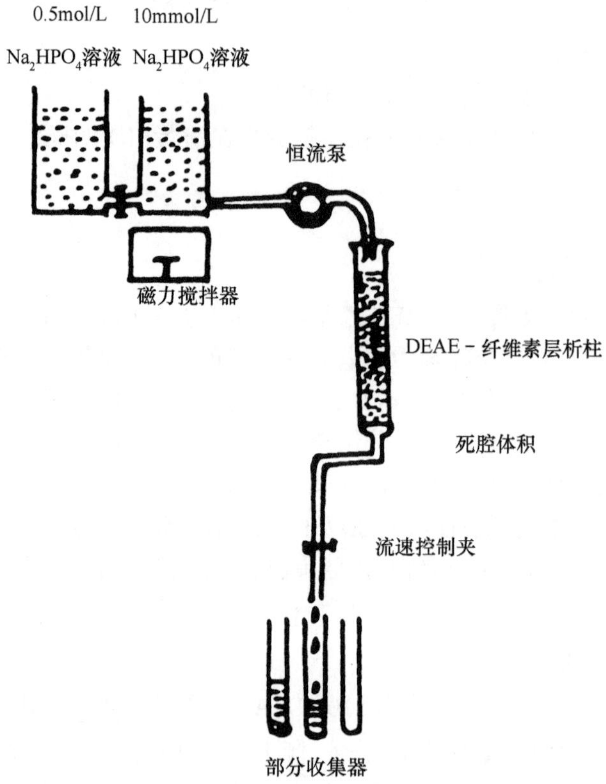

图3-8-1　柱层析装置示意图

(三) 结果

1. 用紫外分光光度计检测各管 A_{280}。以 A_{280} 为纵坐标,管号为横坐标绘制血清蛋白洗脱曲线。

2. 取三个吸收峰顶蛋白收集管同时作乙酸纤膜电泳,同时以血清作对照比较层析效果。

(四) 试剂与器材

1. DEAE-纤维素(DE_{32} 或 DE_{52})溶液(Whatman 公司)。
2. 0.5mol/L NaOH 溶液。
3. 0.5mol/L HCl 溶液。
4. 10mmol/L Na_2HPO_4 溶液。
5. 0.5mol/L Na_2HPO_4 溶液。
6. 乙酸纤膜电泳所需试剂见第三篇-实验四。

7. 器材　磁力搅拌器、层析柱(1.5cm×20cm)、部分收集器、恒流泵、布氏漏斗、梯度发生器、紫外分光光度计等。

附:DEAE-纤维素再生及保存:DEAE-纤维素可反复使用。一次实验结束后用0.5mol/L NaOH溶液洗涤纤维素,除去残存蛋白质,然后用 H_2O 洗净碱液,用起始缓冲液平衡,供下次使用;如暂不使用,应以湿态保存于含1%正丁醇缓冲液中,防止霉变。

(五) 示范操作

1. 装柱。
2. 加样。
3. 洗脱。

(六) 设计型实验

已知几个等电点不同的蛋白质的混合物,请设计实验方案将它们分开。

【课堂作业】 观察实验结果,绘制血清蛋白洗脱曲线。

【复习思考题】

(1) 简述DEAE-纤维素离子交换层析分离血清蛋白质的实验原理。
(2) 层析法分离蛋白质的方法主要有哪几种?
(3) 简述DEAE-纤维素离子交换层析分离血清蛋白质的步骤。

实验九　亲和层析法分离乳酸脱氢酶

【学习目的要求】

(1) 掌握亲和层析原理。
(2) 熟悉亲和层析法分离猪骨骼肌乳酸脱氢酶。
(3) 了解乳酸脱氢酶活性测定。

【实验教学内容】

(1) 乳酸脱氢酶提取及亲和层析分离。
(2) 乳酸脱氢酶活性测定。

一、乳酸脱氢酶提取及亲和层析分离

(一) 实验原理

用亲和层析技术分离纯化各种蛋白质和酶,已经成为不可缺少的手段,它具有操作简单、快速、纯化效率高等优点。分离以 NAD^+ 为辅酶的各种脱氢酶,如乳酸脱氢酶(LDH)、醇脱氢酶(ADH)、苹果酸脱氢酶(MDH)等可利用辅酶及衍生物、抑制剂或激活剂作为配基。通过"间隔臂"与活化的琼脂糖凝胶载体偶联成亲和吸附剂。本实验选用5′-AMP为配基,1,6-己二胺为"间隔臂",先合成出5′-AMP-8(6-氨基己基)氨基,然后将其与活化的Sepharose4B(或QT4)偶联成亲和吸附剂。本实验中采用已经制备好的5′-AMP-QT4亲和层析介质商品。然后将亲和吸附剂装柱,当组织提取液通过5′-AMP-QT4柱时,LDH、ADH等相关脱氢酶等被吸附在亲和柱上,非特异性物质被排出柱外。被亲和吸附的各种脱氢酶可选用不同的底物制成亲和洗脱剂,竞争性地将有关酶洗脱,丙酮酸是LDH的底物,它与 NAD^+ 在碱性条件下生成一种双环化合物——还原型 NAD^+-丙酮酸加成物,它是LDH强效

抑制剂，从而可将 LDH 竞争性从亲和柱上洗脱下来，收集洗脱液测定 LDH 总活力、总蛋白，计算比活力、纯化倍数及 LDH 回收率。

（二）实验操作

1. 制备肌肉匀浆　取瘦猪肉一块，除去脂肪及筋膜等，称取 20g，按 $W/V=1/4$ 比例加入 4℃预冷的 10mmol/L pH6.5 磷酸钾盐缓冲液，用组织捣碎机捣碎，每次 10s，连续 3 次。将匀浆液倒至烧杯中，置 4℃冰箱提取过夜，过滤后的红色液体为组织提取液，量总体积，留样少许测 LDH 活力及蛋白含量，其余液体可用于亲和层析纯化 LDH。

2. 亲和层析

（1）吸附：将 5′-AMP-QT4 装于色谱柱（1.5×10cm），预先用 10mmol/L，pH6.5 K_2HPO_4-KH_2PO_4 平衡亲和柱，红色上清液在 4℃上柱，流速 20～30 ml/h，上样结束后，用平衡液以同样流速洗涤亲和柱，直至流出液 $A_{280}\leqslant 0.02$，以除去非特异性吸附的杂蛋白。

（2）洗脱：用约 100ml NAD^+-丙酮酸加成液，以流速 20～30 ml/h 洗涤亲和柱，每管收集 5.0ml，每隔 2～3 管测 LDH 活力，合并所有 LDH 活力的各管，量体积，留样测定 LDH 总活力、总蛋白质含量，并进行 PAGE 鉴定。其余液体加入硫酸铵粉末至 70% 饱和度，置 4℃冰箱可长期保存。

（3）亲和柱再生：亲和柱使用后，立即用 2～3 个柱体积的 0.5mol/L NaCl 溶液洗涤，流速 20～30ml/h，再用 1/2 柱体积的 6.0mol/L 尿素，一个柱体积的 2.0mol/L NaCl 溶液洗涤，最后用平衡缓冲液洗涤至 $A_{280}\leqslant 0.02$，可继续使用。如暂时不用，可将 5′-AMP-QT4 转移至 3#玻璃烧结漏斗中，用 50% 甘油洗涤数次，抽干后悬浮在 50% 甘油中，储存于-20℃冰箱中备用。

（4）亲和层析分离效果计算：根据层析前、后样品总活力（U）及总蛋白含量（mg），计算比活力、纯化倍数及酶回收率。计算公式如下：

$$\text{比活力}=\frac{\text{LDH 总活力(U)}}{\text{总蛋白(mg)}}$$

$$\text{纯化倍数}=\frac{\text{亲和层析洗脱液比活力}}{\text{亲和层析前粗提液比活力}}$$

$$\text{酶回收率(\%)}=\frac{\text{亲和洗脱液 LDH 总活力(U)}}{\text{粗提取液 LDH 总和力(U)}}\times 100$$

（三）试剂与器材

1. 猪骨骼肌　购买新鲜猪肉，如暂时不用可储存于-20℃冰箱中冻存。

2. 5′-AMP-QT4 亲和介质　北京科方创业科技有限公司。

3. 0.5mol/L 碳酸钠-碳酸氢钠缓冲液（pH11）。

（1）A 液（0.5mol/L Na_2CO_3 溶液）：称无水 Na_2CO_3 10.6g，加蒸馏水溶解后定容至 200ml。

（2）B 液（0.5mol/L $NaHCO_3$ 溶液）：称 $NaHCO_3$ 2.1g，加蒸馏水溶解后定容至 50ml。取 A 液 180ml、B 液 20ml 混合后测 pH，调节 pH 至 11。

4. 50mmol/L，pH6.5 磷酸氢二钾-磷酸二氢钾缓冲液（PBS）。

（1）A 液（50mmol/L K_2HPO_4 溶液）：称 K_2HPO_4 1.74g 加蒸馏水溶解后定容至 200ml。

（2）B 液（50mmol/L KH_2PO_4 溶液）：称 KH_2PO_4 3.40g 加蒸馏水溶解后定容至 500ml。

取 A 溶液 31.5ml、B 溶液 68.5ml，调节 pH 至 6.5。4℃备用。

5. 10mmol/L，pH6.5 磷酸氢二钾-磷酸二氢钾缓冲液　取 50mmol/L，pH6.5 PBS 溶液 20ml，加蒸馏水稀释至 100ml。

6. NAD^+-丙酮酸钠加成物亲和洗脱剂　称纯 NAD^+ 100mg，丙酮酸钠（A.R）100mg 溶于 2.0ml 蒸馏水中，用 1.0mol/L NaOH 溶液调节 pH 至 11.5，在室温下反应 20 分钟后溶液呈黄绿色，用 10mmol/L，pH6.5 PBS 稀释至 A_{340} 为 2.0 左右，此液临用前配制。

7. 器材　量筒（50ml，10ml）；pH 计；电磁搅拌器；紫外分光光度计；DS200 型高速组织捣碎机。

（四）注意事项

1. 亲和吸附时所用缓冲液的离子强度、pH 应与平衡亲和柱的缓冲体系一致，一般采用低离子强度，接近中性的 pH 条件，使亲和双方最易形成络合物，并控制上样流速不能太快。为防止生物大分子失活，亲和吸附一般在 4℃较为有利。

2. 当亲和吸附流出液的酶活力与上样时的酶活力近似时，则表示亲和吸附已饱和，应停止上样。洗脱杂蛋白应彻底，当 $A_{280} \leq 0.02$ 时才能进行亲和洗脱。

二、乳酸脱氢酶活性测定

（一）实验原理

乳酸脱氢酶（lactate dehydrogenase，LDH，EC. 1.1.1.27，*L*-乳酸：NAD^+ 氧化还原酶）广泛存在于动物、植物及微生物细胞内，是糖代谢酵解途径的主要酶之一，可催化下列可逆反应：

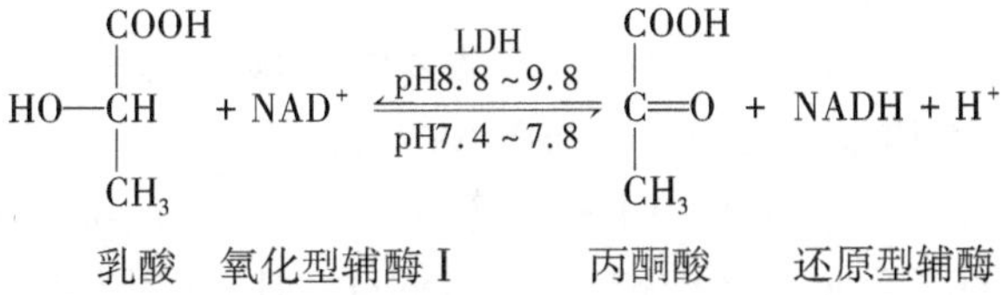

LDH 可溶于水或稀盐溶液，因而，样本可用组织匀浆的上清部分。组织中 LDH 含量测定方法很多，其中紫外分光光度法最为简单、快速。鉴于 NADH、NAD^+ 在 340nm 及 260nm 处有各自的最大吸收峰，因此以 NAD^+ 为辅酶的各种脱氢酶类都可通过 340nm 光吸收值的改变，定量测定酶的含量。本实验测定 LDH 活力时，基质液中含丙酮酸及 NADH，加入一定量酶液后，在一定条件下，观察 NADH 在反应过程中 340nm 处光吸收减少值。减少越多，LDH 活力越高。其活力单位定义：在 25℃，pH7.5 条件下 A_{340}/min 下降为 1.0 的酶量为 1 个单位。可定量测定每克湿重组织中 LDH 单位。定量测定蛋白质含量即可计算比活力（U/mg）。

利用上述原理，改变不同底物则可测定相应脱氢酶反应过程中 A_{340} 的改变，定量测定酶活力，如苹果酸脱氢酶、醇脱氢酶、醛脱氢酶、甘油-3-磷酸脱氢酶等，适用范围很广。

（二）实验操作

1. 制备肌肉匀浆　取瘦猪肉一块，除去脂肪及筋膜等，称取 20g，按 *W*/*V*=1/4 比例加入 4℃预冷的 10mmol/L，pH6.5 磷酸钾盐缓冲液，用组织捣碎机捣碎，每次 10s，连续 3 次。将匀浆液倒至烧杯中，置4℃冰箱提取过夜，过滤后的红色液体为组织提取液，量总体积，留样少许测 LDH 活力及蛋白含量，其余液体可用于亲和层析纯化 LDH。

2. LDH 活力测定　实验时预先将丙酮酸溶液及 NADH 溶液放在25℃水浴中预热。取2只光径为1.0cm 的石英比色杯，在1只比色杯中加入0.1mol/L，pH7.5 磷酸盐缓冲液3.0ml，安放于紫外分光光度计中，在340nm 处将光吸收调节至零；另一只比色杯用于测定 LDH 活力，依次加入丙酮酸钠溶液2.9ml，NADH 溶液0.1ml，加盖摇匀后，测定340nm 光吸收值（A）。取出比色杯加入经稀释的酶液10μl，立即计时，摇匀后，每隔0.5分钟测 A_{340}，连续测定3分钟，以 A 对时间作图，取反应最初线性部分，计算 A_{340}/min 减少值。加入酶液的稀释度（或加入量）应控制 A_{340}/min 下降值在0.1～0.2之间。

3. 蛋白质含量测定　将组织提取液适当稀释（约1∶20），取0.1ml 按 Folin-酚法测定蛋白质含量（参考第三篇-实验一）。

4. 数据处理

（1）计算每毫升组织提取液中 LDH 活力单位

$$\text{LDH 活力单位(U)/ml 提取液} = \frac{\Delta A_{340} \times \text{稀释倍数}}{\text{酶液加入量}(10\mu l) \times 10^{-3}}$$

提取液中 LDH 总活力单位 = LDH 活力(U)/ml×总体积

（2）LDH 比活力

$$\text{比活力(U/mg)} = \frac{\text{总蛋白活力(U)}}{\text{总蛋白量(mg)}}$$

（三）试剂与器材

1. 动物的肌肉、肝、心、肾等组织。

2. 制备匀浆缓冲液　10mmol/L，pH6.5 磷酸氢二钾-磷酸二氢钾缓冲液。

3. 0.1mol/L，pH7.5 磷酸盐缓冲液（PBS）100ml。

4. NADH 溶液　称3.5mg 纯 NADH 置试管中，加0.1mol/L，pH7.5 PBS 1.0ml 摇匀。

5. 丙酮酸溶液　称2.5mg 丙酮酸钠，加0.1mol/L，pH7.5 PBS 29.0ml，使其完全溶解。试剂4和5最好临用前配制。

6. 器材　DS200 型组织捣碎机；紫外分光光度计；恒温水浴；吸量管（5.0ml、0.1ml），微量注射器（10μl）。

（四）注意事项

1. 实验材料应尽量新鲜，如取材后不立即用，则应储存在-20℃低温冰箱中。

2. 酶液的稀释度及加入量应控制 A_{340}/min 下降值在0.1～0.2之间，以减少实验误差。加入酶液后应立即计时，准确记录每隔0.5分钟 A_{340} 下降值。

3. NADH 溶液应在临用前配制，如其纯度为75%，则应折合到100%，增加试剂的称量。加酶液前 NADH 的 A_{340} 控制在0.8左右。

【课堂作业】　观察实验结果，书写实验报告。

【复习思考题】

（1）简述亲和层析原理。

（2）根据实验数据分析亲和吸附剂制备亲和吸附操作过程，哪些是关键步骤？

（3）简述用紫外分光光度法测定以 NAD^+ 为辅酶的各种脱氢酶测定原理。

实验十 影响酶活性的因素

【学习目的要求】

(1) 掌握温度、pH、激活剂及抑制剂对酶活性影响的机制。

(2) 熟悉测定淀粉酶活性的原理。

(3) 熟悉人体内多数酶最适 pH 的范围及酶抑制作用类型。

(4) 了解酶最适温度、最适 pH 的概念。

【实验教学内容】

(一) 实验原理

温度对酶的活性具有双重影响。温度升高,一方面加快反应速度;另一方面温度太高又使蛋白变性。因此在同一温度下酶活性是两种对抗效应的综合结果。在某一温度时酶促反应速度最快,此温度称为酶的最适温度。高于或低于最适温度,酶反应速度都会降低。人体内大多数酶的最适温度在37℃左右。当反应温度高于酶的最适温度时,酶蛋白会随着温度升高或反应时间延长而导致变性失活;反应温度低于酶最适温度时,酶与底物分子热运动降低,分子间碰撞能下降,表现酶活性也下降。但酶蛋白并未破坏,一旦温度适宜,活性仍可恢复。

pH 也是影响酶活性因素之一。pH 可影响底物的解离度和电荷,从而影响酶和底物的结合及催化作用。在某一特定 pH 时,酶的活性最大,此 pH 称为该酶的最适 pH。高于或低于最适 pH 时,酶的活性都会降低。不同的酶,其最适 pH 不尽相同。人体内多数酶的最适 pH 均在 7.0 左右,测定酶活性的实验,都需加入适当的缓冲液,控制在最适 pH 下进行。

人唾液中淀粉酶为α-淀粉酶,在唾液腺细胞内合成。在唾液淀粉酶的作用下,淀粉水解,经过一系列被称为糊精的中间产物,最后生成麦芽糖和葡萄糖。

淀粉水解过程及与碘的颜色反应:

$$(C_6H_{10}O_5)_n \rightarrow\rightarrow\rightarrow (C_6H_{10}O_5)_{n-x} \rightarrow\rightarrow\rightarrow C_{12}H_{22}O_{11}$$

淀粉	紫糊精→	红糊精→	无色糊精→	麦芽糖
蓝色	紫色	红色	无色	无色

淀粉与碘反应呈蓝色,糊精根据分子量的大小,与碘反应呈蓝、紫、红等不同颜色,以至于无色。麦芽糖与碘不呈色。根据上述性质,可用碘检查淀粉是否水解及其水解程度,以判断淀粉酶在不同条件下其活性的大小。

淀粉与糊精无还原性,或还原性很弱,对班氏试剂呈阴性反应。麦芽糖、葡萄糖是还原糖,与班氏试剂共热后生成红棕色氧化亚铜的沉淀。

唾液淀粉酶的最适温度为 37 ~ 40℃,最适 pH 为 6.8。偏离此最适环境时,酶的活性减弱。

低浓度的 Cl^- 离子能增加淀粉酶的活性,是它的激活剂。Cu^{2+} 等金属离子能降低该酶的活性,是它的抑制剂。

本实验目的是考查温度、pH、激活剂及抑制剂对唾液淀粉酶活性的影响。固定其他反应条件,考察单因素改变对唾液淀粉酶活性的影响,检验酶活性的方法是利用碘与淀粉及其水解中间产物呈现不同颜色以判定。

（二）实验操作

1. 收集唾液淀粉酶液　实验者先用蒸馏水漱口，然后含一口蒸馏水于口中，轻漱1～2分钟，吐入小烧杯中，用脱脂棉过滤，除去稀释液中可能含有的食物残渣。并将该滤液稀释一倍。

2. 淀粉酶活性的检测　取一支试管，注入1%淀粉溶液5.0ml与稀释的唾液0.5～2.0ml。混匀后插入1支玻棒，将试管连同玻棒置于37℃水浴中。不时地用玻棒从试管中取出1滴溶液，滴加在白磁板上，随即加1滴碘液，观察溶液呈现的颜色。此实验延续至溶液仅表现碘被稀释后的微黄色为止。记录淀粉在水解过程中，遇碘后溶液颜色的变化。

向上面试管的剩余溶液中加2.0ml班氏试剂，放入沸水中加热10分钟左右，观察实验现象。

3. 温度对酶活性的影响　取3支试管，各加3.0ml 1%淀粉溶液；另取3支试管，各加1.0ml淀粉酶液。将此6支试管分为三组，每组中盛淀粉溶液与淀粉酶液的试管各1支，三组试管分别置入0℃、37℃与70℃的水浴中。5分钟后，将各组中的淀粉溶液倒入淀粉酶液中，继续维持原温度条件5分钟后，立即滴加2滴碘液，观察溶液颜色的变化。根据观察结果说明温度对酶活性的影响。

4. pH对酶活性的影响　取4支试管，分别加入0.4% HCl溶液（pH≈1）、0.1%乳酸溶液（pH≈5）、蒸馏水（pH≈7）与1%碳酸钠溶液（pH≈9）各2.0ml，再向以上四支试管中各加2.0ml 1%淀粉溶液及2.0ml淀粉酶液。混合摇匀后置于37℃水浴中，保温15分钟。向四支试管中各加2.0ml班氏试剂，在沸水浴上加热，根据生成红棕色沉淀的多少，说明淀粉水解的强弱。

综合以上结果，说明pH对酶活性的影响。

5. 激活剂与抑制剂对酶活性的影响　取3支试管，按表3-10-1加入各种试剂。混匀后，置于37℃水浴中的保温。从1号试管中用玻棒取出1滴溶液，置于白磁板上用碘液检查淀粉的水解程度。待1号试管内的溶液遇碘不再变色后，立即取出所有的试管，各加碘液2滴，观察溶液颜色的变化，并解释之。

表3-10-1　激活剂与抑制剂对酶活性影响的实验操作表

管　号	1	2	3
1% NaCl溶液（ml）	1	—	—
1% $CuSO_4$溶液（ml）	—	1	—
蒸馏水（ml）	—	—	1
淀粉酶液（ml）	1	1	1
0.1%淀粉液（ml）	3	3	3

（三）试剂与器材

1. 1%淀粉溶液（含0.3% NaCl溶液）　将1g可溶性淀粉与0.3g氯化钠，混悬于5.0ml的蒸馏水中，搅动后缓慢倒入沸腾的95ml蒸馏水中，煮沸1分钟，冷却后倒入试剂瓶中。

2. 碘液　称取碘 4g、碘化钾 6g，同溶于 100ml 蒸馏水中，储棕色瓶中备用。

3. 班氏（Benedict）试剂　将 17.3g 硫酸铜晶体溶入 100ml 蒸馏水中，然后加入 100ml 蒸馏水。取枸橼酸钠 173g 及碳酸钠 100g，加蒸馏水 600ml，加热使之溶解。冷却后，再加蒸馏水 200ml，最后，把硫酸铜溶液缓慢地倾入枸橼酸钠-碳酸钠溶液中，边加边搅拌，如有沉淀可过滤除去或自然沉降一段时间取上清液。此试剂可长期保存。

4. 0.4% HCl 溶液。

5. 0.1% 乳酸溶液。

6. 1% Na_2CO_3 溶液。

7. 1% NaCl 溶液。

8. 1% $CuSO_4$ 溶液。

9. 器材　恒温水浴锅；试管架；冰浴；烧杯；白磁板；量筒；小漏斗；试管；滴管等。

【课堂作业】　观察实验结果，书写实验报告。

【复习思考题】

（1）温度如何影响酶的活性？

（2）pH 如何影响酶的活性？

（3）酶的抑制作用可分为哪些类型？试述竞争性抑制作用的原理。

实验十一　碱性磷酸酶 K_m 值测定

【学习目的要求】

（1）掌握米-曼方程式及 K_m 值的意义。

（2）熟悉林-贝作图法及 K_m 值测定方法。

（3）了解 Hanes 作图法。

【实验教学内容】

（一）实验原理

在温度、pH 及酶浓度恒定的条件下，底物浓度对酶促反应的速度有很大的影响。在一般情况下，当底物浓度（[S]）很低时，酶促反应的速度（V）随底物浓度的增大而迅速增大，随着底物浓度的继续增大，反应速度的增大就开始减慢，当底物浓度增大到某种程度时，反应速度达到一个极限值（V_{max}），不再随底物浓度的变化而变化。底物浓度与反应速度的这种关系，Leonor Michaelis 和 Maud L. Menten 推导得出如下公式，称为米-曼方程式：

$$V=\frac{V_{max}[S]}{K_m+[S]}$$

$$或\quad K_m=[S]\cdot\left(\frac{V_{max}}{V}-1\right)$$

当 $V=1/2V_{max}$ 时，$K_m=[S]$，即米氏常数（K_m）值等于反应速度达到最大反应速度一半时的底物浓度，可用作图法求出 K_m 值。

林-贝（Lineweaver-Burk）作图法是将米-曼方程式的形式改变成直线方程式，如下所示：

$$\frac{1}{V}=\frac{K_m}{V_{max}}\cdot\frac{1}{[S]}+\frac{1}{V_{max}}$$

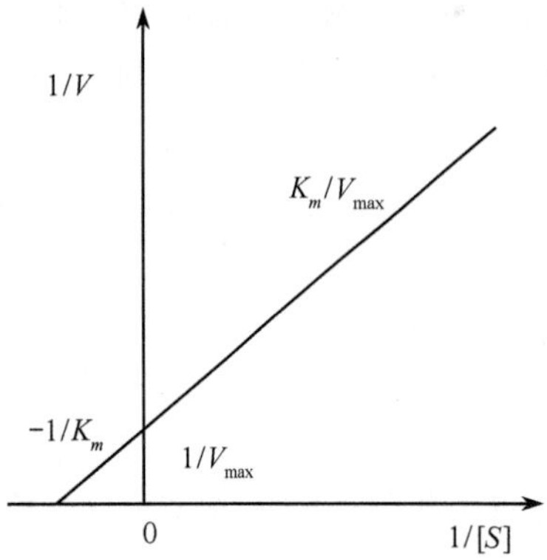

图 3-11-1　林-贝作图法

以 $1/V$ 为纵坐标，$1/[S]$ 为横坐标作图，可得一直线，其斜率为 K_m/V_{max}，纵轴截距为 $1/V_{max}$，横轴截距为 $-1/K_m$，由此可求出 K_m 值。此即林-贝氏作图法，又称双倒数作图法(图 3-11-1)。

K_m 是酶的特征性常数，对于每一个酶促反应，在一定条件下都有它特定的 K_m 值。因此常可用于鉴别酶，大多数酶的 K_m 值在 $10^{-6}\sim10^{-2}$mol/L 左右。

本实验以碱性磷酸酶(AKP)为材料，测定底物不同浓度时的反应速度，用林-贝法作图，计算其 K_m 值。

碱性磷酸酶在 pH10 的条件下能使底物磷酸苯二钠水解，产生游离酚和磷酸盐。在碱性环境中，酚能还原酚试剂中的磷钼酸生成蓝色的"杂多蓝" 络合物。

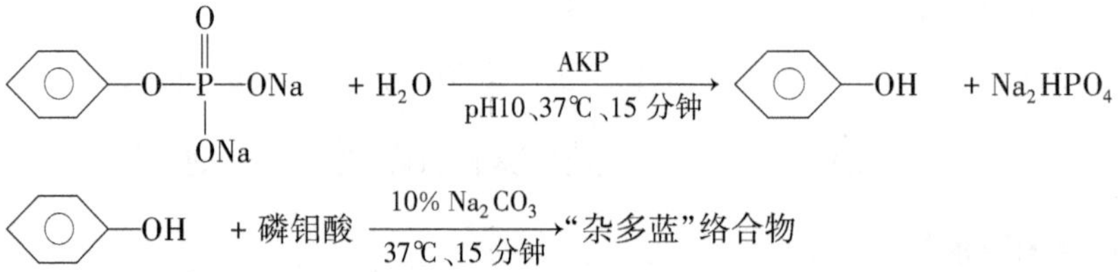

在一定范围内，酚的生成量与酶促反应速度成正比，而显色的深浅与酚含量的多少成正比，故用比色法可反映酶促反应的速度。在温度、时间和 pH 等恒定的条件下，以相同浓度的碱性磷酸酶催化不同浓度的底物分解，得到不同的酚浓度，显色深浅亦不同，即：$V\propto A$(光密度)，则 $1/V\propto1/A$，以 $1/A$ 为纵坐标，底物磷酸苯二钠的浓度之倒数 $1/[S]$ 为横坐标，依林-贝氏作图法，即可求得 K_m。

(二) 实验操作

取中号试管 6 支，编号，按表 3-11-1 加试剂：

表 3-11-1　碱性磷酸酶 K_m 值测定操作表

管号 / 试剂(ml)	空白管	测定管				
		1	2	3	4	5
0.02mol/L 磷酸苯二钠	0.16	0.16	0.20	0.27	0.4	0.8
蒸馏水	0.84	0.74	0.70	0.63	0.5	0.1
碱性缓冲液	1.0	1.0	1.0	1.0	1.0	1.0
混匀，置 37℃水浴中保温 5 分钟						
碱性磷酸酶	—	0.1	0.1	0.1	0.1	0.1
混匀，置 37℃水浴中保温 15 分钟(准确计时)						
酚试剂应用液	1.0	1.0	1.0	1.0	1.0	1.0
10% Na_2CO_3 溶液	3.0	3.0	3.0	3.0	3.0	3.0

将各管混匀后，在37℃水浴继续保温15分钟，待其充分显色后，以空白管调节零点，在660nm波长下对各管进行比色测定并记录吸光度 A 值。以磷酸苯二钠的浓度（毫摩尔浓度）之倒数为横坐标，以 $1/A$ 为纵坐标，依林-贝双倒数方程法作图，并求出碱性磷酸酶的 K_m 值。

（三）试剂与器材

1. 0.02mol/L 磷酸苯二钠　称取磷酸苯二钠（$C_6H_5Na_2PO_4 \cdot 2H_2O$）5.08g，用煮沸冷却的蒸馏水溶解，并稀释至1000ml，加氯仿数滴，盛于棕色瓶中，存于冰箱内可保存一星期。

2. 酚试剂储存液　见第三篇-实验一［蛋白质定量测定（酚试剂法）］。

3. 酚试剂应用液　取酚试剂储存液1份，以2倍体积的水稀释后盛于棕色瓶中。此液很稳定，若发现变绿色，则应弃去。

4. 碱性缓冲液　称取6.36g无水碳酸钠和3.36g碳酸氢钠，先以适量蒸馏水溶解，再移至1000ml容量瓶中，加水至刻度，存于冰箱内，溶液pH10。

5. 碱性磷酸酶液　称取纯制的碱性磷酸酶，按1.0mg加17ml碱性缓冲液溶解，宜新鲜配制。

6. 10% Na_2CO_3 溶液。

7. 器材　水浴锅；分光光度计；刻度吸管；试管等。

（四）设计型实验

请设计一个生化实验方案，测定酸性磷酸酶的 K_m 值。

【课堂作业】　观察实验结果，书写实验报告。

【复习思考题】

（1）简述 K_m 值和 V_{max} 的意义。

（2）简述碱性磷酸酶 K_m 值测定的原理。

实验十二　底物浓度及抑制剂对酶活性的影响

【学习目的要求】

（1）掌握 K_m 值和 V_{max} 的意义，掌握酶促反应的影响因素。

（2）熟悉林-贝作图法求 K_m 值。

（3）了解底物浓度及抑制剂对酶活性的影响。

【实验教学内容】

（一）实验原理

求 K_m 值的实验原理同本篇实验十一。

左图为竞争性抑制剂的不同浓度条件下 $1/V$ 与 $1/[S]$ 的关系，抑制剂浓度，由下往上增加。本实验仍以AKP为例，Na_2HPO_4 为磷酸苯二钠竞争性抑制剂（图3-12-1）。

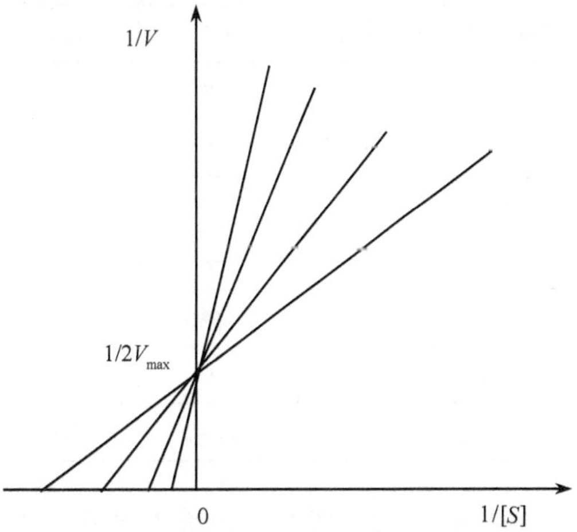

图3-12-1　林-贝作图法

（二）实验操作

1. 米氏常数测定：按表3-12-1操作　将

各管混匀后，置37℃水浴中保温继续保温15分钟，待其充分显色后，以空白管调节零点，在660nm波长下对各管进行比色测定并记录吸光度 A 值。以磷酸苯二钠的浓度之倒数为横坐标，以 $1/A$ 为纵坐标，依林-贝双倒数方程作图求出碱性磷酸酶的 K_m 值。

表3-12-1 米氏常数测定操作表

试剂(ml) \ 管号	空白管	1	2	3	4	5
[S](mmol/L)	2	2	3	4	6	8
1/[S]	1/2	1/2	1/3	1/4	1/6	1/8
0.02mol/L 磷酸苯二钠溶液	0.2	0.2	0.3	0.4	0.6	0.8
蒸馏水	0.8	0.7	0.6	0.5	0.3	0.1
碱性缓冲液	1.0	1.0	1.0	1.0	1.0	1.0
混匀，置37℃水浴中保温5分钟						
碱性磷酸酶	—	0.1	0.1	0.1	0.1	0.1
混匀，置37℃水浴中保温15分钟(准确计时)						
酚试剂应用液	1.0	1.0	1.0	1.0	1.0	1.0
10% Na_2CO_3 溶液	3.0	3.0	3.0	3.0	3.0	3.0

2. 抑制剂对酶促反应速度的影响(表3-12-2)。

表3-12-2 抑制剂对酶促反应速度影响操作表

试剂(ml) \ 管号	空白管	1	2	3	4	5
[S](mmol/L)	2	2	3	4	6	8
1/[S]	1/2	1/2	1/3	1/4	1/6	1/8
0.02mol/L 磷酸苯二钠溶液	0.2	0.2	0.3	0.4	0.6	0.8
蒸馏水	0.8	0.7	0.6	0.5	0.3	0.1
含磷酸氢二钠的碱性缓冲液	1.0	1.0	1.0	1.0	1.0	1.0
混匀，置37℃水浴中保温5分钟						
碱性磷酸酶	—	0.1	0.1	0.1	0.1	0.1
混匀，置37℃水浴中保温15分钟(准确计时)						
酚试剂应用液	1.0	1.0	1.0	1.0	1.0	1.0
10% Na_2CO_3 溶液	3.0	3.0	3.0	3.0	3.0	3.0

将各管混匀后，置37℃水浴中保温继续保温15分钟，待其充分显色后，以空白管调节零点，在660nm波长下对各管进行比色测定并记录吸光度 A 值。以磷酸苯二钠的浓度之倒

数为横坐标,以 $1/A$ 为纵坐标,依林-贝双倒数方程作图求表观 K_m 值。

（三）试剂与器材

1. 0.02mol/L 磷酸苯二钠溶液　称取磷酸苯二钠($C_6H_5Na_2PO_4 \cdot 2H_2O$)5.08g,用煮沸冷却的蒸馏水溶解,并稀释至 1000ml,加氯仿数滴,盛于棕色瓶中,存于冰箱内可保存一星期。

2. 酚试剂储存液　见第三篇-实验一[蛋白质定量(酚试剂法)]。

3. 酚试剂应用液　取酚试剂储存液 1 份,以 2 倍体积的水稀释后盛于棕色瓶中。此液很稳定,若发现变绿色,则应弃去。

4. 碱性缓冲液　称取 6.36g 无水碳酸钠和 3.36g 碳酸氢钠,先以适量蒸馏水溶解后,再移至 1000ml 容量瓶中,加水至刻度,存于冰箱内,溶液 pH10。

5. 碱性磷酸酶液　称取纯制的碱性磷酸酶,按 1.0mg 加 17ml 碱性缓冲液溶解,宜新鲜配置。

6. 10% Na_2CO_3 溶液。

7. 0.01mol/L 磷酸氢二钠溶液　称取磷酸氢二钠 14.3g,溶于碱性缓冲液中,并稀释至 1000ml。

8. 含竞争性抑制剂的碱性缓冲液　取 0.01mol/L 磷酸氢二钠溶液 1 份,以 9 倍体积碱性缓冲液稀释后存于冰箱。

9. 器材　水浴锅;分光光度计;刻度吸管;试管等。

【课堂作业】 观察实验结果,书写实验报告。

【复习思考题】

(1) 何谓酶促反应动力学?其影响因素有哪些?

(2) 可逆性抑制作用有哪三种类型?

(3) 简述三种可逆性抑制作用的动力学特点。

实验十三　琥珀酸脱氢酶的作用及其竞争性抑制

【学习目的要求】

(1) 掌握竞争性抑制概念及作用机理。

(2) 了解在无氧情况下观察脱氢酶作用的简单方法。

【实验教学内容】

（一）实验原理

存在于心肌、骨骼肌、肝脏等组织中的琥珀酸脱氢酶,能使琥珀酸脱氢而生成延胡索酸,脱下的氢可使甲烯蓝退色,还原为甲稀白。反应如下:

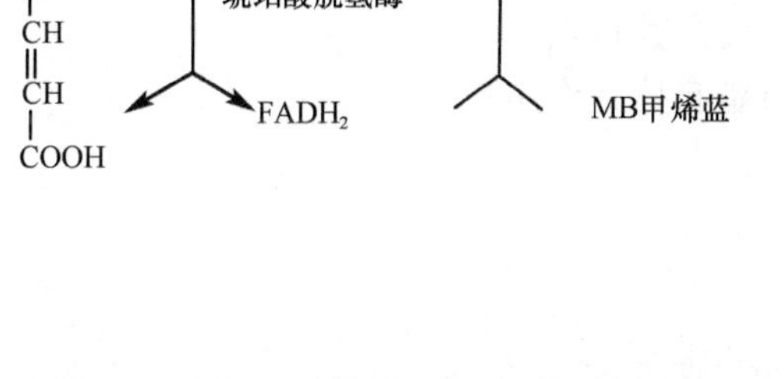

草酸、丙二酸等在结构上与琥珀酸相似,可与琥珀酸竞争结合琥珀酸脱氢酶的活性中心。若酶已与丙二酸等结合,则不能再与琥珀酸结合而使之脱氢,产生抑制作用,且抑制程度取决于琥珀酸与抑制剂在反应体系中浓度的相对比例,所以这种抑制是竞争性抑制。本实验通过观察在由不同浓度的琥珀酸与丙二酸组成的反应体系中使等量甲稀蓝退色反应时间,从而验证丙二酸对琥珀酸的竞争性抑制作用。

(二) 实验操作

1. 制备肝匀浆　取一只小鼠,颈椎脱臼卒死后剖腹取肝脏,用 0.9% NaCl 溶液洗去血液并用滤纸吸干。称取肝脏约 1.0 克,置于玻璃匀浆器中,加入 pH7.4 的 0.10mol/L 磷酸盐缓冲液 5.0ml,制备成 200g/L 的肝匀浆用三层纱布过滤后备用。

2. 取五支试管分别编号,按表 3-13-1 配制反应体系:

表 3-13-1　琥珀酸脱氢酶及其竞争性抑制操作表

试剂 管号	0.093mol/L 琥珀酸钠	0.10mol/L 丙二酸钠	0.10mol/L(pH7.4) 磷酸缓冲液	肝匀浆液	0.02% 甲烯蓝
1	—	1ml	2ml	1ml	3 滴
2	1.5ml	0.5ml	1ml	1ml	3 滴
3	1ml	1ml	2ml	—	3 滴
4	2ml	—	1ml	1ml	3 滴
5	1ml	1ml	1ml	1ml	3 滴

将各管溶液混匀后加一薄层液体石蜡后静置(此时不可摇动!),观察各管中的颜色变化,并记录各管颜色完全变化的时间。

(三) 试剂与器材

1. 0.10mol/L 磷酸盐缓冲液(pH7.4)　0.1mol/L NaH_2PO_4 19ml 加 0.1mol/L Na_2HPO_4 81ml。
2. 0.093mol/L 琥珀酸钠溶液　取琥珀酸钠 1.5g 溶于 100ml 蒸馏水中。
3. 0.10mol/L 丙二酸钠溶液　取丙二酸钠 1.5g 溶于 100ml 蒸馏水中。
4. 0.02% 甲稀蓝溶液　取甲烯蓝 0.02 克溶于 100ml 无水乙醇中。
5. 液体石蜡。
6. 器材　剪刀;小天平;研钵或玻璃匀浆器;刻度吸管;胶头滴管;试管;烧杯。

(四) 示范操作

玻璃匀浆器的使用。

(五) 设计型实验

有一大鼠骨骼肌样本,请设计实验证明细胞内琥珀酸脱氢酶的存在。

【课堂作业】　观察实验结果,书写实验报告。

【复习思考题】

(1) 酶抑制作用的分类及其特点?

(2) 本实验中液体石蜡起什么作用?

(3) 各管中的反应体系配好后为什么不能再摇动?
(4) 制备肝浆时用磷酸缓冲液,可否换用蒸馏水,为什么?

实验十四　乳酸脱氢酶同工酶的测定

【学习目的要求】

(1) 掌握乳酸脱氢酶同工酶的测定原理。
(2) 熟悉乳酸脱氢酶同工酶测定的操作及临床意义。
(3) 了解乳酸脱氢酶同工酶测定的试剂配制。

【实验教学内容】

(一) 实验原理

乳酸脱氢酶(简称 LDH)是葡萄糖酵解过程中很重要的一种酶,其作用是催化丙酮酸与乳酸的互相转化。LDH 实际上是由几种理化性质及免疫学特性不相同而催化功能相同的酶分子所组成,统称为 LDH 同工酶。同工酶在一般组织中有五个种类,其亚基组成如表 3-14-1:

表 3-14-1　乳酸脱氢酶种类及亚基组成

同工酶种类	LDH_1	LDH_2	LDH_3	LDH_4	LDH_5
亚基	H_4	H_3M	H_2M_2	HM_3	M_4

其中 M 亚基含碱性氨基酸较多,因而在 pH8.6 的缓冲液中,几种同工酶由于带电荷的多少不同,各自电泳速度有快慢之分,可借电泳方法将其分离。电泳速度最快的为 LDH_1,依次为 LDH_2、LDH_3、LDH_4 和 LDH_5。

分离 LDH 同工酶常用的支持物有乙酸纤维薄膜、丙烯酰胺凝胶、琼脂糖凝胶及淀粉凝胶等。本实验用乙酸纤维薄膜为支持物,其优点为设备简单,操作方便,标本用量少,电泳时间短及区带分离清晰等。

电泳后,采用类似组织化学染色方法,即将底物乳酸、NAD^+和中间递氢体-吩嗪甲脂硫酸盐(PMS)及最终受氢体-氯化硝基四氮唑蓝(NBT)一起保温,在酶带处可产生还原型 NBT 的红色(或紫蓝色)沉淀。测定各条带光密度(A_{560})可求得各类 LDH 的相对含量(活性)。

$$\text{乳酸} + NAD^+ \xrightarrow{LDH} \text{丙酮酸} + NADH + H^+$$
$$NADH + H^+ + PMS \longrightarrow \text{还原型 } PMS + NAD^+ + H^+$$
$$\text{还原型 } PMS + NBT \longrightarrow \text{还原型 } NBT(\text{红色}) + PMS$$

(二) 实验操作

1. 点样　预先将 2.5cm×7.0cm 乙酸纤维薄膜条浸泡于 pH8.6 离子强度为 0.06 的巴比妥缓冲液中,使之充分浸透(约 10 分钟)然后用滤纸轻压,吸去多余的缓冲液。用点样器在盛有血清的容器中蘸一下,使其下端沾上少许血清,然后垂直紧按在于无光泽面距膜端 1.5cm 处的点样线上。

2. 电泳　将点样后的膜条点样面朝下,点样端置于偏阴极侧,平放于电泳槽的纱布条上,待平衡5分钟后通电。电压为10V/cm长(约120 ~160V),电流为1.2~1.5mA/条,电泳时间为60~90分钟。

3. 染色　在电泳完成前15分钟配制染色试剂:0.5mol/L乳酸钠1.0ml,0.4% NBT 3.0ml,0.1% PMS 1.0ml及NAD^+ 10mg,混匀(避光)。将另一条薄膜浸透染液后,移于一清洁玻片(无光泽面朝上),断电,立即将电泳条取下,小心地迅速将无光泽面覆盖在染条上(避免起泡,勿移动),加压另一块玻片。将上述两层玻片置于平皿内,加盖,于37℃水浴箱中保温30分钟,即可显出红色(或紫蓝色)区带3~5条LDH同工酶。血清正常乳酸脱氢酶同工酶含量$LDH_2 > LDH_1 > LDH_3 > LDH_4 > LDH_5$。

4. 定量　10%乙酸溶液将两膜漂洗三次,晾干后作薄膜扫描。或剪下区带浸入洗脱液2.0ml中,于560nm比色,求得相对含量。

各部分光密度之和$T = L_1 + L_2 + L_3 + L_4 + L_5$。

$LDH_1\% = L_1/T \times 100\%$,其余类推。

(三) 临床意义

同工酶在不同组织中的分布不同,每个组织都有一定的同工酶酶谱。当某一组织病变受损时,可以使得血液中同工酶酶谱发生改变,如心肌梗死时血清LDH_1活性明显增高;肝炎、肝癌等肝病则血清LDH_5活性增高;LDH_3增高可见于肺梗死或淋巴瘤、肺癌等病人。因此,测定血清中同工酶谱,对疾病的诊断和判断预后具有一定的参考价值。

(四) 试剂与器材

1. 电泳装置。

2. 乙酸纤维薄膜。

3. 电泳用的巴比妥钠-巴比妥缓冲液(pH8.6,离子强度0.06);称取巴比妥钠12.76g,巴比妥1.66g,加蒸馏水定容至1000ml。

4. 辅酶Ⅰ(NAD^+)。

5. 0.1mol/L,pH7.5磷酸缓冲液　称取$Na_2HPO_4 \cdot H_2O$ 22.5g,KH_2PO_4 2.16g加蒸馏水至1000 ml。

6. 0.5mol/L乳酸钠溶液　60%乳酸钠溶液5.0ml,加0.1mol/L,pH7.5磷酸缓冲液4.5ml混合,冰箱保存。

7. 0.1%吩嗪甲酯硫酸盐(PMS)溶液　称100mg吩嗪硫酸盐溶于100ml蒸馏水中,棕色瓶,冰箱保存,溶液出现绿色则不能使用。

8. 0.4%氯化硝基四氮唑蓝(NBT)　称400mg氯化硝基四氮唑蓝,溶于0.1mol/L磷酸缓冲液(pH7.5)定容至100ml。

9. 10%乙酸溶液。

(五) 设计性实验

现有一大鼠心肌匀浆组织液,请设计一实验测定该组织样本中是否有LDH同工酶?哪种同工酶最多?

【课堂作业】 观察实验结果,书写实验报告。

【复习思考题】

（1）乳酸脱氢酶可以存在于哪些组织中？乳酸脱氢酶同工酶有多少种？各自主要存在于哪些组织中？

（2）测定乳酸脱氢酶同工酶有何临床意义？

实验十五　血清丙氨酸氨基转移酶（ALT）的测定

【学习目的要求】

（1）掌握血清丙氨酸氨基转移酶（ALT）测定的实验原理。

（2）熟悉血清丙氨酸氨基转移酶（ALT）测定的实验操作。

（3）了解血清丙氨酸氨基转移酶（ALT）测定的临床意义。

【实验教学内容】

（1）血清丙氨酸氨基转移酶（ALT）的测定（改良穆氏法）。

（2）血清丙氨酸氨基转移酶（ALT）的测定（连续检测法）。

一、血清丙氨酸氨基转移酶（ALT）的测定（改良穆氏法）

（一）实验原理

以丙氨酸和α-酮戊二酸为底物，在血清丙氨酸氨基转移酶（ALT）的作用下，生成丙酮酸和谷氨酸。丙酮酸能与2，4-二硝基苯肼结合，生成丙酮酸二硝基苯腙，后者在碱性溶液中呈现棕色，可用于比色测定。

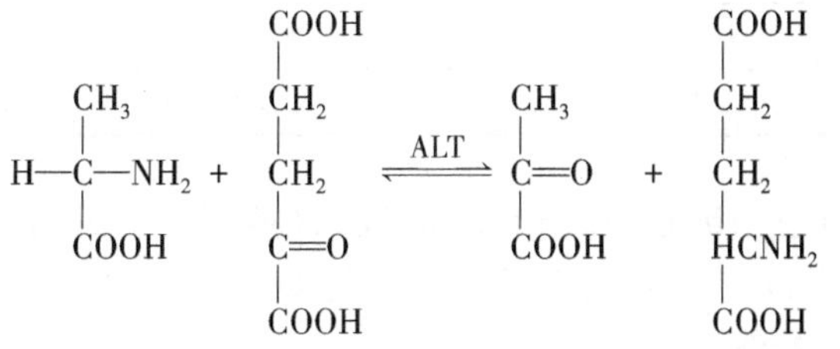

丙氨酸　α-酮戊二酸　丙酮酸　谷氨酸

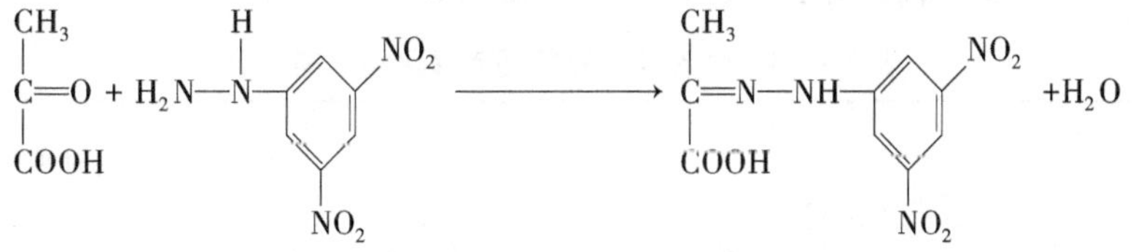

丙酮酸　2，4-二硝基苯肼　丙酮酸二硝基苯腙

α-酮戊二酸虽也能与2，4-二硝基苯肼结合成相应的苯腙，但后者在碱性溶液中，吸收光谱与丙酮酸二硝基苯腙有所不同，在波长520nm比色时，α-酮戊二酸二硝基苯腙的光吸收远较丙酮酸二硝基苯腙为低。在反应后，α-酮戊二酸减少而丙酮酸增加，故520nm处吸光度增加的程度与反应体系中丙酮酸与α-酮戊二酸的克分子比例呈线性关系。

用穆氏法或金氏法测定血清丙氨酸氨基转移酶活性都是基于上述原理设计的。这两种方法在国内都有采用。

(二) 实验操作

1. 标准曲线制作

(1) 取干燥洁净试管 9 支,编号,按表 3-15-1 加入试剂,混匀。

表 3-15-1　标准曲线制作操作表(1)

试剂(ml)	1	2	3	4	5	6	7	8	9
标准丙酮酸液(500μg/ml)	1.0	2.0	3.0	4.0	5.0	6.0	7.0	8.0	9.0
蒸馏水	9.0	8.0	7.0	6.0	5.0	4.0	3.0	2.0	1.0
丙酮酸的浓度(μg/ml)	50	100	150	200	250	300	350	400	450

(2) 另取干燥试管 11 支,编号,在 1 ~ 9 号管中依次加入上述(1)所稀释的 1 ~ 9 号丙酮酸标准液 0.10ml,在 10 号管中加入未经稀释的标准丙酮酸液(500μg/ml)0.10ml。再按表 3-15-2 操作:

表 3-15-2　标准曲线制作操作表(2)

试剂(ml)	1	2	3	4	5	6	7	8	9	10	11
蒸馏水	—	—	—	—	—	—	—	—	—	—	0.1
谷-丙转氨酶底物液	0.5	0.5	0.5	0.5	0.5	0.5	0.5	0.5	0.5	0.5	0.5
2,4-二硝基苯肼溶液	0.5	0.5	0.5	0.5	0.5	0.5	0.5	0.5	0.5	0.5	0.5
丙酮酸实际含量(μg)	5	10	15	20	25	30	35	40	45	50	0
各管混匀,置 37℃ 水浴 20 分钟											
0.4mol/L NaOH 溶液	0.5	0.5	0.5	0.5	0.5	0.5	0.5	0.5	0.5	0.5	0.5

各管混匀,于室温静置 10 分钟,用 520nm 波长(或绿色滤光片),以第 11 管为空白比色,读取各管的吸光度值(*A*)。然后,以各管中丙酮酸的含量(5 ~ 50μg)为横坐标,吸光度值(*A*)为纵坐标,绘制标准曲线。

2. 取干燥试管 2 支,注明测定管及对照管,按表 3-15-3 操作:

表 3-15-3　血清丙氨酸氨基转移酶测定操作表

步骤 \ 管号	测定管	对照管
第一步	丙氨酸氨基转移酶底物液 0.5ml	
第二步	置 37°C 水浴中预温 5 分钟	
第三步	各加入血清 0.1ml	
第四步	混匀后于 37°C 温箱准确保温 30 分钟	
第五步	立即加入 2,4-二硝基苯肼溶液 0.5ml	
第六步		丙氨酸氨基转移酶底物液 0.5ml
第七步	混匀后于 37°C 温箱保温 20 分钟,各加入 0.4mol/L NaOH 5.0ml,混匀	

静置10分钟,用520nm波长以对照管调节零点,读取测定管的吸光度值(*A*),然后以标准曲线查出其相当的丙酮酸含量(μg)。

（三）计算

本法规定1.0ml血清在37℃与底物作用30分钟后,能产生2.5μg丙酮酸者为1个丙氨酸氨基转移酶活性单位,所以每毫升待测血清中所含有的丙氨酸氨基转移酶活性单位为

$$\text{丙氨酸氨基转移酶活性单位/ml}=\frac{\text{标准曲线中查知的微克数}}{2.5}\times\frac{1}{0.1}$$

（四）临床意义

丙氨酸氨基转移酶广泛存在于机体的各种组织中,尤以肝脏的含量最高。在正常人的血清中,此酶活性甚低。用改良穆氏法测定时为2～40U/ml;用金氏法测定时为(91±35.8)U/100ml。当肝脏有病变特别是急性肝炎及中毒性肝细胞坏死时,血清中丙氨酸氨基转移酶活性显著增高。其次在肝癌、肝硬化及胆道疾患时,此酶活性也可见中度或轻度的增高,故血清丙氨酸氨基转移酶活的测定已成为目前临床上诊断肝脏疾病的一种重要方法。但须指出,在其他一些疾病如心肌梗死时,也可有血清丙氨酸氨基转移酶活性增高。

（五）注意事项

1. 血清标本不宜溶血,且最好在采血的当天进行测定,如不能当天测定者,可储存于冰箱中1～2天。

2. 如所得之吸光度读数已超过标准曲线之直线部分,表示酶活性过高,此时须将血清稀释10倍后重新测定。

3. 测定结果与作用时间、温度及试剂的pH有密切关系,在操作时应准确掌握。

（六）试剂与器材

1. 标准丙酮酸液(1ml ≈ 500μg) 准确称取纯化之丙酮酸钠62.5mg溶于100ml 0.1mol/L H_2SO_4溶液中,此液须在临用前配制。

2. 丙氨酸氨基转移酶底物液 称取*L*-丙氨酸1.79g及α-酮戊二酸29.2mg,先溶于50ml 0.1mol/L pH7.4磷酸盐缓冲液中,然后用1.0mol/L NaOH溶液调节至pH7.4,再用0.1mol/L pH7.4磷酸盐缓冲液稀至100ml,储存于冰箱内,可保存一周。

3. 0.1mol/L pH7.4磷酸盐缓冲液 称取13.97g的K_2HPO_4和2.69g的KH_2PO_4溶解于1000ml蒸馏水中。

4. 0.02% 2,4-二硝基苯肼溶液 称取2,4-二硝基苯肼20mg溶于1.0mol/L HCl溶液中,加热溶解后,用1.0mol/L HCl溶液稀释至100ml。

5. 器材 水浴锅;分光光度计;刻度吸管;试管等。

二、血清丙氨酸氨基转移酶(ALT)的测定(连续监测法)

（一）实验原理

$$L\text{-丙氨酸}+\alpha\text{-酮戊二酸}\xrightarrow{\text{ALT}}\alpha\text{-丙酮酸}+L\text{-谷氨酸}$$

$$\alpha\text{-丙酮酸}+\text{NADH}\xrightarrow{\text{LDH}}\text{乳酸}+\text{NAD}^+$$

连续监测法测定 NADH 被氧化为 NAD^+,可在 340nm 处连续监测到 NADH 的消耗量,从而计算出 ALT 活性浓度。

在 ALT 双试剂法测定中,首先使血清与缺少 α-酮戊二酸的底物溶液混合,37℃保温 5 分钟,将样品中所含的 α-酮酸(如丙酮酸)消耗完,然后,加入 α-酮戊二酸启动 ALT 催化的反应,在波长 340nm 处连续监测吸光度下降速率。根据线性反应期吸光度下降速率($-\Delta A/\min$),计算 ALT 的活性浓度。

（二）实验操作

1. 手工操作法

(1) 向光径 1.0cm 的石英比色皿中加入血清 100μl,加试剂 Ⅰ 1000μl,混匀,(37±0.1)℃温育 5 分钟。

(2) 然后加入试剂Ⅱ100μl,混匀,启动 ALT 催化的反应。

(3) 在波长 340nm 处,延滞期 30s,连续监测吸光度下降速率 60s。根据线性反应期吸光度下降速率($-\Delta A/\min$),计算出 ALT 活性单位。

2. 自动生化分析仪操作程序的设置　按手工操作法的设置,根据各实验室拥有的分析仪型号及操作说明书而设置。

（三）计算

$$\text{ALT(U/L)}=\Delta A/\min\times\frac{10^6}{6220}\times\frac{1.2}{0.1}=\Delta A/\min\times1929$$

(式中 6220 为 NADH 在 340nm 的摩尔吸光系数,参考范围:5～40 U/L。)

（四）注意事项

1. 使用连续监测法测定酶的活性时,要求使用的分光光度计带宽≤6nm,比色杯光径 1.0cm,具有(37±0.1)℃的恒温装置。试剂空白测定值以蒸馏水代替血清,测定 ALT 活性单位,规定测定值应小于 5U/L。由于试剂空白的读数来自工具酶中的杂酶及 NADH 自发氧化,在报告结果时应扣除每批试剂的空白测定值。

2. 血清不宜反复冰冻保存,以免影响酶活性。血清置 4℃冰箱 1 周,酶活性无显著变化,不推荐冰冻保存 ALT 测定标本,而宜用血清标本。草酸盐、肝素,枸橼酸盐虽不抑制酶活性,但可引起反应液轻度混浊。血液混浊时可影响测定结果或无法测定(如血脂过高、血清蛋白变质等)。红细胞内 ALT 含量为血清中 3～5 倍,应避免使用溶血标本。

3. ALT 测定中存在着两个副反应:①血清中存在的 α-酮酸(如丙酮酸)能消耗 NADH。②血清中谷氨酸脱氢酶(GLDH)增高时,在有氨存在条件下,亦能消耗 NADH。上述副反应都能消耗 NADH,使 340nm 处吸光度下降值($-\Delta A/\min$)增加,使测定结果偏高。但在双试剂法中,因温育期长,能有效地消除干扰反应,测定准确性高,因而是 ALT 测定的首选方法。双试剂法还可适当降低试剂中 LDH 的用量。至于 NH_4^+的干扰,除严重肝病时血清谷氨酸脱氢酶活性增高和血氨增高外,一般血清中 NH_4^+的含量甚微,此干扰不大。

4. 在 AACC(美国临床化学学会)或 IFCC(国际临床化学学会)推荐的试剂盒中,含有磷酸吡哆醛(P-5′-P),根据我国的实际情况和习惯,国家卫生部临床检验中心的推荐方法试剂中不加 P-5′-P。

(五) 试剂与器材

下面为双试剂的组成和在反应液中的最终浓度,按此终浓度将各成分混合为单试剂:

1. 试剂Ⅰ

Tris 缓冲液	100 mmol/L
L-丙氨酸溶液	500 mmol/L
NADH	0.18 mmol/L
LDH	1200 U/L
pH	7.3

2. 试剂Ⅱ　15mmol/L α-酮戊二酸。
3. 待测标本　病人血清或质控血清。
4. 器材　水浴锅;离心机;全自动生化分析仪或半自动生化分析仪;刻度吸管;试管等。

【课堂作业】　观察实验结果,书写实验报告。

【复习思考题】

(1) 氨基酸的脱氨基作用有几种方式?哪种最重要?

(2) 体内的转氨酶主要有哪两种,测定它们的临床意义分别是什么?

实验十六　转氨基作用

【学习目的要求】

(1) 掌握转氨基作用反应的原理及操作过程。

(2) 熟悉纸层析的操作。

(3) 了解肝匀浆的制备方法。

【实验教学内容】

(一) 实验原理

体内 α-氨基酸的 α-氨基,在氨基转移酶(或转氨酶)的作用下,被移换至 α-酮酸的过程,称为转氨基作用。此类酶具有一定的特异性,普遍存在于动物各组织中。

在本实验当中谷氨酸与丙酮酸,利用肝匀浆中的谷氨酸氨基转移酶(ALT)进行转氨基反应,然后以纸层析法验证反应体系中丙氨酸的生成,其反应过程如下:

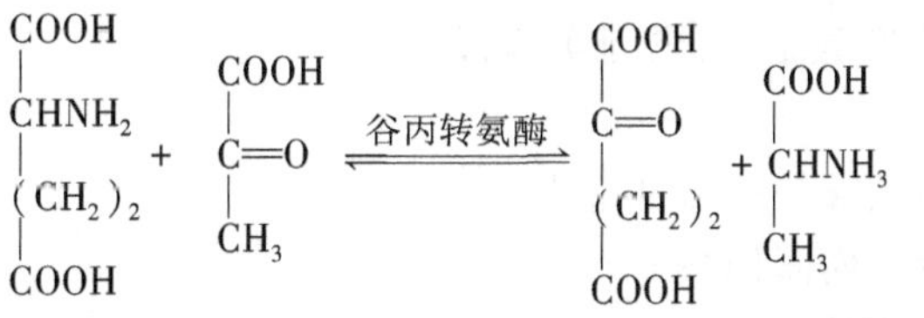

L-谷氨酸　丙酮酸　α-酮戊二酸　*L*-丙氨酸

(二) 实验操作

1. 肝匀浆的制备　取一只小白鼠,剪颈放血处死后,剖腹取出肝脏,用 0.9% NaCl 溶液洗去血液并用滤纸吸干。称取肝脏约 1.0g,置于玻璃匀浆器中加入玻璃砂少许,然后加 0.01mol/L pH7.4 磷酸缓冲液 5.0ml 用研磨成匀浆。

2. 转氨基反应

(1) 取小试管2支,分别编为1、2号,各加肝匀浆10滴,并将2号管置沸水浴中加热5分钟。

(2) 两管各加1%谷氨酸钾溶液10滴、1%丙酮酸钠溶液10滴,同置40℃水浴中保温30分钟,并同时振荡内容物。

(3) 取出,向两管各加2%乙酸溶液2滴,再同置沸水浴中5分钟,静置片刻,取上清液。

3. 层析验证

(1) 在10×20cm滤纸上,距短边2.5cm处用铅笔轻轻画一线(原线),在原线上,每隔2.0cm处用铅笔做记号,并在线下底边注明1、2、谷氨酸、丙氨酸。

(2) 分别用毛细管吸取1号液、2号液在层析滤纸上点样,注意点样不可太大,一般直径0.3cm为宜,然后分别点上谷氨酸,丙氨酸作为标准,置层析缸中展开一小时。

(3) 取出滤纸晾干,喷以0.1%茚三酮乙醇溶液,置80℃烘箱中3~5分钟,观察层析出现的斑点并进行分析。

(三) 试剂与器材

1. 1%谷氨酸钾溶液　取谷氨酸1.0g加水20ml用5% KOH溶液调到中性,然后用0.01mol/L pH 7.4磷酸缓冲液稀释至100ml。

2. 1%丙酮酸钠溶液　取丙酮酸钠1.0g,加0.01mol/L pH 7.4磷酸缓冲液溶解成100ml。

3. 2%乙酸溶液。

4. 0.01mol/L磷酸缓冲液(pH 7.4)。

5. 展开剂(水饱和苯酚)　水∶苯酚 = 40 ∶ 60成饱和后,分层去掉水。

6. 0.1%丙氨酸溶液　取丙氨酸0.1g用上述磷酸缓冲液配制。

7. 0.1%谷氨酸溶液　取1%谷氨酸钾溶液用磷酸缓冲液10倍稀释。

8. 0.1%茚三酮乙醇溶液。

9. 器材　15mm×100mm试管及试管架;剪刀;小天平;研钵(或玻璃匀浆器);离心管;烧杯;恒温水浴;10cm×20cm层析滤纸;层析缸;喷雾器;烘箱等。

(四) 示范操作

玻璃匀浆器的使用。

(五) 设计型实验

某人被怀疑患有急性肝炎,请设计一种实验方案予以诊断参考。

【课堂作业】 观察实验结果,书写实验报告。

【复习思考题】

(1) 试述心肌中氨基酸的脱氨基过程。

(2) 实验中2号管为何需加热?

(3) 试述茚三酮反应的原理。

(4) 影响酶促反应速度的因素有哪些?

实验十七　血糖测定及胰岛素和肾上腺素对血糖浓度的影响

【学习目的要求】

(1) 掌握血糖测定的实验原理与操作。

（2）掌握胰岛素和肾上腺素对血糖浓度影响的实验原理与操作。

（3）了解激素对血糖浓度影响的临床意义。

【实验教学内容】

（1）葡萄糖氧化酶法（GOD-POD 法）测定血糖。

（2）邻甲苯胺法（O-T 法）测定血糖。

（3）吴宪-Folin 法。

（4）胰岛素和肾上腺素对血糖浓度影响。

一、葡萄糖氧化酶法（GOD-POD 法）

（一）实验原理

$$C_6H_{12}O_6 + O_2 + H_2O \xrightarrow{GOD} C_6H_{11}O_7 + H_2O_2$$

葡萄糖　　　　　　　　葡萄糖酸

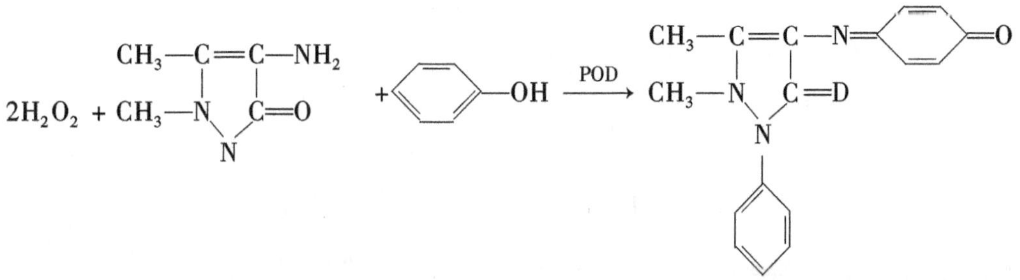

4-氨基安替吡林　　　　　　　　红色醌亚胺

葡萄糖氧化酶（GOD）催化葡萄糖生成葡萄糖醛酸及过氧化氢，后者在过氧化物酶（POD）作用下，分解出氧，将无色的还原型 4-氨基安替比林与酚偶联氧化缩合成红色的醌类化合物，其色泽深浅在一定范围内与葡萄糖浓度呈正比，与同样处理的葡萄糖标准液比较，即可求得血糖含量。

（二）实验操作

取三支试管按表 3-17-1 操作：

表 3-17-1　葡萄糖氧化酶法操作表

加入物（ml）	B（空白）	S（标准）	U（待测）
血浆	—	—	0.2
葡萄糖标准液（1mg/ml）	—	0.2	—
蒸馏水	0.2	—	—
单一试剂	3.0	3.0	3.0

混匀，置 37℃水浴 20 分钟，用 520nm 波长比色，空白管调零，记录标准管、测定管的吸光度（A）。

（三）计算

$$血糖(mmol/L)=\frac{A_u}{A_S}\times1\times0.2\times\frac{100}{0.2}\times\frac{10}{180.2}$$

$$=\frac{A_u}{A_S}\times5.55$$

$$\left(mg/100ml\ \ =\frac{A_u}{A_S}\times1\times0.1\times\frac{100}{0.1}=\frac{A_u}{A_S}\times100\right)$$

（四）参考值

人空腹血浆3.9～5.56mmol/L(70～100mg/100ml)

（五）注意事项

1. 血液离体后每小时葡萄糖可下降5%～10%，故主张用抗凝剂或抗酵解剂的标本。氟化钠、肝素或草酸钾对血糖测定均无影响，但氟化钠具上述两重作用，宜首选。

2. 本法亦有用邻联茴香胺为色原性受体，其最终产物为黄色反应物，但其操作较繁琐，且需要除蛋白，不如4-氨基安替比林简洁灵敏。

（六）试剂与器材

1. 0.1mol/L磷酸盐缓冲液(pH7.0)　无水 Na_2HPO_4(AR)8.5g，无水 KH_2PO_4(AR)5.3g，溶于800ml蒸馏水，用1mol/L NaOH溶液或HCl溶液调pH至7.0±0.1，加蒸馏水至1.0L。

2. 酶试剂　GOD1200U，POD1200U，4-氨基安替比林10mg，叠氮钠(NaN_3)100mg，溶于上述磷酸盐缓冲液约80ml中，调pH至7.0后，补足100ml存冰箱备用。

3. 酚溶液　苯酚(AR)100mg，溶于100ml蒸馏水中。

4. 单一试剂　将上述(2)、(3)试剂(酶:酚)用前等量混合。

5. 葡萄糖标准应用液(5.55mmol/L或1.0mg/ml)　分析天平称取无水葡萄糖100mg，以少量0.25%苯甲酸溶液在小烧杯中溶解，细心倒入100ml容量瓶中，用0.25%苯甲酸溶液冲洗烧杯2～3次倒入容量瓶中并补足至刻度。

6. 器材　水浴锅；分光光度计；刻度吸管；试管等。

二、邻甲苯胺法(O-T法)

（一）实验原理

葡萄糖的醛基与邻甲苯胺的胺基在热乙酸溶液中缩合成蓝色的西夫碱(Schiff base)，其颜色深浅在一定范围内与血糖含量成正比，与同样处理的标准葡萄糖溶液比较，可求出血糖含量。

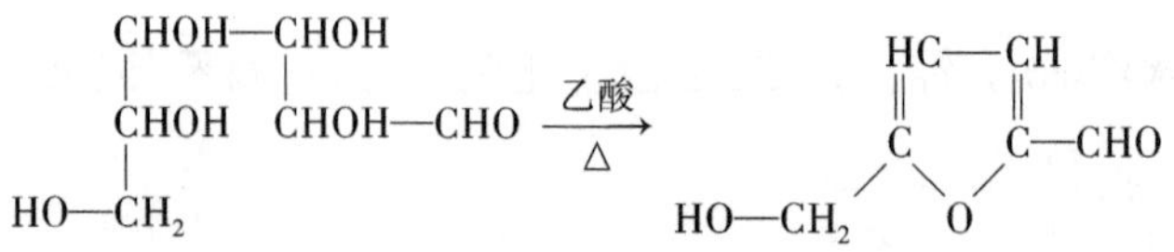

葡萄糖　　　　5-羟甲基-2-呋喃甲醛

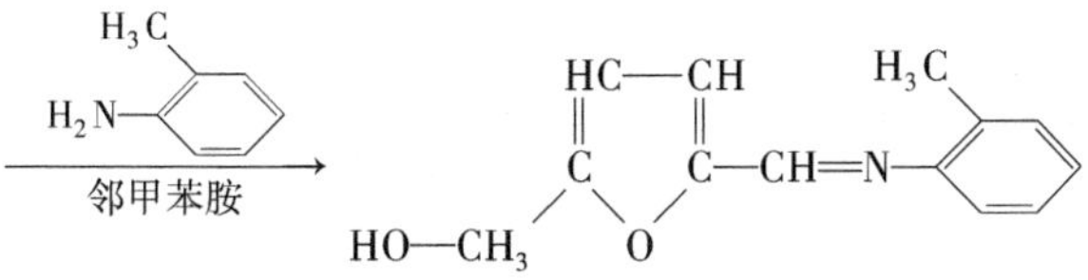

西夫碱(蓝色)

(二) 实验操作

取三支试管按表 3-17-2 操作：

表 3-17-2　邻甲苯胺法操作表

加入物(ml)	B(空白)	S(标准)	U(待测)
血浆	—	—	0.1
葡萄糖标准应用液(1mg/ml)	—	0.1	—
蒸馏水	0.1	—	—
邻甲苯胺试剂	5.0	5.0	5.0

混匀后置沸水浴中 15 分钟，取出置冷水中冷却，于 630nm 波长比色，以空白管调零，记录各管吸光度(A)。

(三) 计算

$$血糖\ (mmol/L) = \frac{A_u}{A_S} \times 100\,(mg/100ml) \times \frac{10}{180.2}$$

$$= \frac{A_u}{A_S} \times 5.55$$

$$(mg/100ml = \frac{A_u}{A_S} \times 1 \times 0.1 \times \frac{100}{0.1} = \frac{A_\mu}{A_S} \times 100)。$$

(四) 参考值

人空腹血浆 3.9 ～ 5.6 mmol/L。

(五) 注意事项

1. 加入硫脲，不仅产生抗氧化作用，防止试剂出现棕色(空白管吸光度升高)，而且还有一定的增色效应，可使试剂稳定数月。

2. 邻甲苯胺及冰乙酸的纯度对结果影响甚大，一般要求 AR 以上，试剂不纯或变红应重蒸馏后再用。

3. 由于邻甲苯胺试剂中乙酸浓度很高，操作应小心谨慎，否则易损坏仪器。

4. 此法受煮沸时间、比色时间等因素影响，测定时样品煮沸时间和比色时间必须与标准管一致。

(六) 试剂与器材

1. 邻甲苯胺试剂　硫脲 1.5g，溶于 750ml 冰乙酸中，加邻甲苯胺 150ml 及饱和硼酸 40ml，混匀后加冰乙酸至 1000ml，充分混匀储棕色瓶中密闭保存。

2. 葡萄糖标准储存液(10mg/ml)　干燥无水的葡萄糖(AR)1.0g 溶于 50ml 饱和苯甲酸溶液中，倾入 100ml 容量瓶内，用饱和苯甲酸溶液稀释至刻度。用时再稀释 10 倍，即得葡萄糖标准应用液(1mg/ml)。

3. 饱和硼酸液　硼酸 6.0g 溶于 100ml 蒸馏水中摇匀,放置一夜,取上清液应用。

4. 器材　水浴锅;分光光度计;刻度吸管;试管等。

三、吴宪-Folin 法

(一) 实验原理

无蛋白血滤液所含的葡萄糖,能使碱性铜试剂中的二价蓝色的铜(Cu^{2+})还原成砖红色的一价氧化亚铜(Cu^{+})沉淀。氧化亚铜使磷钼酸还原成钼蓝,与同样处理的标准葡萄糖液比色,可求出血中葡萄糖的含量。

$$2Cu(OH)_2+C_6H_{12}O_6 \xrightarrow{\text{加热}} Cu_2O\downarrow+C_5H_{11}O_5COOH+2H_2O$$

$$3Cu_2O+3H_3PO_4 \cdot 2M_OO_3 \cdot 12H_2O \longrightarrow 3H_3PO_4 \cdot M_OO_2 \cdot 12H_2O+6CuO$$

(二) 实验操作

1. 无蛋白血滤液的制备

(1) 取干燥三角瓶 1 只,准确加入蒸馏水 7.0ml。

(2) 取一支干燥 0.2ml 吸管,准确吸取全血 0.2ml,慢慢地将血液滴入水中。

(3) 加 2/3mol/L H_2SO_4 溶液 0.4ml;10% Na_2WO_4 溶液 0.4ml,混匀,待 5～10 分钟澄清后过滤,收集滤液备用。

2. 血糖的测定　取干燥试管 6 支,编号,按表 3-17-3 操作:

表 3-17-3　吴宪-Folin 法操作表

管号 / 步骤	标准管	测定管				空白管
		注胰岛素		注肾上腺素		
		前	后	前	后	
标准葡萄糖(1ml=0.025mg)(ml)	2.0	—	—	—	—	—
无蛋白血滤液(ml)	—	2.0	2.0	2.0	2.0	—
蒸馏水(ml)	—	—	—	—	—	2.0
碱性铜试剂(ml)	2.0	2.0	2.0	2.0	2.0	2.0
充分摇匀,置沸水浴中准确煮沸 8 分钟,取出切勿摇动,置于冷水浴中冷却。						
磷钼酸试剂(ml)	2.0	2.0	2.0	2.0	2.0	2.0
混匀,放置 3 分钟						
蒸馏水(ml)	3.0	3.0	3.0	3.0	3.0	3.0
将各管混匀后,选择波长 620nm,以空白管校正零点,比色。						

(三) 计算

$$血糖(mg/100ml)=\frac{测定管光密度}{标准管光密度}\times(2\times0.025)\times\frac{100}{0.05}。$$

（四）参考值

人空腹血浆 4.4 ~ 6.7mmol/L。

（五）注意事项

1. 本法所测的血糖，并不完全是真正的葡萄糖，因滤液中尚有其他还原物性质的干扰（约占 10%），故结果偏高。

2. 血糖测定应在取血 2 小时内完成，放置过久，糖量分解，致使糖量降低。

3. 磷钼酸试剂宜储存棕色瓶中，如出现蓝色，表示试剂本身已被还原，不能使用。

4. 碱性铜试剂中如有氧化亚铜沉淀，也不能使用。取碱性铜试剂 1.0ml，加磷钼酸试剂 1.0ml，如蓝色消失，表明此试剂无氧化亚铜，可用。

（六）试剂与器材

1. 碱性铜试剂　称取无水 Na_2CO_3 40g，溶于 100ml 蒸馏水中，溶后加酒石酸 7.5g，若不易溶解可稍加热，冷却后移入 1000ml 的容量瓶中。另取纯结晶 $Cu_2SO_4 \cdot 5H_2O$ 4.5g 溶于蒸馏水中，溶后再将此溶液倾入上述容量瓶中，加蒸馏水至 1000ml 刻度摇匀，放置备用。

2. 磷钼酸试剂　称取钼酸（H_2MoO_4）70g，溶于 10% NaOH 溶液 400ml，其中再加 Na_2WO_4 10g，加蒸馏水至总体积为 800ml，加热煮沸 30 ~ 40 分钟，以除去钼酸中可能存在的氨，冷却后，加 85% 的 H_3PO_4 溶液 250ml，加蒸馏水稀释至 1000ml 刻度，摇匀，储存棕色瓶内保存。

3. 标准葡萄糖液

（1）储存液（1.0ml = 100mg 葡萄糖）：准确称取纯葡萄糖 1.0g，用 0.25% 苯甲酸溶液溶解，倾入 100ml 的容量瓶中，最后加 0.25% 苯甲酸溶液至刻度，摇匀，放置冰箱内保存。

（2）应用液（1.0ml = 0.025mg 葡萄糖）：准确量取上述储存液 0.5ml 移入 200ml 容量瓶中，加入 0.25% 苯甲酸溶液至刻度。

4. 0.25% 苯甲酸溶液　称取苯甲酸 2.5g，加入煮沸的蒸馏水 1000ml 使成饱和溶液，冷却后取上清液备用。

5. 10% Na_2WO_4 溶液。

6. 2/3mol/L H_2SO_4 溶液。

7. 0.2% 草酸钠溶液。

（七）设计型实验

因不慎将两份健康人的血样标签混淆，但已知其中一份为空腹时采集，另　份为饭后半小时采集。请设计生化实验方案加以鉴别。

四、胰岛素和肾上腺素对血糖浓度影响

（一）实验原理

人和动物的血糖浓度受各种激素调节而维持恒定。本实验通过测定家兔注射胰岛素和肾上腺素前后血糖浓度的变化来观察激素对血糖浓度的影响。

（二）实验操作

1. 动物准备　预先禁食16小时的正常家兔2只,记录体重。

2. 取血　从心脏取血,将血液注入抗凝管中(每毫升血约需2mg草酸钠),边注入边摇匀,以防凝固。

3. 注射激素后取血　取血后,其中一兔皮下注射胰岛素,剂量按1.5U/kg体重计算,并记录注射时间。一小时后再取血。取血后立即腹腔或皮下注射25%葡萄糖液10ml,以免家兔发生胰岛素性休克而死亡。另一只家兔皮下注射肾上腺素,剂量按0.4mg/kg体重计算,并记录注射时间。半小时后再取血。

4. 血样采齐后,测定血糖浓度。

5. 比较注射激素前后血糖浓度的变化。

（三）试剂与器材

1. 0.2%草酸钠溶液。
2. 25%葡萄糖液。
3. 1mg/ml肾上腺素溶液。
4. 1.5U/ml胰岛素溶液。

（四）设计型实验

请设计生化实验方案以观察胰高血糖素对血糖水平的调节作用。

【课堂作业】　观察实验结果,书写实验报告。

【复习思考题】

(1) 试述体内血糖的来源与去路。
(2) 简述血糖测定的临床意义。
(3) 调节血糖水平的激素主要有哪些?
(4) 简述胰岛素和肾上腺素对血糖浓度调节的作用机制。
(5) 简述血糖水平的异常。

实验十八　糖酵解中间产物的鉴定

【学习目的要求】

(1) 掌握糖酵解反应过程。
(2) 熟悉碘乙酸对酶的抑制作用
(3) 了解使中间产物堆积的方法对研究中间代谢的意义。

【实验教学内容】

（一）实验原理

利用碘乙酸对糖酵解过程中3-磷酸甘油醛脱氢酶(GAPDH)的抑制作用,使3-磷酸甘油醛不再向前变化而积累。硫酸肼作为稳定剂,用来保护3-磷酸甘油醛不自发分解。然后用2,4-二硝基苯肼与3-磷酸甘油醛在碱性条件下形成2,4-二硝基苯肼-丙糖的棕色复合物,其棕色程度与3-磷酸甘油醛含量成正比(图3-18-1)。

（二）实验操作

1. 肝匀浆的制备　取小白鼠一只,颈椎脱臼处死。剖腹取肝脏,生理盐水洗去血液

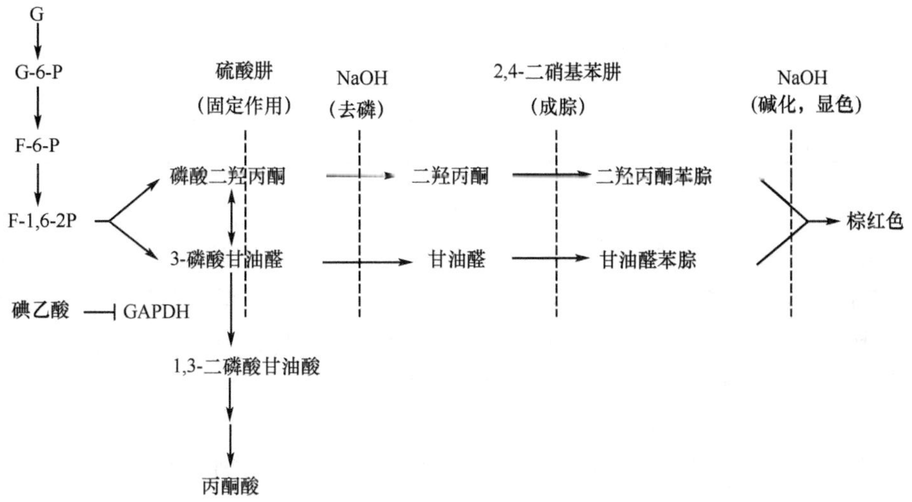

图 3-18-1 碘乙酸对糖酵解 3-磷酸甘油醛脱氢酶的抑制及检测

并用滤纸吸干。取 1.0g 肝脏剪碎，在玻璃匀浆器中加 0.01mol/L pH7.4 缓冲液 5ml，研磨成匀浆。

2. 取试管 3 支，按表 3-18-1 操作：

表 3-18-1 糖酵解中间产物鉴定操作表

管号	1 管	2 管	3 管
Krebs-Ringer 缓冲液(ml)	2	2	2
0.002mol/L 碘乙酸(d)	10	10	—
0.56mol/L 硫酸肼(d)	10	10	—
10% 三氯乙酸(d)	25	—	—
肝匀浆(ml)	1	1	1
摇匀，37℃水浴 50 分钟			
0.002mol/L 碘乙酸(d)	—	—	10
0.56mol/L 硫酸肼(d)	—	—	10
10% 三氯乙酸(d)	—	25	25
摇匀，静置 5 分钟，分别过滤，再取三根新试管			
	1′管	2′管	3′管
滤液(ml)	1	1	1
0.75mol/LNaOH(ml)	0.5	0.5	0.5
摇匀，静置 10 分钟			
2,4-二硝基苯肼(d)	10	10	10
摇匀，37℃水浴 5 分钟			
0.75 mol/LNaOH(ml)	3.5	3.5	3.5

（三）实验结果分析（表 3-18-2）

表 3-18-2 糖酵解中间产物鉴定结果记录表

管号	1′管	2′管	3′管
现象（颜色变化）			

第 1 管中，水浴之前已加有三氯乙酸，可使参与糖酵解酶变性。但三氯乙酸与肝匀浆比例不当，不能使所有的酶变性，糖酵解过程中各种酶有少量活性，故必然有各种中间代谢物的生成，其中包括磷酸二羟丙酮与 3-磷酸甘油醛。由于加有碘乙酸与硫酸肼，故这两种中间代谢物堆积。故本管中有成腙反应，参与成腙反应的磷酸丙糖少量堆积。

第 2 管中，水浴之前未加有三氯乙酸，各种酶处在适宜条件下。但水浴之前加有碘乙酸与硫酸肼，故糖原及磷酸丙糖之前步骤的中间代谢物将在实验过程中进行不完全的糖酵解，使磷酸丙糖堆积。故本管中有成腙反应，参与成腙反应的磷酸丙糖堆积。

第 3 管中，水浴之前未加有三氯乙酸、碘乙酸、硫酸肼，各种酶处在适宜条件下，糖原及各中间代谢物均在实验过程中发生彻底的糖酵解，转变成终产物。故本管无成腙反应。

（四）试剂与器材

1. Krebs-Ringer phosphate（KRP 缓冲液）的配制　130 mmol/L NaCl，5mmol/L KCl，1.27 mmol/L $MgSO_4$，0.95 mmol/L $CaCl_2$，5 mmol/L glucose，10 mmol/L NaH_2PO_4/Na_2HPO_4，pH 7.4。配制方法：

A 液：称取 NaCl 7.5985g；KCl 0.3727g；$CaCl_2$ 0.1054g；glucose-H_2O 0.9495g；加 ddH_2O 100ml 溶解。

B 液：称取 NaH_2PO_4-$2H_2O$ 0.2964g；Na_2HPO_4-$12H_2O$ 2.9011g；加 100ml ddH_2O 溶解后加入 $MgSO_4$-$7H_2O$ 0.3130g，充分溶解。

将 A、B 混合，用 ddH_2O 将体积调节至 990ml 左右，用 1mol/L NaOH 或 1mol/L HCl 调节 pH 至 7.2～7.4，定容至 1000ml。

2. 2,4-二硝基苯肼　称取 0.1g 2,4-二硝基苯肼溶于 2.0mol/L 盐酸 100ml 溶液中，储于棕色瓶中备用。

3. 0.56mol/L 硫酸肼溶液　称取 7.28g 硫酸肼溶于 50ml 水中，这时不会全部溶解，当加入 NaOH 使 pH 达 7.4 时则完全溶解。

4. 10% 三氯乙酸溶液。

5. 0.75mol/LNaOH 溶液。

6. 0.002mol/L 碘乙酸溶液。

7. 器材　玻璃匀浆器；烧杯（50ml）；剪刀及镊子；小天平；15×15mm 试管及试管架；刻度吸管（1ml、2ml、5ml）；恒温水浴。

（五）示范操作

1. 刻度吸管的使用。

2. 玻璃匀浆器的使用。

（六）设计型实验

请设计一个实验方案来鉴定三羧酸循环过程中的中间产物。

【课堂作业】 观察实验结果,书写实验报告。

【复习思考题】

(1) 影响本次实验的因素有哪些?

(2) 怎样才能克服影响实验结果的因素?

实验十九　血清胆固醇总量的测定

【学习目的要求】

(1) 掌握血清胆固醇总量测定的实验原理。

(2) 熟悉血清胆固醇总量测定的实验操作。

(3) 了解血清胆固醇总量测定的临床意义。

【实验教学内容】

(1) 血清胆固醇总量的测定(硫磷铁法)。

(2) 血清胆固醇总量的测定(胆固醇氧化酶法)。

一、血清胆固醇总量的测定(硫磷铁法)

(一) 实验原理

用无水乙醇提取血清中胆固醇的同时沉淀蛋白质。在提取液中加入硫磷铁显色剂,胆固醇与浓硫酸及三价铁作用,生成较稳定的紫红色化合物,与同样处理过的标准液进行比色,求得其含量。

(二) 实验操作

1. 准确吸取血清0.2ml,放入一中号干燥试管中,再对准血清吹入无水乙醇4.8ml,使蛋白质分散成很细小的沉淀。用力振摇10s,放置5分钟,再次摇匀沉淀过滤。滤液为抽提滤液。

2. 取中号干燥试管3支,分别标明空白、标准、测定,按表3-19-1操作:

表3-19-1　血清胆固醇总量测定(硫磷铁法)操作表

试剂(ml) \ 试管	空白	标准	测定
抽提滤液	—	—	2.0
胆固醇标准应用液(1.0ml ≈0.04mg)	—	2.0	—
无水乙醇	3.0	1.0	1.0
硫磷铁显色剂(沿管壁缓慢加入)	3.0	3.0	3.0

3. 立即振摇15~20次,置室温下冷却15分钟,然后选用550nm波长,以空白管调零点,测定各管吸光度。

(三) 计算

$$\frac{\text{测定管吸光度}}{\text{标准管吸光度}}\times(0.04\times2)\times\frac{100}{0.08}=\text{血清胆固醇 mg/100ml}$$

正常值(人血清):197± 36mg/100ml(mg/100ml 换算为 mmol/L 的系数为0.0258)

（四）临床意义

用本法测定人血清总胆固醇的正常范围（161～223）mg/100ml。家族性高胆固醇血症、糖尿病、肾病综合征、甲状腺功能减退（黏液性水肿）、胆道阻塞、妊娠时增高。甲状腺功能亢进、长期营养不良时可降低。

（五）注意事项

1. 这个反应的本质还不十分清楚，还不能用具体反应式来表示，但有人提出这个反应包括脱水、去氢缩合和磺酸化等步骤，最终产物是二聚体的磺酸化物，故在显色剂中浓硫酸起着重要作用，脱水、去氢、磺酸化均与浓硫酸有关。硫酸的质量对呈色影响很大，这不难用上述反应机制来解释。此外，某些金属离子如 Fe^{2+}，Al^{3+} 等可加速此反应。

2. 温度对呈色有影响。当室温低于10℃时，显色前应将乙醇提取液置37℃水浴中，预温数分钟。

3. 因为胆固醇的呈色反应受水分影响很大，所用容器及试剂均不得含水，试剂保存及操作过程中要防止水分混入，以免影响呈色反应。为使标准管和测定管条件一致，故向每100ml 标准应用液中加水 4.0ml。

4. 为使充分显色及呈色一致，混合方法和时间要相对固定，以旋转或振摇混匀为宜，时间以 10～15s 为好。

5. 胆固醇含量过高时，应先将血清以生理盐水稀释后再行操作，其结果乘以稀释倍数。

（六）试剂与器材

1. 胆固醇标准储存液（1.0ml = 1.0mg） 精确称取干燥重结晶胆固醇 100mg，溶于无水乙醇内（因不易溶解，可稍加温助溶），然后移入 100ml 容量瓶中，加无水乙醇至刻度，储于棕色瓶中，密塞瓶口置4℃冰箱中。配置应用液时，应将其预先恢复至室温。

2. 胆固醇标准应用液（1.0ml ≈ 0.04mg） 取上述储存液 4ml 于 100ml 容量瓶中，加蒸馏水 4.0ml，加无水乙醇至刻度，储于棕色瓶内置冰箱保存，使用时应将其预先恢复至室温。

3. 铁储存液 称取三氯化铁（$FeCl_3 \cdot 6H_2O$）2.5g 溶于 87% 浓磷酸溶液内并加至100ml。储于棕色瓶中，此液在室温可长期保存。

4. 硫磷铁显色剂 取铁储存液 8ml，加浓硫酸至 100ml。此液在室温可保存 6～8 周。

5. 浓硫酸（AR）。

6. 无水乙醇（AR）。

7. 器材 水浴锅；分光光度计；刻度吸管；试管等。

二、血清胆固醇总量的测定（胆固醇氧化酶法）

（一）实验原理

血清中总胆固醇（total cholesterol，TC）包括游离胆固醇（free cholesterol，FC）和胆固醇酯（cholesterol ester，CE）两部分。血清中胆固醇酯可被胆固醇酯酶水解为游离胆固醇和游离脂肪酸（FFA），胆固醇在胆固醇氧化酶的氧化作用下生成 Δ4-胆甾烯酮和过氧化氢，H_2O_2 在 4-氨基安替比林和酚存在时，经过氧化物酶催化，反应生成苯醌亚胺非那腙的红色醌类化合物，其颜色深浅与标本中 TC 含量成正比。

（二）实验操作

终点法检测 TC 按表 3-19-2 依次加样：

表 3-19-2　血清胆固醇总量的测定（胆固醇氧化酶法）操作表

加入物	空白管	标准管	测定管
血清（μl）	—	—	10
标准液或定值血清（μl）	—	10	—
蒸馏水（μl）	10	—	—
酶试剂（μl）	1000	1000	1000

混匀后，37℃保温 5 分钟，用分光光度计比色，于 500nm 波长处以空白管调零，读出各管吸光度。

（三）计算

$$血清\ TC(mmol/L)=\frac{测定管吸光度}{标准管吸光度}\times 胆固醇标准液浓度$$

参考范围：血清参考值：3.0 ~ 5.20mmol/L；危险阈值：5.20 ~ 6.20mmol/L；高胆固醇血症：≥6.20mmol/L

（四）注意事项

1. 试剂中酶的质量影响测定结果。
2. 若需检测游离胆固醇浓度，将酶试剂成分中去掉胆固醇酯酶即可。
3. 检测标本可为血清或者血浆（以肝素或 EDTA-2K 抗凝）。
4. 本方法特异性好，灵敏度高，既可用于手工操作，也可自动化分析，既可作终点法检测，也可作速率法检测。在终点法中血红蛋白高于 2.0g/L 时引起正干扰；胆红素高于 0.1g/L 时有明显负干扰；血中维生素 C 与甲基多巴浓度高于治疗水平时，会使结果降低。但是在速率法中上述干扰物质影响较小。高 TG 血症对本法无明显影响。
5. 检测 TC 的血清（浆）标本密闭保存时，在 4℃可稳定 1 周，-20℃可稳定半年以上。

（五）试剂与器材

1. 胆固醇液体酶试剂组成（具体含量见相关文献）

GOOD 缓冲液（pH6.7）	50mmol/L
胆固醇酯酶	≥200U/L
胆固醇氧化酶	≥100U/L
过氧化物酶	≥3000U/L
4-AAP	0.3mmol/L
苯酚	5.0mmol/L

2. 胆固醇标准溶液 5.17mmol/L（200mg/dl）　精确称取胆固醇 200mg，用异丙醇配成 100ml 溶液，分装后，4℃保存，临用取出。也可用定值的参考血清作标准。

3. 器材　水浴锅；分光光度计；刻度吸管；试管等。

(六) 设计型实验

请设计一生化实验方案以对甲亢和糖尿病人血样进行初步鉴别诊断。

【课堂作业】 观察实验结果,书写实验报告。

【复习思考题】

(1) 简述体内胆固醇合成的部位、原料及其基本合成过程。

(2) 简述体内胆固醇的主要代谢去路。

(3) 为何甲状腺功能亢进患者血清胆固醇含量会下降?

实验二十 血清尿素氮测定

【学习目的要求】

(1) 掌握血清尿素测定的实验原理。

(2) 熟悉血清尿素测定的实验操作。

(3) 了解血清尿素测定的临床意义。

【实验教学内容】

(1) 血清尿素的测定(二乙酰一肟法)。

(2) 血清尿素的测定(酶偶联速率法)。

一、血清尿素的测定(二乙酰一肟法)

(一) 实验原理

在强酸并加热的条件下,血清(或血浆)中的尿素与二乙酰作用,生成粉红色的二嗪化合物,其颜色的深浅在一定范围内与尿素含量成正比。与同样处理的尿素标准溶液比较,即可求得尿素含量。由于二乙酰很不稳定,故用二乙酰一肟代替,后者可酸解成二乙酰,其反应式如下:

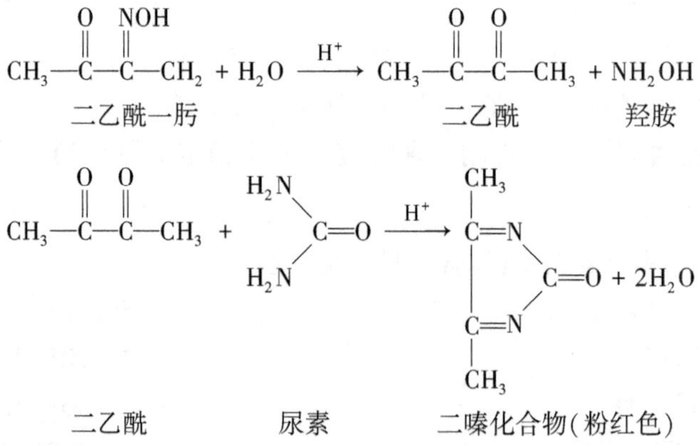

试剂中加入三价铁或二价镉离子(Fe^{3+},Cd^{2+})及硫氨脲,可提高反应的灵敏度、线性和显色的稳定性。其中 Fe^{3+} 和 Cd^{2+} 还可促使羟胺氧化,消除其干扰。

本法简单、灵敏,产生的颜色稳定,可直接用血清或血浆测定,不必先除去血浆蛋白质。

(二) 实验操作

取试管 3 支,按表 3-20-1 操作:

表 3-20-1　血清尿素的测定(二乙酰一肟法)操作表

加入物(ml)	空白管	标准管	测定管
酸性试剂	5.0	5.0	5.0
蒸馏水	0.2	—	—
尿素标准液(0.7mmol/L)		0.2	—
血清(浆)	—	—	0.2
二乙酰一肟	0.5	0.5	0.5

各管混匀后,置沸水浴中 12 分钟。取出置冷水浴中冷却 5 分钟后,用波长 540nm,以空白管调零进行比色,读取测定管和标准管吸光度。

(三) 计算

$$\text{血清(浆)尿素(mmol/L)}=\frac{\text{测定管吸光度}}{\text{标准管吸光度}}\times 7.0\times 0.2\times\frac{1}{0.2}$$

(四) 临床意义

血清(浆)尿素正常参考范围为 1.8 ~ 6.8mmol/L(5 ~ 19mg/dl),其临床意义与血中 NPN 测定相同。

(五) 注意事项

1. 本法的线性范围在 14.3mmol/L(40mg/dl)内,如高于此浓度的标本,必须用 0.9% NaCl 溶液作适当的稀释后测定,将结果乘以稀释倍数。

2. 本法加入镉离子(或铁离子),虽有稳定显色作用,但仍有轻度褪色现象(褪色的相对误差一般为每小时约 5%),故加热显色经冷却后应及时(30 分钟)比色。

3. 本法用于尿液尿素测定时,将尿液用 0.9% NaCl 溶液作 1∶50 ~1∶200 倍稀释后,按本法操作,计算结果时乘以稀释倍数。正常参考范围为 321 ~ 500mmol/24h(9 ~ 14g/24h)。

(六) 试剂与器材

1. 酸性试剂　在蒸馏水约 100ml 中,缓慢加入浓硫酸 44ml 及 85% 浓磷酸溶液 66ml。冷至室温后,加入硫氨脲 50mg 及硫酸镉($3CdSO_4 \cdot 8H_2O$)2.0g,溶解后转入 1000ml 容量瓶,用蒸馏水稀释至刻度,置棕色瓶中,冰箱保存半年不变。

2. 2% 乙酰一肟溶液　称取二乙酰一肟 20.0g,加蒸馏水约 900ml,溶解后再用蒸馏水稀释至 1000ml。置棕色瓶中,冰箱保存半年不变。

3. 尿素标准液(0.7mmol/L)　精确称取干燥纯尿素 42.0mg,加少量蒸馏水溶解后,转移入 1000ml 容量瓶中。加 6 滴氯仿作防腐剂,再用蒸馏水稀释至刻度。置冰箱可保存数月。

4. 器材　722 分光光度计;试管;吸管;试管架和水浴锅等。

二、血清尿素的测定(酶偶联速率法)

(一) 实验原理

尿素经脲酶催化水解生成 2 分子氨及 1 分子二氧化碳,在谷氨酸脱氢酶催化下,氨

与 α-酮戊二酸和 NADH 作用生成谷氨酸和 NAD^+。NADH 在 340nm 波长处有吸收峰，其吸光度下降的速率与待测样品中尿素的含量成正比。其反应式如下：

$$尿素+H_2O \xrightarrow{脲酶} 2NH_3 + CO_2$$

$$NH_3+\alpha\text{-酮戊二酸}+NADH + H^+ \xrightarrow{GLDH} 谷氨酸+NAD^+ + H_2O$$

（二）实验操作

按表 3-20-2 操作：

表 3-20-2　血清尿素测定(酶偶联速率法)操作表

加入物(ml)	空白管	标准管	测定管
血清	—	—	0.015
尿素标准应用液	—	0.015	—
无氨去离子水	0.015	—	—
酶试剂	1.5	1.5	1.5

混匀后立即在附有恒温装置的分光光度计上监测吸光度变化(ΔA/min)。

测定参数：温度 37℃，波长 340nm，平衡时间 30s，读数时间 30s，样品：反应总体积 1：101。本法适用于各种类型的自动生化分析仪，测定参数可参照仪器和试剂盒说明书。

（三）计算

$$尿素(mmol/L)=\frac{测定\ \Delta A/min-空白\ \Delta A/min}{标准\ \Delta A/min-空白\ \Delta A/min}\times 5$$

参考范围：1.78 ～7.14mmol/L

（四）注意事项

1. 在波长 340nm 以蒸馏水作为对照，试剂空白的吸光度应大于 1.00*A*，试剂浑浊或吸光度低于 1.00*A* 的应放弃使用。

2. 测定过程中，各种器材和去离子水均应无氨离子污染，防止交叉污染，否则结果偏高。

3. 血液标本最好用血清，含 NaF 的血浆可导致结果偏低。

4. 在内源性氨正常时，本法能用于测定尿中的尿素，因为在反应的最初几秒钟内内源性氨会很快被耗尽，随后在波长 340nm 测定的是由脲酶催化尿素反应生成的氨所引起的吸光度。

（五）试剂与器材

1. 酶试剂　试剂成分和在反应液中的参考浓度如下：

pH8.0 Tris-琥珀酸缓冲液	150mol/L
脲酶溶液	8000U/L
谷氨酸脱氢酶溶液(GLDH)	700U/L
NADH 溶液	0.3mmol/L
α-酮戊二酸溶液	15mmol/L
ADP	1.5mmol/L

目前较多采用双试剂法,脲酶和 NADH 单独分装可延长保存期限,各试剂公司采用不同方法,使试剂有效期有所不同。

2. 尿素标准(100mmol/L)储存液 精确称取于 60~65℃干燥恒重的尿素 0.6g,溶解于无氨去离子水,并定容至 100ml,加 0.1g 叠氮钠防腐,4℃可保存半年。

3. 尿素标准应用液(5.0mmol/L) 取 5.0ml 上述储存液用无氨去离子水稀释至 100ml。

4. 器材 全自动生化分析仪;刻度吸管;试管等。

【课堂作业】 观察实验结果,书写实验报告。

【复习思考题】

(1) 影响本次实验结果的因素有哪些?

(2) 测定尿素的临床意义有哪些?

(3) 简述人体内尿素的主要来源与排泄方式。

实验二十一 酮体的生成与利用

【学习目的要求】

(1) 了解酮体的生成部位。

(2) 掌握测定酮体生成与利用的方法。

【实验教学内容】

(1) 亚硝基铁氰化钠显色法。

(2) 碘氧化法。

一、亚硝基铁氰化钠显色法

(一) 实验原理

在肝脏线粒体中,脂肪酸经 β 氧化生成的过量乙酰辅酶 A 缩合成酮体。酮体包括乙酰乙酸、β-羟丁酸和丙酮三种化合物。肝脏不能利用酮体,只有在肝外组织,尤其是心脏和骨骼肌中,酮体可以转变为乙酰辅酶 A 而被氧化利用。

本实验以丁酸为基质,与肝匀浆(含有酮体生成的酶系)一起保温即有酮体生成。酮体可与含亚硝基铁氰化钠的显色粉反应,生成紫红色的化合物。然而,经过同样处理的肌肉匀浆,则不产生酮体,因此与显色粉混合不产生显色反应,另外,当在有肝脏和肌肉组织共存的情况下,再测定酮体的生成,借此观察比较显色反应颜色的变化及其深浅来帮助我们理解酮体的生成和利用。

(二) 实验操作

1. 肝匀浆和肌匀浆的制备 将兔致死,取出肝脏,用 0.9% NaCl 溶液洗去污血,放滤纸上,吸去表面的水分,称取肝组织 5.0g 置研钵中,加少许 0.9% NaCl 溶液至总体积为 10ml,制成肝组织匀浆;另外再取后腿肌肉 5.0g,按上述方法和比例,制成肌组织匀浆,或用玻璃匀浆器研磨。

2. 取试管五支,编号后按表 3-21-1,加入各种试剂。

表 3-21-1 亚硝基铁氰化钠显色法操作表

编号	1	2	3	4	5
洛克溶液(滴)	15	15	15	15	15
0.5mol/L 丁酸溶液(滴)	30	—	30	30	30
0.1mol/L 磷酸缓冲液(滴)	15	15	15	15	15
肝匀浆(滴)	20	20	—	—	10
肌匀浆(滴)	—	—	—	20	10
蒸馏水(滴)	—	30	20	—	—

3. 将上列五支试管摇匀后,放置于43℃恒温水浴箱中保温40分钟。

4. 取出各管,各加入15%三氯乙酸溶液20滴,摇匀混合,离心5分钟(3 000转/分)。

5. 分别吸取上述各管上清液置于有凹白瓷反应板上,每凹加入显色粉一小匙,观察所产生的颜色反应,记录下各凹中的颜色变化,并说明原因。

(三) 试剂与器材

1. 器材　试管;胶头滴管;玻璃匀浆器;台式低速离心机;有凹白瓷反应板。

2. 0.9% NaCl 溶液。

3. 洛克溶液　NaCl 0.9g, KCl 0.042g, $CaCl_2$ 0.024g, $NaHCO_3$ 0.02g, 葡萄糖 0.1g, 混合后加水溶解,定容至100ml。

4. 15%三氯乙酸溶液。

5. 0.5mol/L 丁酸溶液　取44.0g丁酸溶于0.1mol/L NaOH中,定容至1.0L。

6. 0.1mol/L 磷酸盐缓冲液(pH 7.6)　准确称取 $Na_2HPO_4 \cdot 2H_2O$ 7.74g 和 $NaH_2PO_4 \cdot H_2O$ 0.897g,用蒸馏水稀释至500ml,精确测定pH。

7. 显色粉　亚硝基铁氰化钠1.0g,无水 Na_2CO_3 30g, $(NH_4)_2SO_4$ 50g,混合后研碎。

二、碘氧化法

(一) 实验原理

本实验以丁酸为基质,与肝匀浆(含有酮体生成的酶系)一起保温,然后测定肝匀浆液中酮体的生成量。另外,在肝脏和肌肉组织共存的情况下,再测定酮体的生成量。在这两种不同条件下,由酮体含量的差别我们可以理解以上的理论。本实验主要测定的是丙酮的含量。

酮体测定的原理:在碱性溶液中碘可将丙酮氧化成为碘仿。以硫代硫酸钠滴定剩余的碘,可以计算所消耗的碘,由此也就可以计算出酮体(以丙酮为代表)的含量。反应式如下:

$$CH_3COCH_3+3I_2+4NaOH \longrightarrow CHI_3+CH_3COONa+3NaI+3H_2O$$

$$I_2+2Na_2S_2O_3 \longrightarrow Na_2S_4O_6+2NaI$$

(二) 实验操作

1. 标本的制备　同亚硝基铁氰化钠显色法中肝匀浆和肌匀浆的制备。

2. 保温和沉淀蛋白质　取试管3只,编号,按表3-21-2操作:

表 3-21-2 保温和沉淀蛋白质操作表

试剂 \ 编号	A	B	C
肝组织匀浆	—	2.0 ml	2.0 ml
预先煮沸的肝组织匀浆	2.0 ml	—	—
pH7.6 的磷酸盐缓冲液	4.0 ml	4.0 ml	4.0 ml
正丁酸	2.0 ml	2.0 ml	2.0 ml
43℃水浴保温 60 分钟			
肌组织匀浆	—	4.0 ml	—
预先煮沸的肌组织匀浆	4.0 ml	—	4.0 ml
43℃水浴保温 60 分钟			
15% 三氯乙酸溶液	3.0 ml	3.0 ml	3.0 ml

摇匀后，用滤纸过滤，将滤液分别收集在 3 支试管中，为无蛋白滤液。

3. 酮体的测定　取锥形瓶 3 只，按表 3-21-3 述编号顺序操作。

表 3-21-3 酮体测定操作表

试剂 \ 编号	1	2	3
无蛋白滤液	5.0 ml	5.0 ml	5.0 ml
0.1mol/L I_2-KI 溶液	3.0 ml	3.0 ml	3.0 ml
10% NaOH 溶液	3.0 ml	3.0 ml	3.0 ml

摇匀，静置 10 分钟，向各管中加入 10% HCl 溶液 3.0ml，加 1% 淀粉液 1 滴呈蓝色，分别用 0.02mol/L $Na_2S_2O_3$ 溶液滴定至溶液呈亮绿色为止。

（三）实验结果与计算

肝脏生成的酮体量(mmol/g)= （C−A）× $Na_2S_2O_3$的摩尔数×1/6

肌肉利用的酮体量(mmol/g)= （C−B）× $Na_2S_2O_3$的摩尔数×1/6

A. 滴定样品 1 消耗的 $Na_2S_2O_3$毫升数。

B. 滴定样品 2 消耗的 $Na_2S_2O_3$毫升数。

C. 滴定样品 3 消耗的 $Na_2S_2O_3$毫升数。

（四）临床意义

严重饥饿或未经治疗的糖尿病人体内可产生大量的乙酰乙酸。其原因是饥饿状态和胰岛素水平过低都会耗尽体内糖的储存。肝外组织不能从血液中获取充分的葡萄糖，为了获取能量，肝中的糖异生作用就会加速，肝和肌肉的脂肪酸氧化也同样加速，并动员蛋白质的分解。脂肪酸氧化加速产生出大量的乙酰辅酶 A，糖异生作用使草酰乙酸供应耗尽，而后者又是乙酰辅酶 A 进入三羧酸循环所必需的，在此种情况下，乙酰辅酶 A 不能正常进入三羧酸循环，而转向生成酮体的方向。这时，①血液中出现大量丙酮，它是有毒的。丙酮有挥发性和特殊气味，常可从患者的气息嗅到，可借此对疾患做出诊断。②血液中出现的乙酰乙酸和 β 羟丁酸，使血液 pH 降低，以致发生“酸中毒”，另外尿中酮体显著增高，这种情况称为“酮病”如下面附表所示，上述的血液或尿中的酮体过高都可以导致昏迷，有时甚至死亡(表 3-21-4)。

表 3-21-4 糖尿的酮病中酮体的累积

	尿排泄量 mg/24h	血中浓度 mg/100ml
正常	≤125	<3
严重酮病(未治疗的糖尿病)	5000	90

(五) 试剂与器材

1. 实验器材　试管；移液管；玻璃匀浆器；锥形瓶；滴定管。
2. 0.1% 淀粉液。
3. 0.9% NaCl 溶液。
4. 15% 三氯乙酸溶液。
5. 10% NaOH 溶液。
6. 10% HCl 溶液。
7. 0.5mol/L 丁酸溶液　取 5ml 丁酸溶于 100ml 0.5mol/L NaOH 溶液中。
8. 0.1mol/L 碘液　I_2 12.5g 和 KI 25g 加水溶解，稀释至刻度 1.0L，用 0.1mol/L $Na_2S_2O_3$ 溶液标定。
9. 0.02mol/L $Na_2S_2O_3$ 溶液　24.82g $Na_2S_2O_3 \cdot 5H_2O$ 和 400mg 无水 Na_2CO_3 溶于 1.0L 刚煮沸的水中，配成 0.1mol/L 溶液，用 0.1mol/L KIO_3 溶液标定。临用时将标定 $Na_2S_2O_3$ 溶液稀释成 0.02mol/L。

(六) 示范操作

玻璃匀浆器的使用，台式低速离心机的使用。

【课堂作业】 观察实验结果，书写实验报告。

【复习思考题】 为什么只有在肝外组织，酮体才可以被氧化利用？

实验二十二　血清(浆)过氧化脂质测定

【学习目的要求】

(1) 掌握硫代巴比妥酸比色法测血清过氧化脂质的原理。

(2) 熟悉测定过氧化脂质的临床意义。

(3) 了解紫外分光法和荧光法测过氧化脂质的原理。

【实验教学内容】

(1) 硫代巴比妥酸比色法。

(2) 紫外分光测定法。

(3) 荧光测定法。

一、硫代巴比妥酸比色法

(一) 实验原理

过氧化脂质(lipid peroxide acid, LPO)主要是体内生物膜及血浆脂蛋白所含磷脂的 C-2

位上不饱和脂肪酸在 OH · 的攻击下，发生脂质过氧化反应所生成的过氧化物。其在体内代谢的终产物主要是丙二醛(melondialdehyde, MDA)。MDA 的含量可间接代表 LPO 的多少。

血清的钨酸蛋白沉淀物在酸性条件下加热分解出 MDA，一分子 MDA 与两分子硫代巴比妥酸(thiobarbituric acid, TBA)缩合成红色化合物(TBA 色素)，其吸收峰在 535nm 左右。

反应式如下：

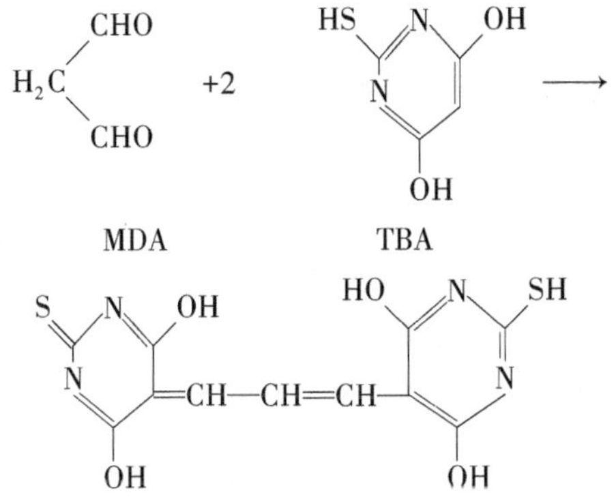

红色产物

经与同样处理的标准液比色，即可计算出血清中 MDA 的含量。

(二) 实验操作

取大试管 3 支，分别标明空白、标准和测定管，按表 3-22-1 操作：

表 3-22-1　硫代巴比妥酸比色法操作表

试剂(ml)	测定管	标准管	空白管
血清	0.3	—	—
1/24mol/L 硫酸溶液	2.4(加后混匀)	—	—
10% Na_2WO_4	0.3	—	—
充分混匀，放置 10 分钟后，以 3000r/min 离心 10 分钟，倾去上清液，将试管倒置在滤纸上除去水分。用沉淀继续下面操作：			
TEP 应用液	—	0.3	—
dH_2O	0.5(玻棒搅匀)	0.5	0.8
0.05mol/L HCl 溶液	3.0(边加边摇)	3.0	3.0
1.0% TBA	1.0	1.0	1.0

各管混匀，加盖并用橡皮筋固定，置沸水浴中 60 分钟，取出冷至室温后，以 3 500r/min 离心 10 分钟，以空白管调零点，取上清液以 535nm 波长测定各管吸光度(A)值。

(三) 计算

计算公式：$\text{MDA(nmol/ml)}=\frac{A_{测}}{A_{标}}\times 10$

(四) 参考值

血清过氧化脂质参考值为 9.36±2.84nmol/ml。

(注:各实验室测定值相差较大,该值为陈顺志等用本法的测定值,供参考)

(五) 临床意义

健康人血清中 LPO 水平随年龄增长而升高(70 岁以后反而下降),无性别差异。研究表明,MDA 可与体内含—NH_2 的生物分子(主要是蛋白质)交联而影响组织细胞的功能。LPO 与细胞的衰老及多种疾病有关,如动脉粥样硬化、冠心病、血栓性疾病,肺气肿、白内障、糖尿病、肝胆疾病、妊娠中毒症等疾病时,血清 LPO 水平常明显升高。目前,LPO 已成为一项新的生化指标,受到国内外医学各学科的共同关注。

(六) 注意事项

1. 每加入一种试剂后务必充分混匀。

2. 反应生成的红色产物在 2 小时内稳定。反应后溶液呈淡红色,日光照射后呈黄色。故应避免日光直接照射,并及时测定和记录结果。

3. 溶血标本不能用作测定。

(七) 试剂与器材

1. TEP 标准储存液(10μmol/ml) 取 1,1,3,3-四乙氧基丙烷(1,1,3,3-tetraetlhoxypropane,TEP)110mg(97% 以上,E. Merck)加甲醇到 50ml。

2. TEP 标准应用液(10nmol/ml) 取 TEP 储存液 0. 1ml,加甲醇到 100ml。

3. 1% TBA 溶液 称取 TBA(C. P)1g,加 dH_2O 溶解,50℃ 水浴助溶后,加 dH_2O 至 100ml。

4. 1/24mol/L H_2SO_4 溶液。

5. 10% Na_2WO_4 溶液。

6. 0. 05mol/L HCl 溶液。

二、紫外分光测定法

(一) 实验原理

不饱和脂肪酸在发生过氧化过程中必须经历双键重排而产生共轭二烯(conjugated dienes)结构,共轭二烯结构具有紫外吸收特性,其最大紫外吸收峰为 233nm,血浆中的脂质过氧化物(LPO)可用正庚烷抽提出来,测定 233nm 波长处的紫外吸光度值可代表直浆中 LPO 的含量。

(二) 实验操作

1. 标本 取清晨空腹静脉血,以 EDTA 抗凝并抑制脂质的自发氧化(EDTA 用量为 1mg/ml 全血)。离心分离出血浆。

2. 抽提 取大试管 2 支,测定管加血浆 0. 2ml。两管各加正庚烷-异丙醇 1 ∶ 1(*V/V*)混合液 4ml,用玻璃纸整紧管口,剧烈振摇 5 分钟后静置 3 分钟。

3. 再抽提 向两管中分别加入 2mol/L 之 HCl 溶液 1. 0ml 和正庚烷 2. 0ml,再次剧烈振摇 3 分钟。置 4℃ 冰箱中 30 分钟,待其自然分相。

4. 测吸光度 用滴管小心吸取上层正庚烷相,以空白管调零点,在紫外分光光度计上测定 233nm 波长处的吸光度值(A_{233})。

（三）计算

$$血浆 LPO 含量(A_{233}/ml 血浆)=\frac{A_{233}\times4}{0.2}=A_{233}\times20$$

参考值：A_{233} 随年龄增长而趋于升高。

31～50 岁　　1.25±0.37($\bar{x}\pm s$)

51～60 岁　　1.51±0.31($\bar{x}\pm s$)

（四）临床意义

冠心病组 2.52±0.68，明显高于同年龄组之正常人。此测定比传统使用的血浆总脂和血浆总胆固醇两指标的增高更为普遍和明显，是诊断冠心病和动脉粥样硬化的重要生化指标。

（五）试剂与器材

1. EDTA。
2. 正庚烷。
3. 异丙醇。
4. 2.0mol/L HCl 溶液。
5. 器材　滴管；紫外分光光度计；离心机；试管；吸管等。

三、荧光法测定

（一）实验原理

丙二醛（MDA）是不饱和脂肪酸过氧化的产物之一。MDA 与硫代巴比妥酸（TBA）在酸性环境中共热可生成粉红色复合物，为荧光物质，可被正丁醇提取出来，复合物的生成量与荧光强度成正比，可用荧光分光光度计测定。MDA-TBA 复合物在波长 515nm 光的激发可产生 553nm 的荧光。脂质过氧化物的含量以 MDA 的 nmol/ml 表示。

（二）实验操作

1. 取血浆 50μl（或血清 20μl），加 1/12mol/L 硫酸溶液 4ml、10% 磷钨酸溶液 0.5ml，室温下静置 5 分钟，离心（2000r/min，10 分钟），倾净上清液。

2. 沉淀中加入 1/12mol/L 硫酸溶液 2ml、10% 磷钨酸溶液 0.3ml，摇匀，离心（2000r/min，10 分钟）。

3. 沉淀中加双蒸水 4ml，0.67% TBA 冰乙酸溶液（0.67% TBA 水溶液与冰乙酸等体积混合而成）1ml，摇匀。

4. 试管加塞，于 95℃ 油浴中加热 1 小时。

5. 急冷至室温，加入正丁醇 5ml，充分振摇 2 分钟，离心（3500r/min，15 分钟）。

6. 取上层液在荧光分光光度计（日立型、MPF-4 型、850 型等）上测荧光值（f）。

另取标准品 1，1，3，3-四甲氧基丙烷（配成 0.5nmol/L 浓度）作标准管，此外以双蒸水代替血浆或血清作空白管，按上述 3～6 步骤操作，标准管测得的荧光值为 F。

（三）计算

$$血浆脂质过氧化物(MDAnmol/ml)=\frac{f-空白值}{F-空白值}\times\frac{1.0}{0.05}$$

$$血清脂质过氧化物(MDAnmol/ml)=\frac{f-空白值}{F-空白值}\times\frac{1.0}{0.02}$$

【课堂作业】 观察实验结果,书写实验报告。

【复习思考题】

(1) 测定血清过氧化脂质的方法有几种?

(2) 简述测定过氧化脂质的临床意义。

第四篇　分子生物学实验

实验一　酵母 RNA 的提取与成分鉴定

【学习目的要求】

（1）掌握酵母 RNA 提取与鉴定的实验原理。

（2）熟悉 RNA 提取与鉴定的实验操作过程。

（3）熟悉离心机的使用方法。

【实验教学内容】

（一）实验原理

酵母富含核酸，其中主要为 RNA（约占干重的 3%～10%），DNA 较少（占干重的 0.5%以下），因此酵母是制备 RNA 的良好原料。本实验采用浓盐法提取 RNA，用 10% NaCl 溶液使 RNA 核蛋白中的 RNA 解聚，并溶于盐溶液中，离心去除菌体残渣及变性蛋白质后，调节溶液的 pH 至 RNA 的等电点，RNA 即沉淀析出。

浓盐法提取的 RNA 为变性及部分降解的 RNA。工业上可将其进一步水解以制备各种核苷酸、核苷和碱基等。

RNA 的各种成分以下列反应鉴定：

（1）磷酸：能与钼酸作用生成磷钼酸，后者在还原剂作用下还原成蓝色的钼蓝。

（2）核糖：能与酸共热生成糠醛，后者与苔黑酚反应生成绿色化合物。

（3）嘌呤碱：与硝酸银产生白色的嘌呤银化合物沉淀。

（二）实验操作

1. 酵母 RNA 的提取

（1）干酵母 0.3g 碾碎后置于离心管内，加入 10% NaCl 溶液 5.0ml，混匀后置沸水浴，加热 10 分钟。

（2）取出离心管，流水淬冷后 3000r/min，离心 10 分钟。

（3）上清液倾入另一离心管中，逐滴加入 6.0mol/L HCl 溶液，边加边搅拌，随着 pH 下降，RNA 逐渐析出，调 pH 至 2.0～2.5 接近 RNA 等电点时，沉淀最多。静置几分钟后，转速 3000r/min，离心 10 分钟，收集沉淀即酵母 RNA。可用少量乙醚洗涤沉淀以除去脂质和色素等杂质，提高 RNA 的纯度。

2. RNA 的水解　在上述 RNA 沉淀中加入 10% 硫酸溶液 5.0ml 搅匀，沸水浴中加热 5 分钟，使 RNA 水解，得到 RNA 水解液。

3. RNA 成分的鉴定

（1）磷酸的鉴定　取试管一支，加入 RNA 水解液 10 滴，再加钼酸铵试剂 10 滴和 4% 维生素 C 6 滴，摇匀，沸水浴中加热，观察有何颜色变化。

(2) 核糖的鉴定:取试管一支,加入 RNA 水解液 10 滴,再加 Fe^{3+}-HCl 试剂 20 滴和 5% 苔黑酚溶液 2 滴,混匀,沸水浴中加热 2 ~3 分钟,观察颜色变化。

(3) 嘌呤碱的鉴定:取试管一支,加入 0.1mol/L 硝酸银 10 滴,再逐渐加入 1.0mol/L 氨水至沉淀消失,然后加 RNA 水解液 10 滴,静置片刻,观察有无白色嘌呤银化合物沉淀生成。

(三) 器材与试剂

1. 干酵母。

2. 10% NaCl 溶液。

3. 6.0 mol/L HCl 溶液。

4. 乙醚。

5. 10% H_2SO_4 溶液。

6. 钼酸铵试剂　准确称取 2.0g 钼酸铵溶于 100ml 10% 硫酸溶液。

7. 4% 维生素 C 溶液　称取维生素 C 4.0g,用蒸馏水溶解并定容至 100ml,储存棕色瓶中。

8. 0.1 mol/L 硝酸银溶液。

9. 1.0 mol/L 氨水。

10. Fe^{3+}-HCl 试剂　称取 0.99g 硫酸高铁铵[$NH_4Fe(SO_4)_2 \cdot 12H_2O$]溶于 1000ml 浓盐酸中。

11. 5% 苔黑酚乙醇溶液　准确称取苔黑酚 5.0g、用无水乙醇溶解并定容至 100ml。

12. 器材　离心机;离心管;试管;滴管等。

(四) 设计型实验

请设计实验方案分离、提取大豆的 RNA 并鉴定核酸的基本组成成分。

【课堂作业】 观察实验结果,书写实验报告。

【复习思考题】

(1) 简述核糖体的组成。

(2) 提取 DNA 和 RNA 的方法有何异同?

实验二　真核细胞 DNA 的提取与鉴定

【学习目的要求】

(1) 掌握全血 DNA 提取(STMT 法)的基本原理。

(2) 熟悉细胞 DNA 提取的方法。

(3) 掌握 DNA 琼脂糖凝胶电泳的基本操作。

【实验教学内容】

(1) 全血 DNA 的提取(STMT 法)。

(2) 人组织细胞 DNA 的提取。

(3) DNA 琼脂糖凝胶电泳。

一、全血 DNA 的提取(STMT 法)

(一) 实验原理

以不完全溶血剂 STMT 处理血液样品,导致红细胞膜及白细胞膜破裂,再通过高速离心收集白细胞的细胞核。用0.9% NaCl洗涤细胞核后，将沉淀悬浮在蛋白酶K的反应缓冲液(NE)内，加入SDS使核膜破裂，用蛋白酶K使核蛋白降解成小片断并从核酸上解离下来。经苯酚、苯酚/氯仿、氯仿/异戊醇抽提去除蛋白质，无水乙醇沉淀DNA。最后用70%乙醇洗涤核酸沉淀后干燥，溶解于TE中即得到高分子量DNA。

（二）实验操作

1. 取0.3ml以EDTA-2Na(pH8.0)抗凝(全血：0.5% EDTA-2Na = 5：1，V/V)的全血，置于1.5 ml Ep离心管中。

2. 加入1.0ml STMT，充分混匀使其溶血。

3. 12 000r/min离心1~2分钟，弃上清。

4. 沉淀部分加1.0ml 0.9% NaCl洗涤一次，以去除胞核外的可溶性杂质，同上离心，弃上清。如仍有红细胞未溶血，重复步骤2、3。

5. 沉淀部分加470μl NE溶液并将沉淀充分吹散。

6. 加30μl 10% SDS，迅速混匀；再加50μl蛋白酶K。轻轻混匀后置56℃水浴30分钟。

7. 加入500μl平衡酚，颠倒混匀1分钟，12 000r/min离心1分钟，小心吸转上层水相至另一Ep离心管内。

8. 加入500μl苯酚-氯仿-异戊醇，同上法抽提一次，离心后小心吸转上层水相至另一Ep离心管内。

9. 加入500μl氯仿-异戊醇抽提一次，同上离心，吸取上层水相至另一Ep离心管内。

10. 加入50μl 3.0mmol/L NaAc(pH5.2)，混匀。

11. 加入1.0ml无水乙醇，充分混匀，置-70℃冰箱15分钟。

12. 12 000rpm离心5分钟，倒去上清。

13. DNA沉淀再用70%乙醇洗一次，12 000r/min离心1分钟，倒去乙醇，将离心管倒置在滤纸上，倒尽残余的乙醇。

14. 真空干燥2分钟。

15. 加入50μl TE溶解DNA沉淀，-20℃保存备用。

（三）试剂与器材

1. 0.5% EDTA-2Na　准确称取EDTA-2Na 0.5g加双蒸水溶解，定容至100ml。

2. 0.9% NaCl　准确称取NaCl 0.9g加双蒸水溶解，定容至100ml。

3. STMT　8%蔗糖；10mmol/L Tris-HCl(pH8.0)；5.0mmol/L $MgCl_2$；1% TrionX-100。

4. 10% SDS　准确称取SDS10.0g加双蒸水溶解，定容至100ml。

5. 蛋白酶K　20mg/ml；RNase A(按购买说明配制)。

6. NE　50 mmol/L NaCl；25 mmol/L EDTA-2Na(pH8.0)。

7. 苯酚　取一定体积的重蒸酚加入8-羟喹啉1.0mg/ml，再加等体积的1.0 mol/L Tris-HCl (pH8.0)，立即加盖，激烈振荡后静置分层，弃上层液相。再用0.1mol/L Tris-HCl (pH8.0)萃取二次，使苯酚pH在7.6~7.8之间，储存于4℃，-20℃可长期保存。用时需水饱和。

8. 饱和酚　取酚加热溶解，按酚：缓冲液=6：4的比例将热酚加入缓冲液(0.1mol/L Tris-HCl，pH9.5；0.2%巯基乙醇)充分混合，分层后上层水相pH应在7.8以上，否则更换缓冲液。

9. 苯酚-氯仿-异戊醇　苯酚：氯仿：异戊醇(V/V/V)= 25：24：1。

10. 氯仿-异戊醇　氯仿：异戊醇(V/V)= 24：1。

11. TE　10mmol/L Tris-HCl(pH8.0);1.0mmol/L EDTANa_2(pH8.0)。

12. 70%冷乙醇　量取乙醇70ml加双蒸水定容至100ml,放置-20℃保存。

13. 3.0mmol/L NaAc(pH5.2)。

14. 器材　冷冻高速离心机、水浴箱、pH计、磁力搅拌器、真空泵、硅化玻璃滴管及试管、塑料离心管、5～100μl移液器及其吸嘴等。

(四) 注意事项

1. 血液样品可用肝素或ACD(100ml ACD溶液含0.48g柠檬酸、1.32g柠檬酸钠、1.47g葡萄糖)(血：ACD=6：1,V/V)抗凝,但有文献报道肝素能抑制 *Taq* DNA聚合酶和某些限制性内切酶的活性。

2. 蛋白酶用前应充分吹散沉淀,以确保SDS对细胞核膜的裂解及蛋白酶与从胞核内释放出的核蛋白体的充分接触。

3. 苯酚溶液具有强腐蚀性,应戴手套以免烧伤皮肤,同时防止操作者手上的核酸酶或细菌污染DNA样品。此时,DNA以大分子游离态存在于溶液内,操作中应格外小心,以免机械剪切对核酸分子的完整性产生大的影响。变性后的蛋白质沉淀在两相的液面之间,吸转上清时应避免吸入蛋白质沉淀。

4. 核酸沉淀的干燥多需特殊装置(如真空干燥器、真空干燥离心机等),条件不允许时也可在室温下风干,但应避免灰尘的污染。最重要的是,干燥时间不宜太久,脱水程度过大的核酸沉淀很难再溶解,干燥条件取决于核酸的含量及所用的干燥方法。

5. 如果对DNA纯度要求很高,还可采用透析法去除小分子物质(如EDTA、磷酸盐)以及经RNase处理去除RNA。

二、培养细胞DNA的提取(纯化柱法)

(一) 实验原理

近年来,DNA的提取与纯化操作中,出现了以螯合树脂、特异性DNA吸附膜及磁珠或玻璃粉吸附等新方法,其中以特异性DNA吸附膜作为亲和材料的纯化柱法较为常见。特异性DNA吸附膜可由硅胶或玻璃纤维制成,能最大程度地吸附DNA分子。目前,国内外公司开发了多种商品化的DNA提取纯化试剂盒。这些试剂盒操作简单、高效,提取质量高,缺陷是与常规抽提的方法比较,价格较为昂贵,且提取量相对较少。本实验采用基因组DNA小量试剂盒对HeLa细胞的基因组DNA进行抽提。

(二) 实验操作(以AxyPrep基因组DNA小量试剂盒为例)

1. 收集培养的HeLa细胞($<2\times10^6$)于Ep管中,用预冷的PBS洗涤三次后,离心沉淀细胞,加入350μl去离子水并小心吹打以悬浮细胞。

2. 加入0.8μl RNase A,涡旋振荡15秒,室温静置1分钟。

3. 依次加入150μl Buffer C-L和8μl Proteinase K。立即涡旋振荡1分钟混合均匀。短暂离心后,将离心管置56℃水浴10分钟。

4. 加入350μl Buffer P-D,混涡旋振荡30秒混合均匀,12 000r/min离心10分钟。

5. 将DNA制备管置于2ml离心管中,将步骤4中的混合液转移至制备管中,12 000r/min离心1分钟。

6. 弃滤液,将制备管置回到原来的2ml离心管中,加入500μl Buffer W1,12 000r/min离心1分钟。

7. 弃滤液,将制备管置回到原来的2ml离心管中,加入700μl Buffer W2,12 000r/min离心1分钟。

8. 以同样的方法,用700μl Buffer W2再洗涤一次。

9. 弃滤液,将制备管置回到原来的2ml离心管中,12 000r/min离心1分钟。

10. 将DNA制备管置于另一洁净的1.5ml离心管中,在制备管膜中央加入Eluent 100μl,室温静置1分钟,12 000r/min离心1分钟洗脱DNA后,-20℃保存备用。

(三) 试剂与器材

1. AxyPrep基因组DNA小量试剂盒。

2. 器材　高速离心机、恒温水浴箱、涡旋振荡器、微量移液器及其液尖等。

(四) 注意事项

1. 在加入各种试剂前,请确认已按照操作说明配制好使用液。

2. 如果预先将Eluent加热至65℃,将提高洗脱效率。

三、DNA琼脂糖凝胶电泳

(一) 实验原理

琼脂糖凝胶电泳是分子生物学研究中最常用的技术之一。它可用来检验DNA、RNA分子的大小及质量,在基因工程中用于分离、鉴定和纯化DNA片段及鉴定重组子,如与DNA印迹转移技术相结合。此外,在研究真核细胞基因酶谱中也得到更广泛的应用。

DNA分子在琼脂糖凝胶电泳时,有电荷效应和分子筛效应。前者由分子所带的净电荷量多少而定,这与电泳时电流强度、电泳缓冲液的pH和离子强度有关;而后者主要与DNA分子大小、构型以及琼脂糖凝胶的浓度有关。DNA分子在pH高于其等电点的溶液中带负电荷,在电场中向正极移动。用电泳法测定DNA分子大小时,应尽量减少电荷效应。增加凝胶的浓度可以在一定程度上降低电荷效应,使分子的迁移速度主要由凝胶阻滞程度的差异所决定,提高分辨率;适当降低电泳时电压,也可使分子筛效应相对增强而提高分辨率。为了获得满意的DNA片段分离效果,每厘米凝胶片长度使用的电压一般不超过5V。琼脂糖凝胶浓度的选用可参见表4-2-1。

表4-2-1　琼脂糖凝胶浓度与生物分子大小的关系

琼脂糖凝胶浓度(%)	可辨线性DNA分子大小(kb)
0.7	0.8~10
1.0	0.4~6
1.5	0.2~4
2.0	0.1~3

凝胶电泳测定溶液中DNA的量仅需5~10ng DNA。

溴化乙锭染色原理及其灵敏度:溴化乙锭(ethidium bromide,EB)可插入DNA双螺旋结构的两个碱基之间,它和核酸形成一种荧光络合物,在254nm波长紫外光照射下,呈现橘红色的荧光。用溴化乙锭检验DNA

灵敏度很高,在琼脂糖凝胶电泳时可检出 1.0 ng 或更少含量的 DNA。

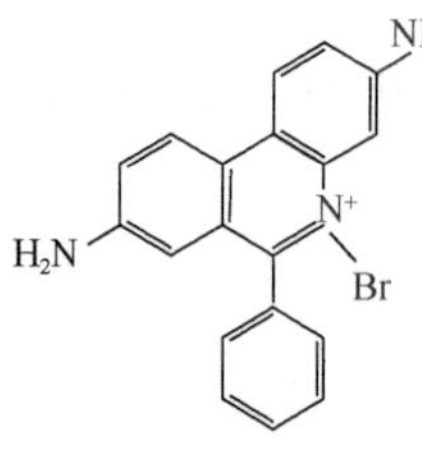

溴化乙锭分子结构式

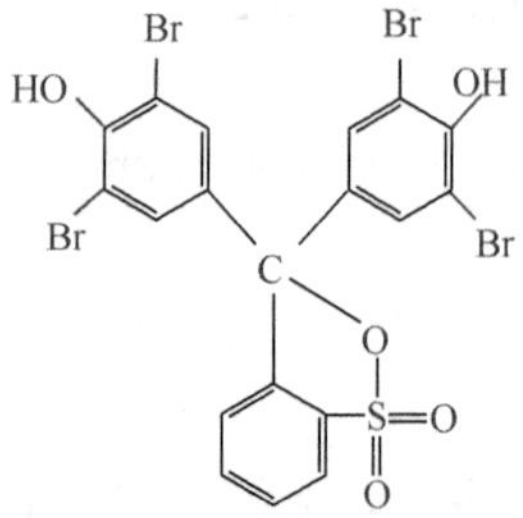

$C_19H_{10}O_5Br_4$=670.0

溴酚蓝分子结构式

(二) 实验操作

1. 选择合适的水平电泳槽,调节电泳槽平面至水平,检查稳压电源与正负极的线路。

2. 选择孔径大小适宜的梳板,垂直架在电泳槽负极的一端,使梳板底部离电泳槽水平的距离为 1.0mm 左右。

3. 制备 1% 琼脂糖凝胶　称取琼脂糖 1.0g,溶解在电泳缓冲液 1 ×TBE 100ml 中,置微波炉或水浴锅中加热至琼脂糖融化均匀。取少量凝胶溶液,将电泳槽四周密封好,防止做胶时出现渗漏。待凝胶溶液冷却至 60℃ 左右时在凝胶中加入溴化乙锭(终浓度为 0.5 μg/ml),摇匀,缓缓倒于电泳槽水平板上,除去气泡。

4. 待凝胶冷却凝固后,在电泳槽内加入电泳缓冲液 1 ×TBE,然后取出梳板,保持点样孔的完好。

5. 待测的 DNA 样品中加入 1/6 体积的上样缓冲液混匀后上样,样品孔上样量约 10 ~ 20 μl。标准孔取 DNA ladder 5μl 上样。记录样品次序及点样量。

6. 开启电源,选择适当的电压进行电泳,一般用恒压,最高电压不高于 5V/cm,当琼脂糖凝胶浓度低于 0.5% ,电泳时温度不能太高。

7. 电泳时间为 30 ~ 40 分钟左右,停止电泳。

8. 把凝胶直接放在紫外透射仪上观察以绘图记录或照相,结合 DNA Ladder 分析结果。

(三) 试剂与器材

1. 1.0% 的琼脂糖　称取 1.0g 琼脂糖,加入 100ml 电泳缓冲液,微波炉中火 30 秒至沸腾,熔化的琼脂物冷却至 60℃ 时加入 10mg/ml 溴化乙锭 2.5μl,充分混匀,将温热的凝胶倒入已置好梳子的胶膜中,在室温下放置 30 ~ 45 分钟后进行电泳。

2. 电泳缓冲液

(1) 5×TBE 储存液:准确称取 Tris 54g,硼酸 27.5g,加入 500ml 蒸馏水溶解后,加 0.5mol/L EDTA 20ml(pH8.0),用蒸馏水定容 1000ml。临用前用蒸馏水稀释成 1×TBE 使用。

(2) 1×TBE 应用液:将 5×TBE 用蒸馏水稀释 10 倍使用,如取 50ml 储存液 + 450ml 蒸馏水定容到 500ml,充分混匀,即为应用电泳缓冲液。

3. 溴化乙锭(EB)　10mg/ml EB(配制琼脂糖凝胶时,EB 终浓度为 0.5 μg/ml)。

4. 6×上样缓冲液　含有 0.25% 溴酚蓝、0.25% 二甲苯青、30% 甘油或蔗糖水溶液,4℃ 保存。

5. DNA Ladder 购自北京全式金公司。

6. 器材 微波炉、稳压电泳仪、水平式电泳槽、紫外检测仪或紫外透射仪、不同量程移液器(1ml、200μl、10μl),各种吸嘴(1ml、200μl、20μl)、玻璃烧杯等。

(四) 注意事项

溴化乙锭(EB)是致癌物质,必须避免污染环境,含有溴化乙锭的凝胶和电泳液需要处理。

1. 溴化乙锭稀溶液(如含有0.5μg/ml EB的电泳缓冲液)的净化处理

(1) 每100ml溶液中加100mg粉状活性炭。

(2) 于室温放置1小时,不时摇动。

(3) 用 Whatman 1 号滤纸过滤溶液,丢弃滤液。

(4) 用塑料袋封装滤纸和活性炭。

2. 溴化乙锭浓溶液(即浓度>0.5mg/ml的溴化乙锭溶液)的净化处理

(1) 加入足量的水使EB的浓度降低至0.5mg/ml以下。

(2) 加入1倍体积的0.5mol/L $KMnO_4$,小心混合后再加入1倍体积的2.5mol/L HCl,小心混匀,于室温放置数小时。

(3) 加入1倍体积的2.5mol/L NaOH,小心混合后可丢弃该溶液。

(五) 示范操作

1. 冷冻高速离心机的使用。

2. 移液器的使用。

3. 苯酚抽提时上层水相的转移。

4. 琼脂糖凝胶点样。

(六) 设计型实验

设计一种真核材料(如植物叶子)的DNA提取与鉴定方法。

【课堂作业】 观察实验现象,书写实验报告。

【复习思考题】

(1) DNA提取过程中乙酸钠和无水乙醇的作用是什么?

(2) 如何提取线粒体DNA?

(3) 在纯化柱法DNA提取实验方法中RNA是否能被去除?

(4) 在纯化柱法DNA提取实验方法中,请预测 Buffer W1 和 Buffer W2 的化学成分。

(5) 简述溴化乙锭染色原理。

实验三 基因的PCR扩增与产物鉴定

【学习目的要求】

(1) 掌握聚合酶链反应技术的基本原理。

(2) 熟悉聚合酶链反应技术的基本操作。

【实验教学内容】

(一) 实验原理

聚合酶链反应(polymerase chain reation,PCR)技术是体外酶促合成特异 DNA 片段的方法,主要由高温变性、低温退火和适温延伸三个步骤反复的热循环构成:即在高温(90～95℃)下,待扩增的靶 DNA 双链受热变性成为两条单链 DNA 模板;而后在低温(40～60℃)情况下,两条人工合成的寡核苷酸引物与互补的单链 DNA 模板结合,形成部分双链;在 *Taq* 酶的最适温度(72℃)下,以引物 3′端为合成的起点,以单核苷酸为原料,沿模板以 5′→3′方向延伸,合成 DNA 新链。这样,每一双链的 DNA 模板,经过一次解链、退火、延伸三个步骤的热循环后就成了两条双链 DNA 分子。如此反复进行,每一次循环所产生的 DNA 均能成为下一次循环的模板,每一次循环都使两条人工合成的引物间的 DNA 特异区段拷贝数扩增一倍,PCR 产物得以 2^n 的批数形式迅速扩增,经过 25～30 个循环后,理论上可使该基因的特异区段扩增 10^9 倍以上。

本实验中,将分别利用兔血 DNA 及人宫颈癌细胞株 HeLa 来源的 DNA 作为模板,分别对兔三磷酸甘油醛脱氢酶 *GAPDH*、人 *p*16 基因进行扩增。

(二) 实验操作

1. 兔三磷酸甘油醛脱氢酶 *GAPDH* 基因的 PCR 扩增(欣佰诺公司 2×*Taq* MasterMix 为例)

(1) 分别取两个 0.2ml PCR 管,编号后依次加入下列试剂(表 4-3-1)(注:兔血提取的 DNA 见第四篇-实验二-一、全血 DNA 的提取)。

表 4-3-1 兔 *GAPDH* 基因的 PCR 扩增反应体系表

试管号	1	2
兔血提取的 DNA	1μl	
去离子水		1μl
GAPDH 上游引物(10μmol/L)	0.4μl	0.4μl
GAPDH 下游引物(10μmol/L)	0.4μl	0.4μl
去离子水	8.2μl	8.2μl
2 × SuperMix	10μl	10μl
总体系	20μl	20μl

20μl 的反应体系混匀后,短暂离心。

(2) PCR 循环参数:
① 94℃ 5 分钟
② 94℃ 30 秒
③ 58℃ 30 秒
④ 72℃ 30 秒
(②～④ 30 个循环)
⑤ 72℃ 10 分钟,4℃保护 50 分钟。

2. 人 *p*16 基因的 PCR 扩增(欣佰诺公司 2×*Taq* MasterMix 为例)

(1) 分别取两个 0.2ml PCR 管,编号后依次加入下列试剂(表 4-3-2):

表 4-3-2　人 *p16* 基因的 PCR 扩增反应体系表

试管号	1	2
人宫颈癌细胞株 HeLa 提取的 DNA	1μl	
去离子水		1μl
p16 上游引物(10μmol/L)	0.4μl	0.4μl
p16 下游引物(10μmol/L)	0.4μl	0.4μl
去离子水	8.2μl	8.2μl
2 × SuperMix	10μl	10μl
总体系	20μl	20μl

20μl 的反应体系混匀后,短暂离心。

(2) PCR 循环参数:
① 94℃　5 分钟
② 94℃　30 秒 ⎫
③ 58℃　30 秒 ⎬30 个循环
④ 72℃　30 秒 ⎭
⑤ 72℃　10 分钟　4℃保护 50 分钟。

3. 琼脂糖电泳　制备 2.0% 琼脂糖凝胶(具体操作参照第四篇-实验二-三、DNA 琼脂糖凝胶电泳)。样品孔取 PCR 产物 10 μl 上样;标准孔取 100bp DNA ladder 5μl 上样。100~120V 电泳 30 分钟,紫外透射仪下观察 PCR 条带。绘图或照相,结合 DNA Ladder 分析结果。

(三) 结果判断

PCR 产物电泳带与 DNA Mark 比较,人 *p16* 基因扩增产物的长度为 141bp,兔 *GAPDH* 基因扩增产物的长度为 598bp。

(四) 试剂与器材

1. PCR mix(欣佰诺公司):dNTPs,Mg^{2+},*Tag* 酶,PCR buffer。
2. 兔血提取的 DNA、人宫颈癌细胞株 HeLa 提取的 DNA。
3. 兔 *GAPDH* 基因引物,扩增产物的长度为 598bp,序列如下:

上游:5′-CCACCCATGGCAAATTCCATGGCA-3′

下游:5′-TCTAGACGGCAGGTCAGGTCCAC-3′

4. 人 *p16* 基因引物,扩增产物的长度为 141bp,序列如下:

上游:5′-CAGAGGGTGGGGCGGACCGC-3′

下游:5′-CGGGCCGCGGCCGTGG-3′

5. 100bp DNA Ladder 购自北京全式金公司。
6. 器材　PCR 扩增仪、常温高速离心机、微量移液器等。

(五) 注意事项

1. 为了防止非特异性扩增,必须设阴性对照。
2. 操作人员戴一次性口罩、帽子、手套以防止 PCR 污染。

（六）示范操作

1. PCR 仪的使用。

2. 微量移液器的使用。

3. 琼脂糖凝胶的制备。

4. 电泳样品点样。

（七）设计型实验

请设计一实验方案分离纯化 PCR 反应产物中分子量大小不同的 DNA。

【课堂作业】 观察实验现象，书写实验报告。

【复习思考题】

(1) 聚合酶链反应技术与体内 DNA 复制有什么相同和不同点？

(2) 聚合酶链反应过程中的引物选择有何要求？能否利用兔血提取的 DNA 进行人 *p16* 基因的扩增？为什么？

(3) 如果要进行克隆表达，是否可以选择基因组 DNA 分子作为模板进行扩增？

实验四 肉制品的基因鉴定

【学习目的要求】

(1) 掌握从不同肉制品材料中提取 DNA 的方法。

(2) 学习 PCR 引物设计方法、PCR 体系和基本过程。

(3) 了解物种的 PCR 鉴定的优点。

【实验教学内容】

肉类食品的制假在国内外市场上存在多年，严重地危害人们的健康和扰乱社会经济秩序。特别是 2013 年 1 月和 4 月，在欧洲发生的“马肉事件”（牛肉中掺杂马肉）和中国发生的“羊肉事件”，肉制品的公共卫生安全受到了各国政府的高度关注。由于肉类食品烹制过程复杂多样，并可能添加各种调料调味品，使原有肉质和口感发生改变，常规的品尝和检测手段难以发现，如火腿肠、肉松、肉丸等。DNA 具有较好的温度耐受性，肉类经过高温烹饪后，DNA 仍能够存在于肉制品中。利用物种基因的差异和 PCR 技术，可以对肉制品进行基因鉴定。

（一）实验原理

细胞色素 *c* 氧化酶（cytochrome c oxidase, CO）是线粒体电子传递链的一个重要成员，在所有物种中均存在。研究发现，细胞色素 *c* 氧化酶亚基 I（*COI*）基因在大多数动物中有较明显的序列变异，因此可以利用 *COI* 基因对肉制品进行物种鉴定。*COI* 基因也是建立物种 DNA 条形码的常用基因。

（二）实验操作

1. 引物设计　检索 genbank 中猪、牛、羊、鼠的 *COI* 基因 DNA 组，利用软件进行多序列比对，查找非同源区域（图 4-4-1）。利用引物设计软件 Primer Premier 6，针对非同源区进行特异性引物设计，其中 PCR 产物大小设置为小于 350bp。将软件设计得到的序列（表 4-4-1）交由生物公司合成引物。

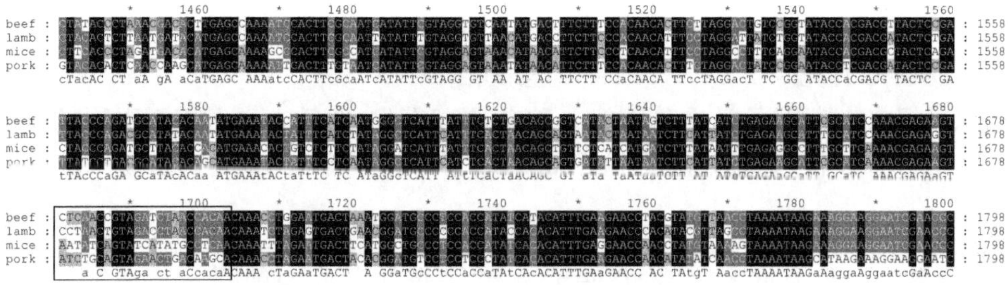

图 4-4-1　beef, lamb, mice, pork 的非同源区域

注:beef(牛肉), lamb(羊肉), mice(鼠肉), pork(猪肉)

表 4-4-1　不同肉类 PCR 引物

引物及位点	引物序列(5′-3′)	产物大小(bp)	退火温度(℃)
羊 F1543	CACGACGATACTCTGATTAC	157	60
羊 R1699	GTGGTTAGGTCTACAGTTAG		
猪 F1601	AGGCTCATTCATCTCACTAACA	103	60
猪 R1703	TGTGCTTGTCAGTTCTACTGC		
牛 F1387	CTGTGTTCGCCATTATAGGA	313	60
牛 R1699	GTGGTTAGATCTACGGTTGAG		
鼠 F1575	ACCACATGAAACACTGTCTC	128	60
鼠 R1702	GTTGAGGCATATGATACTGATA		

2. DNA 提取

(1) 将肉制品用 70% 乙醇清洗,再用蒸馏水清洗,放入 80℃干燥箱烘干备用,或者鲜肉直接放入 80℃烘干。将干肉切碎,或者研磨成肉粉。

(2) 称取肉末 200 mg,放入匀浆器中,加 500 μl TE 缓冲液,充分研磨。

(3) 将匀浆转入 1.5 ml 离心管中,加 500 μl 细胞裂解液,上下颠倒振摇 30 次。37℃水浴加热 10 分钟,加蛋白酶 K 50μl,56℃水浴加热 20 分钟。

(4) 12 000r/min 离心 10 分钟,取上清至另一干净 Ep 管,加 600 μl 苯酚∶氯仿∶异戊醇(25∶24∶1),上下颠倒振摇 30 次,12 000 r/min 离心 5 分钟。

(5) 取上清液至新 Ep 管,加等体积氯仿∶异戊醇(24∶1),上下颠倒 30 次,12 000r/min 离心 5 分钟。

(6) 取上清至另一干净 Ep 管,加 0.6 倍体积的异丙醇,上下颠倒振摇 10 次,12 000r/min 离心 5 分钟,倒去上清液。

(7) 用 70% 乙醇清洗沉淀,12 000r/min 离心 5 分钟,倒去上清液,干燥,加入 50μl TE 溶解沉淀。-20℃下保存待用。

3. PCR 扩增

(1) PCR 反应体系:

DNA 模板　　5.0μl

2×PCR mix　　10.0μl
上、下游引物(10μmol/L)　　各1.0μl
dd H_2O 补充　　至20μl

可以根据实验情况,给学生准备1~4种肉,随机分发;准备2~4种肉类引物,供学生鉴定使用。也可增加难度,将肉进行混合,如牛肉与猪肉混合(表4-4-2)。

表4-4-2　各样品管PCR引物操作

待检肉类	PCR1管	PCR2管	PCR3管	PCR4管	结果
待检肉类1	猪引物	羊引物	牛引物	鼠引物	第(　)管阳性
待检肉类2	猪引物	羊引物	牛引物	鼠引物	第(　)管阳性
待检肉类 *n*	猪引物	羊引物	牛引物	鼠引物	第(　)管阳性

(2) PCR反应参数:将反应体系放入PCR仪中。PCR反应循环参数:

94℃预变性　　5分钟
94℃变性　　30秒
60℃退火　　30秒　}30个循环;
72℃延伸　　20秒

72℃延伸10分钟,4℃保护50分钟。

扩增产物经过2.0%琼脂糖凝胶电泳进行检测分析。

4. 琼脂糖电泳　制备2.0%琼脂糖凝胶(具体操作参照第四篇-实验二-三、DNA琼脂糖凝胶电泳)。样品孔取PCR产物10 μl上样;标准孔取100bp DNA ladder 5μl上样。100~120V电泳30分钟,紫外透射仪下观察PCR条带。绘图或照相,结合DNA Ladder分析结果。

(三) 结果判断

PCR产物电泳带与DNA Mark比较,羊基因扩增产物的长度为157bp,猪基因扩增产物的长度为103bp。牛基因扩增产物的长度为313bp。鼠基因扩增产物的长度为128bp。

(四) 试剂与器材

1. 0.05mol/L Tris-HCl (pH 6.4)　称取0.606gTris,溶解在50ml蒸馏水中,用1.0mol/L HCl调pH6.4。

2. 细胞裂解液(5mol/L异硫氰酸胍,0.02mol/L EDTA,1.3% Triton X-100)　称取59.08g异硫氰酸胍,0.585g EDTA,溶解在0.05mol/L Tris-HCl(pH6.4)中,加入1.3ml Triton X-100,定容至100ml。

3. 蛋白酶K　20mg/ml(按购买说明配制)。

4. TE溶液　10mmol/L Tris-HCl (pH8.0),1mmol/L EDTA-2Na(pH8.0)。

5. 2.0%琼脂糖凝胶　参照第四篇-实验二-三、DNA琼脂糖凝胶电泳。

6. 电泳缓冲液　参照第四篇-实验二-三、DNA琼脂糖凝胶电泳。

7. 100bp DNA Ladder购自北京全式金公司。

8. 器材　烘箱;匀浆器;离心机;水浴箱;DNA扩增仪;20μl、200μl、1000μl微量加样器;电泳仪;电泳槽;紫外透射分析仪。

(五) 示范操作

1. 台式高速离心机的使用。
2. PCR 仪的使用。
3. 琼脂糖凝胶制板。

(六) 设计型实验

请设计实验检测鸡血和猪血。

【课堂作业】 观察实验结果,书写实验报告。

【复习思考题】

1. 影响 DNA 提取成功与否的关键因素有哪些?
2. PCR 反应体系中各成分在 PCR 反应中的作用?
3. 本实验中,为什么设计引物时要求 PCR 产物小于 350bp?
4. 是否还有其他的分子生物学方法进行鉴定?

实验五　人 *p16* 基因 PCR 扩增产物的 T/A 克隆

【学习目的要求】

(1) 了解 PCR 产物克隆的方法。
(2) 掌握 PCR 产物 T/A 克隆方法的基本原理。
(3) 了解 PCR 产物 T/A 克隆方法的基本操作。

【实验教学内容】

(一) 实验原理

PCR 产物克隆大致分为两类,即平头连接和黏头连接。平头连接是将制备好的平头载体和补平或削平的 PCR 产物直接进行连接。平头连接的一个显而易见的缺陷是连接效率低下,即使使用很高单位的连接酶,也只能很有限地提高效率。黏头连接也可以大致分为两类,一类黏头连接是用某种方法,在载体和 PCR 产物上产生长的可互补的黏性末端。最普

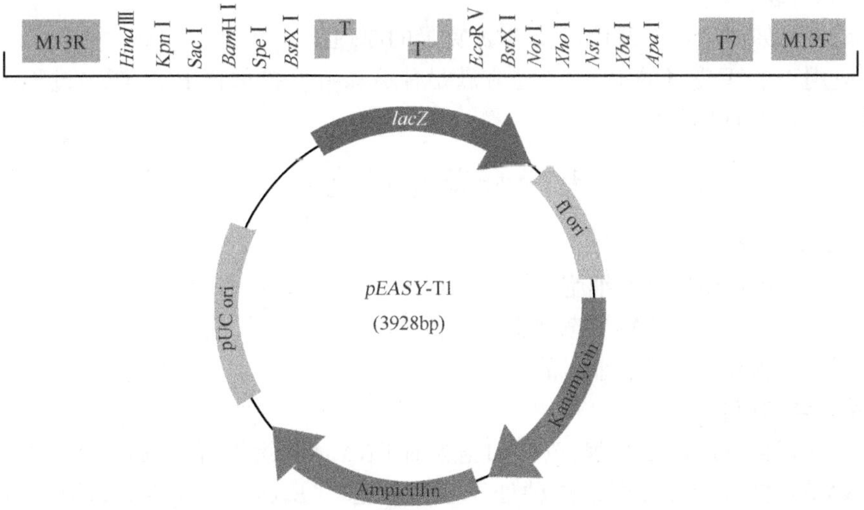

图 4-5-1　*pEASY*-T1 质粒载体示意图

遍的方法是在引物的5′端加入一段某种限制酶的识别序列。如果两个引物选用不同的限制性内切酶识别序列，就可以做到定向连接。另一类方法利用经 *Taq* 聚合酶扩增的 PCR 产物3′端带有一个凸出的 dAMP 的特性，而构建3′端带有凸出的 dTMP 的载体。一般采用的程序是先把载体用某种限制性内切酶消化成平头，在70℃或72℃下在只加入一种 dNTP，即 dTTP 的反应体系中用 *Taq* DNA 聚合酶处理半小时，也可以用末端转移酶来完成加 T 反应。这种方法称为 T/A 克隆，其连接效率比平头连接高 50～100 倍。

本实验中采取 T/A 克隆方法将人 *p*16 基因扩增片段克隆到 *pEASY*-T1 载体（图 4-5-1）中，为转化感受态细菌做好准备。

（二）实验操作

（1）将 T/A 载体在冰上融化，短暂离心装有载体的离心管。

（2）在新的 Ep 管中加入 4μl 人 *p*16 基因 PCR 产物后，再按照 *pEASY*-T1 克隆试剂盒说明书加入 1μl *pEASY*-T1 载体缓冲液，轻轻弹击 Ep 管以混合内容物，室温放置 5 分钟后置于冰上待转化感受态细菌。

（三）试剂与器材

1. 全式金公司 *pEASY*-T1 克隆试剂盒。
2. 人 *p*16 基因 PCR 产物（见实验第四篇-实验三人 *p*16 基因的 PCR 扩增）。
3. 器材　高压消毒锅；微量移液器；台式高速离心机；恒温水浴锅；净化工作台等。

（四）注意事项

1. 连接过程的最佳反应温度为25℃，若片段是高 GC 结构，可以37℃反应。
2. 反应时间不能超过 30 分钟。
3. 总反应体积不能超过 5μl。
4. 尽量用新鲜的 PCR 产物。由于3′-A 热力学不稳定，产物应放置在4℃，并在1～2 天内完成克隆反应。

【课堂作业】　观察实验现象，书写实验报告。

【复习思考题】

（1）请说明如何制备 T 载体以及 T/A 克隆的原理。

（2）应用于 T/A 克隆的 PCR 产物应满足什么条件？扩增该 PCR 产物过程中对 DNA 聚合酶有什么特殊的要求？

实验六　大肠杆菌感受态细胞的制备

【学习目的要求】

（1）掌握大肠杆菌感受态细胞的转化原理。

（2）熟悉常规大肠杆菌感受态细胞的制备方法。

（3）了解大肠杆菌感受态细胞的用途。

【实验教学内容】

通过一些理化方法诱导细胞，改变细胞膜对 DNA 的通透性，使细胞处于最适摄取和转化外来 DNA 的生理状态，我们把这种处于生理状态的 *E. coil* 称为感受态细胞（competent cells）。

制备感受态细胞的方法有许多种，如 TSS 法、$CaCl_2$ 法、电穿孔法、TSB 法、CASsuper One-step Competent Cell Preps Kit 法、Inoue 法及 RbCl 法等。$CaCl_2$ 法适用于大多数 *E. coil* 菌株，是最常规的制备感受态细胞方法；TSS 法又称一步法，操作简单快捷；而 RbCl 法制备的感受态细胞效率在 10^7 以上，是制备超级感受态细胞的方法。以上制备感受态细胞的方法各有其优缺点，一般在选择方法的时候可根据自己实验的具体情况而定，以期获得最高的转化效率。本实验以最常规的 $CaCl_2$ 法制备感受态细胞。

（一）实验原理

通常野生型的大肠杆菌 *E. coil* 比较难以转化，原因是由于当外源 DNA 进入细菌体内时，宿主菌能产生一种酶迅速将外源 DNA 降解。而当大肠杆菌处于 0℃，$CaCl_2$ 的低渗溶液中时，菌细胞可膨胀成球形，Ca^{2+}结合于细胞膜上，使细胞膜呈现一种液晶态，当外界环境冷热变化时，可刺激处于液晶态的细胞膜表面产生裂隙，使之进入一种感受状态易接纳外源 DNA 的进入。用 $CaCl_2$ 法制备新鲜或冷冻的大肠杆菌感受态细胞，适用于大多数大肠杆菌菌株，具有可操作性，重复性好，常用于成批制备感受态细菌。

（二）实验操作

1. 菌种划板

（1）预制培养板：按配方制备 LB 固体培养基 100ml，高温灭菌后，待温度降至约 60℃左右时，倒培养板约 6～8 个。

（2）接种菌种：取大肠杆菌一支（以 *DH5α* 菌株为例），用接种环按常规方法接种 *DH5α* 菌至不含抗生素的 LB 固态琼脂培养板上，倒置在培养箱，37℃过夜培养。

2. 感受态细胞的制备流程

（1）*DH5α* 菌液的培养：前一天晚上于琼脂平板上挑单个 *DH5α* 单菌落至 5.0 ml 的 LB 液体培养液中，放置在 37℃的恒温培养箱，以 200r/min 的转速过夜培养（约 12～16h）。第二天按 1：100 的比例将过夜培养的 *DH5α* 菌液 500μl 加入到新鲜的 50ml 的 LB 液体培养液中，同样的条件培养 *DH5α* 菌液至对数生长期（OD600 值约为 0.4 左右，大概 2.5h）。

（2）制备感受态细胞

1）将处于对数生长期的 *DH5α* 菌液放置在 0℃（冰上）预冷 15 分钟。

2）预冷后，以 4000r/min，5 分钟，4℃离心收集菌体。

3）弃上清，用 15.0 ml TFB1 悬浮菌体（涡旋振荡），冰上放置 15 分钟。

4）冰置 15 分钟后，以 4000r/min，5 分钟，4℃离心收集菌体。

5）弃上清，用 3.0 ml TFB2 悬浮菌体（涡旋振荡），冰上放置 15 分钟。

6）预先准备 1.5ml 的离心管 30 个，冰上预冷，按 100μl/管，将第 5）步的悬浮细菌在冰上分装到预冷的离心管（1.5ml）中，迅速转入-80℃冰箱储存备用。

（三）注意事项

1. 在整个感受态制备的过程中，要求全过程在冰上操作，4℃离心，无菌操作，以避免降低感觉态细胞的效率。

2. 悬浮菌体时，要充分吹打均匀，同时避免产生气泡。

3. 分装感受态细胞后，要尽快地速冻细胞，有条件的话，可以先将细胞投入液氮或干冰中速冻细胞，然后再转入-80℃冰箱储存。

（四）试剂与器材

1. 试剂的准备或制备

（1）高压灭菌去离子水约1000ml。

（2）制备LB液体培养基500ml：称取Tryptone 5.0g，Yeast extract 2.5g，NaCl 2.5g，用去离子水溶解后，调pH至7.0～7.2左右，定容至500ml，高压灭菌备用。

（3）制备LB固体培养板：称取Tryptone 1.0g，Yeast extract 0.5g，琼脂粉1.5g，NaCl 0.5g，用去离子水溶解后，调pH至7.0～7.2左右，定容至100ml，高压灭菌备用。

（4）1.0 mol/L NaOH：称取NaOH 4g，用去离子水溶解后，定容至100ml备用。

（5）制备TFB1溶液，严格按照下列顺序依次添加溶液，配制工作液，再调pH，过滤除菌，4℃储存备用。

TFB1（100ml，pH为5.8）：

0.5mol/L MES　2ml

1mol/L KCl　10ml

1mol/L $CaCl_2 \cdot 2H_2O$　1ml

0.5mol/L $MnCl_2 \cdot 4H_2O$　10ml

补 ddH_2O 至100ml

（6）制备TFB2溶液，严格按照下列顺序依次添加溶液，配制工作液，再调pH，过滤除菌，4℃储存备用。

TFB2（20ml，pH为6.5）：

1mol/L MOPS　0.2ml

1mol/L $CaCl_2 \cdot 2H_2O$　1.5 ml

1mol/L KCl　10ml

50%甘油　6ml

补 ddH_2O 至20ml

2. 器材

（1）高压灭菌的15ml、50ml的离心管若干，25ml、100ml的瓶子若干，50ml、150ml烧杯各1个，摇菌用150ml锥形瓶1个，10ml移液管若干。

（2）制备针式过滤器2个，60ml、20ml一次性注射器各一个。

（3）冷冻离心机换50ml转子。

（4）培养皿、接种棒若干。

（五）注解

1. MES：2-N-Morpholino-ethanesulfonic Acid，即2-（*N*-吗啡啉）乙磺酸。不易溶，配制时用NaOH调pH至6.2（表4-6-1）。

2. MOPS：3-N-Morpholino propanesulfonic Acid，即3-（*N*-吗啡代）丙磺酸（表4-6-1）。

3. 严格按顺序加溶液，配制TFB1工作液，用1mol/L NaOH调pH至5.8，用针式过滤器过滤除菌，4℃储存。

4. 严格按顺序加溶液，配制TFB2工作液，用1mol/L NaOH调pH至6.5，用针式过滤器过滤除菌，4℃储存。

（如果上述 pH 在一开始时就偏碱，可以用冰乙酸回调）

表 4-6-1 主要试剂配制量表

成分	分子式	分子量	储存浓度	储存液准备
MES	$C_6H_{13}NO_4S$	195.2	0.5mol/L	9.76g/100ml
氯化钾	KCl	74.55	1.0mol/L	7.455g/100ml
氯化钙($2H_2O$)	$CaCl_2 \cdot 2H_2O$	147.02	1.0mol/L	14.702g/100ml
氯化锰($4H_2O$)	$MnCl_2 \cdot 4H_2O$	197.91	0.5mol/L	9.8955g/100ml
MOPS	$C_7H_{15}NO_4S$	209.27	1.0mol/L	20.927g/100ml
甘油	$C_3H_8O_3$	92.09	50%	50ml/100ml

（六）示范操作

感受态细胞菌种的划板培养。

（七）设计型实验

请根据感受态细胞的制备原理，设计采用 RbCl 法如何制备高效率感受态细胞。

【课堂作业】 观察实验结果，书写实验报告。

【复习思考题】

（1）除了常规的 $CaCl_2$ 法制备感受态细胞，还有哪些感受态细胞的制备方法？

（2）感受态细胞的转化效率与哪些因素有关？

实验七 质粒热激法转化感受态细菌

【学习目的要求】

（1）掌握质粒的基本特征。

（2）掌握质粒热激法转化感受态细胞的实验操作。

（3）了解质粒转化感受态细胞的实验原理。

【实验教学内容】

（一）实验原理

质粒（plasmid）是一种染色体外的稳定遗传因子，大小从 1～200kb 不等，为双链、闭环的 DNA 分子，并以超螺旋状态存在于宿主细胞中。质粒主要发现于细菌、放线菌和真菌细胞中，它具有自主复制和转录能力，能在子代细胞中保持恒定的拷贝数，并表达所携带的遗传信息。质粒的复制和转录要依赖于宿主细胞编码的某些酶和蛋白质，如离开宿主细胞则不能存活，而宿主即使没有它们也可以正常存活。质粒的存在使宿主具有一些额外的特性，R 质粒（抗药性因子）和 Col 质粒（产大肠杆菌素因子）等都是常见的天然质粒。

细菌质粒是重组 DNA 技术中常用的载体。质粒载体是在天然质粒的基础上为适应实验室操作而进行人工构建的。与天然质粒相比，质粒载体通常带有一个或一个以上的选择性标记基因（如抗生素抗性基因）和一个人工合成的含有多个单一限制性内切酶识别位点的多克隆位点序列，并去掉了大部分非必需序列，使分子量尽可能减少，以便于基因工程操作。常用的质粒载体大小一般在 1kb 至 10kb 之间，如 pBR322、pUC 系列、pGEM 系列和 pBluescript（简称 pBS）等。由于这种质粒载体在基因工程中具有广泛的应用价值，因而质粒的转化、分离与提取成为最常用、最基本的实验技术。

最常用的质粒转化方法为热激法和电转化法：①热激法：感受态大肠杆菌在 0℃ 的 $CaCl_2$ 低渗溶液中，菌细胞膨胀成球形，转化混合物中的 DNA 黏附于菌细胞表面，经 42℃ 短时间热冲击处理，促进细胞吸收 DNA 复合物；②电转化法：外加于细胞膜上的电场造成细胞膜的不稳定，形成电穿孔，不仅有利于离子和水进入细菌细胞，也有利于 DNA 等大分子进入。

本实验转化过程中的质粒来源既可以是 TA 克隆载体与基因连接的产物（如人 *p16* 基因 PCR 扩增产物的 TA 克隆连接产物，见第四篇-实验四），也可以是未重组或重组后的克隆载体或表达载体（如 pBR322 质粒、pcDNA™ 3. 1/myc-His-*IFT57* 质粒或 pcDNA3. 1-*EGFP* 质粒），操作过程基本相同。为便于转化后阳性克隆菌落的筛选，依据载体的筛选标志，菌液铺板的琼脂培养板常常是 IPTG/X-gal（详见实验第四篇-实验八）和（或）抗生素预制平板。

（二）实验操作

1. 从-80℃冰箱取出感受态细胞 *DH5α* 后冰浴上融化，移取 50μl 感受态细胞 *DH5α* 于 1. 5ml 的 Ep 管中，加入 5μl T/A 克隆连接产物或 1μl 质粒（20ng/μl），轻轻混匀，在冰浴中放置 30 分钟。

2. 将 Ep 管置于 42℃水浴中热激 45 秒后，快速将 Ep 管转移到冰浴中放置 2 分钟（该过程不要摇动离心管）。

3. 在无菌环境下，向 Ep 管中加入 500μl 无菌的 LB 培养液（不含抗生素），混匀后置于 37℃振荡培养箱中，150r/min 培养 1 小时使细菌复苏。

4. 2000r/min 离心 30 秒，小心吸弃 400μl 上清后，移液枪吹打重悬细菌。

5. 无菌环境下，吸取转化后的感受态细胞滴加到 LB 琼脂培养板（含 50μg/ml 氨苄青霉素）或 IPTG/X-gal 预制 LB 琼脂培养板（含 50μg/ml 氨苄青霉素和 50μg/ml 卡那霉素），用细菌接种棒将菌液均匀涂布。

6. 平板正置 10 分钟待液体被吸收后，将平板倒置放置在 37℃恒温培养箱中过夜培养 12 ~ 16 小时。

（三）试剂与器材

1. *DH5α* 感受态细胞　来自第四篇-实验六。

2. 质粒（20ng/μl）　50μl 灭菌水溶解 1μg 质粒后，充分混匀溶解，-20℃保存备用。

3. 氨苄青霉素贮备液（50mg/ml）　称取 2. 5g 氨苄青霉素粉末置于 50ml 塑料离心管中。加入 40ml 灭菌水，充分混合溶解之后定容至 50ml，0. 22μm 或 0. 45μm 膜过滤除菌，分装后-20℃保存备用。

4. 卡那霉素储备液（50mg/ml）　称取 2. 5g 卡那霉素粉末置于 50ml 塑料离心管中。加入 40ml 灭菌水，充分混合溶解之后定容至 50ml，0. 22μm 或 0. 45μm 膜过滤除菌，分装后-20℃保存备用。

5. LB 琼脂培养板（含 50μg/ml 氨苄青霉素）　在 900ml 去离子水中溶解胰蛋白胨 10g，酵母提取物 5g，NaCl 10g，琼脂 15g 后，加去离子水定容至 1000ml。高压灭菌，待培养基冷却至 55℃左右，加氨苄青霉素贮备液至终浓度为 50μg/ml 培养液，混匀后立即将培养基倒入

10cm 消毒后的培养皿中(20ml/平板),冷却凝固。

6. IPTG/X-gal 预制 LB 琼脂培养板(含 50μg/ml 氨苄青霉素和 50μg/ml 卡那霉素)　在 900ml 去离子水中溶解胰蛋白胨 10g,酵母提取物 5g,NaCl 10g,琼脂 15g 后,加去离子水定容至 1000ml,高压灭菌,待培养基冷却至 55℃左右,分别加氨苄青霉素贮备液和卡那霉素储备液至终浓度均为 50μg/ml 培养液,混匀后立即将培养基倒入 10cm 消毒后的培养皿中(20ml/平板),冷却凝固。菌液铺板前 30 分钟,在无菌操作下,向铺好的 LB 琼脂培养板(含 50μg/ml 氨苄青霉素和 50μg/ml 卡那霉素)表面滴加即用型 8μl IPTG(500mmol/L)和 40μl X-gal(20mg/ml),均匀涂布在平板表面,37℃放置 30 分钟待用。

7. 液体 LB 培养液　在 90ml 去离子水中溶解胰蛋白胨 1g,酵母提取物 0.5g,NaCl 1g 后,用 5mol/L NaOH 调 pH 至 7.0,加去离子水至 100ml,高压灭菌备用。

8. 器材　-80℃冰箱、高压消毒锅、微量移液器、台式高速离心机、恒温水浴锅、恒温振荡培养箱、净化工作台等。

(四) 注意事项

1. 刚刚化冻的感受态细胞,转化效率最高,避免使用化冻时间过长的细胞进行转化。
2. 避免反复化冻感受态细胞。
3. 整个操作过程要轻柔,避免移液枪反复吹吸感受态细胞。

(五) 示范操作

单克隆转化菌落的挑取。

【课堂作业】 观察实验现象,书写实验报告。

【复习思考题】

(1) 如何将质粒 DNA 导入真核细胞?

(2) 转化实验中,感受态细胞类型选择的依据是什么?

(3) 是否在平板上生长出的细菌克隆都是质粒转化菌克隆? 为什么?

实验八　重组克隆的筛选与扩增

【学习目的要求】

(1) 掌握 α 互补的基本原理。

(2) 熟悉 α 互补检测的基本方法。

(3) 熟悉 PCR 筛选阳性克隆的基本方法。

【实验教学内容】

(一) 实验原理

为了方便重组克隆的筛选,大多数载体上具有一些筛选标记。例如大部分载体中都携带有一个或多个耐药性基因:氨苄青霉素、卡那霉素、新霉素等,通过带有药物的平板进行阳性克隆的筛选是最常用的方法之一。另一种常用的方法称为 α 互补或蓝白斑筛选,其机理是在部分载体具有编码 β-半乳糖苷酶(*Lac* Z 基因产物)氨基端 146 个氨基酸(α 肽)的核苷酸序列,该序列不能产生有活性的 β-半乳糖苷酶。由于宿主菌能编码产生缺失 α 肽的 β-半乳糖苷酶,当载体导入到宿主菌中,经 IPTG 诱导表达后两者结合实现 α 互补作用,形成完整的活性 β-半乳糖苷酶,在含显色底物 X-gal 的平板上形成蓝色菌落。如果载体插入外源

DNA 片段,破坏了 *Lac* Z 基因的结构,不能与宿主菌中有缺陷的 β-半乳糖苷酶互补,在 IPTG 和 X-gal 存在时就产生白色菌落,反之,则产生蓝色菌落。同时,由于克隆片段的插入,使得载体的分子量增大,因此,也可以通过设计包含插入区间的引物进行 PCR 扩增的方法对阳性克隆进行筛选。尽管上述筛选方法能有效地得到阳性克隆,但这些间接检测的方法都不能保证克隆序列的正确性,因此,对阳性克隆进行测序是最为经典的方法,这在表达载体的构建和鉴定中尤为重要。

pBR322 质粒、pcDNA™ 3. 1/myc-His-*IFT*57 质粒和 pcDNA3. 1-*EGFP* 质粒均携带有抗氨苄青霉素基因,因此可以通过该耐药性标志进行阳性克隆的筛选。pEASY-T1 载体(见实验第四篇-实验五)既携带有抗氨苄青霉素、抗卡那霉素基因,以及有表达 α 肽的 *Lac* Z 基因,同时在多克隆位点上、下游含有常用的 M13 上、下游检测引物序列(M13R 和 M13F),因此,可以通过以上三种方法对包含人 *p16* 基因扩增片段的阳性克隆进行筛选。

(二) 实验操作

1. pBR322 质粒、pcDNA™ 3. 1/myc-His-*IFT57* 质粒和 pcDNA3. 1-*EGFP* 质粒转化菌的耐药性筛选与克隆菌扩增。

(1) 在无菌环境下,用 10μl 高压消毒后的枪头挑取单个菌落接种至含 500μl LB 培养液(含 50μg/ml 氨苄青霉素)的 Ep 管中,置于 37℃振荡培养箱中,225r/min 培养 6 小时进行转化菌的小扩。

(2) 在无菌环境下,将 PCR 检测阳性的小扩菌液倒入含 150ml LB 培养液(含 50μg/ml 氨苄青霉素)的三角锥形瓶中,置于 37℃振荡培养箱中,225r/min 培养过夜(12 ~ 16 小时)进行转化菌的大扩。

2. 人 *p16* 基因片段重组 pEASY-T1 载体转化菌的耐药性、α 互补和 PCR 筛选与克隆菌扩增。

(1) 在无菌环境下,用 10μl 高压消毒后的枪头分别挑取多个蓝色、白色菌落接种至含 500μl LB 培养液(含 50μg/ml 氨苄青霉素和 50μg/ml 卡那霉素)的 Ep 管中,置于 37℃振荡培养箱中,225rpm 培养 6 小时进行转化菌的小扩。

(2) 以细菌培养液为模板进行 PCR 分析鉴定并筛选阳性克隆,选择全式金公司的 2× *EasyTaq* PCR SuperMix(含染料)体系扩增,体系如下(表 4-8-1):

表 4-8-1 阳性克隆筛选 PCR 分析体系

	空白对照管	阴性对照管	样品管
2×Buffer	10μl	10μl	10μl
M13R 引物(10μmol/L)	0. 4μl	0. 4μl	0. 4μl
M13F 引物(10μmol/L)	0. 4μl	0. 4μl	0. 4μl
模板	无菌水 1μl	蓝色菌落菌液 1μl	白色菌落菌液 1μl
去离子水	8. 2μl	8. 2μl	8. 2μl
总体系	20μl	20μl	20μl

PCR 扩增条件为:94℃ 10 分钟→(94℃ 30 秒 → 55℃ 30 秒 → 72℃ 30 秒)×30cycles → 72℃ 10 分钟→ 4℃保存。

（3）1.5%琼脂糖凝胶电泳检测PCR产物大小确定阳性克隆（具体操作参照第四篇-实验二-三、DNA琼脂糖凝胶电泳）。

（4）在无菌环境下，将PCR检测阳性的小扩菌液倒入含150ml LB培养液（含50μg/ml氨苄青霉素和50μg/ml卡那霉素）的三角锥形瓶中，置于37℃振荡培养箱中，225r/min培养过夜（12～16小时）进行转化菌的大扩。

（三）结果判断

阴性对照扩增产物199bp，阳性克隆扩增产物340bp。

（四）试剂与器材

1. 全式金公司2×*EasyTaq* PCR SuperMix（含染料）试剂盒。

2. 氨苄青霉素贮备液（50mg/ml）　具体操作参照第四篇-实验七 质粒热激法转化感受态细菌的试剂与器材。

3. 卡那霉素储备液（50mg/ml）　具体操作参照第四篇-实验七 质粒热激法转化感受态细菌的试剂与器材。

4. 液体LB培养液（含50μg/ml氨苄青霉素）　在90ml去离子水中溶解胰蛋白胨1g，酵母提取物0.5g，NaCl 1g后，用5mol/L NaOH调pH至7.0，加去离子水至100ml，高压灭菌备用。用前加氨苄青霉素贮备液至终浓度50μg/ml。

5. 液体LB培养液（含50μg/ml氨苄青霉素和50μg/ml卡那霉素）　在90ml去离子水中溶解胰蛋白胨1g，酵母提取物0.5g，NaCl 1g后，用5mol/L NaOH调pH至7.0，加去离子水至100ml，高压灭菌备用。用前分别加氨苄青霉素贮备液、卡那霉素储备液均至终浓度50μg/ml。

6. M13引物序列如下：

M13R：5′-CAGGAAACAGCTATGAC-3′

M13F：5′-GTAAAACGACGGCCAGT-3′

7. 器材　PCR仪；超净工作台；微量移液器；电泳仪；紫外透射仪等；高压消毒锅；台式高速离心机；恒温振荡培养箱等。

（五）注意事项

1. 挑选菌落过程中应当尽量挑选平板中央生长的单个独立菌落。

2. 应依据感受态细菌与质粒的类型选择适当的筛选方法。

（六）示范操作

克隆菌的挑取。

【课堂作业】　观察实验现象，书写实验报告。

【复习思考题】

（1）如果要对阳性克隆进行测序鉴定，如何操作？

（2）蓝白斑筛选是否适用于所有克隆菌的筛选？

（3）蓝白斑筛选中，是否在平板上生长出的白色细菌克隆都是阳性克隆？为什么？

实验九　转化菌的质粒提取与定量

【学习目的要求】

（1）熟悉碱性裂解法提取质粒DNA的实验原理。

（2）掌握碱性裂解法提取质粒 DNA 的实验操作。

（3）掌握质粒抽提试剂盒提取质粒的实验操作。

（4）掌握分光分析技术测定质粒 DNA 浓度的计算方法。

【实验教学内容】

（一）实验原理

质粒的提取是常规的分子生物学实验技术。提取质粒 DNA 的方法很多，大致分为三个阶段：①细菌的培养：分离单个菌落，接种到含适量抗生素的培养基中培养。随着细菌的生长，质粒 DNA 也在自主复制。②收集菌体、溶菌：用离心沉降的方法把菌体从培养基中分离出来，细菌沉淀用 STE 或生理盐水悬浮，漂洗 1 ~2 次。溶菌方法很多，如去污剂法、沸水热裂法、碱变性法、溶菌酶法等。细菌染色体 DNA 与质粒 DNA 有两点重要差别：一是大肠杆菌染色体 DNA 为 4.6×10^3kb，而常用质粒 DNA 一般小于 10kb；二是染色体 DNA 为线性分子，而质粒 DNA 大多是共价闭合环状分子。因此在加热或碱性（pH 12.5）条件下，质粒 DNA 仍为自然状态，而线性的大分子量细菌染色体 DNA 变性。当冷却或调节 pH 至中性时，质粒 DNA 恢复其原有构型，而细菌的大部分 DNA 和蛋白质在去污剂 SDS 的作用下形成沉淀。通过离心，可除去大部分细菌碎片染色体 DNA、RNA 及蛋白质。③质粒 DNA 的纯化：经碱变性或热变性处理后得到的质粒 DNA 中还含有部分宿主菌 RNA 及一些蛋白质，尚须进一步纯化。纯化的方法一般有三种：一是用柱层析，通过凝胶的过滤或特异吸附将质粒 DNA 与 RNA 和蛋白质分开；二是用 RNA 酶（RNase）处理，将 RNA 水解，然后用酚、氯仿抽提去除 RNase 及蛋白，乙醇沉淀回收质粒 DNA；三是氯化铯密度梯度离心的方法，这是纯化质粒的可靠的经典方法。对于没有超离心设备的实验室，采用前两种方法，一般可满足实验要求。

在波长 260nm 的紫外线下，紫外分光分析测定的 1 OD 值光密度相当于 50μg/ml 的双链 DNA 浓度，40μg/ml 的单链 DNA 或 RNA，或 20μg/ml 的单链寡聚核苷酸，可以此来计算核酸样品的浓度。分光光度法不但能确定浓度，还可通过测定在 260nm 和 280nm 的紫外吸收值的比值（A_{260}/A_{280}）估计核酸纯度。DNA 的比值为 1.8，RNA 的比值为 2.0。若 DNA 比值高于 1.8，说明样品中 RNA 尚未除尽。样品中含有酚和蛋白质将导致比值降低。

（二）实验操作

依据实验室情况，质粒的提取可以选择碱性裂解法或试剂盒提取质粒 DNA。

1. 碱性裂解法提取质粒 DNA

（1）菌体收集：用移液器取 1.5ml LB 细菌培养液移至 1.5ml 塑料离心管中，12 000r/min，4℃离心 1 分钟弃上清。重复该操作两次。用 1.0ml STE 漂洗菌体，再离心回收菌体。

（2）细菌裂解：加 100μl 预冷的溶液Ⅰ，强烈振荡混匀后，冰浴 10 分钟。然后加 200μl 溶液Ⅱ，盖严管盖后颠倒 5 次以混合内容物（不要强烈振荡）。此时菌液变为黏稠透明，冰浴 5 分钟，最后加入 150μl 溶液Ⅲ充分混匀，冰浴 10 分钟，12 000r/min 离心 5 分钟，上清液转移至另一离心管中。

（3）异丙醇沉淀核酸及核酸酶水解 RNA：上清液中加入 0.6 倍体积的异丙醇，轻轻混匀。室温放置 10 ~20 分钟，12 000r/min 离心 10 分钟，管底可见白色沉淀物，尽量吸弃异丙醇溶液。用 500μl TE 溶解沉淀，另加 5μl RNase（1μg/μl），室温放置 10 分钟（此步骤可省略）。

（4）苯酚和氯仿抽提去除蛋白质和脂类：加入 500μl 酚：氯仿（1：1），振荡混匀，

12 000r/min 离心 2 分钟，用微量进样器将上层水相移入另一干净的小离心管中，如上层水相仍混浊可重复抽提一次。

（5）乙醇沉淀质粒 DNA：加入 1ml 无水乙醇（室温），振荡混匀，室温放置 2 分钟。12 000r/min 离心 5 分钟，弃上清。加入 1.0ml 预冷的 75% 乙醇振荡漂洗沉淀，12 000r/min 离心 5 分钟，弃上清，用滤纸小条小心吸净管壁上的乙醇，将管倒置在滤纸上，室温下蒸发痕量乙醇 10～15 分钟。加入 50μl TE（pH8.0）溶解 DNA，短暂振荡 5min 后，-20℃储存备用。

2. 试剂盒提取质粒 DNA（以 Tiangen 公司小提试剂盒为例） 试剂盒使用前，按要求将 100% 乙醇加入 WB 液中，并将 RNase A 完全倒入 RB 液中，混匀待用。

（1）吸取 1.5ml 过夜培养的细菌于 Ep 管中，4000r/min 离心 1 分钟，小心吸弃上清。重复两次操作，共获得 4.5ml 过夜培养的细菌。

（2）加入 250μl 无色溶液 RB（含 RNase A）于 Ep 管中，移液枪吹打悬浮细菌。

（3）加入 250μl 蓝色溶液 LB，温和地上下翻转混合 6 次（不宜超过 5 分钟）。

（4）加入 350μl 黄色溶液 NB，轻轻混合 6 次，室温静置 2 分钟。

（5）12 000r/min 离心 5 分钟，小心吸取上清加入吸附柱中。

（6）12 000r/min 离心 1 分钟，弃流出液。

（7）加入 650μl 溶液 WB，12 000r/min 离心 1 分钟，弃流出液。

（8）12 000r/min 离心 1 分钟，彻底去除残留的 WB。

（9）将吸附柱置于一干净的 1.5ml Ep 管中，在柱的中央加入 50μl 去离子水（pH>7.0），室温静置 1 分钟（去离子水在 60～70℃水浴预热，使用效果更好）。

（10）12 000r/min 离心 1 分钟，洗脱 DNA，洗脱出的 DNA 溶液-20℃储存备用。

3. 分光光度法定量质粒 DNA 浓度 吸取 5μl 质粒 DNA，加水至 1ml 混匀后，转入分光光度计的石英比色杯中，经 1ml 蒸馏水校正调零点后，在 260nm 波长处读出质粒 DNA 的光密度。

$$\text{DNA 样品浓度}(\mu g/\mu l) = \frac{OD_{260} \times \text{核酸稀释倍数} \times 50}{1000}$$

按此稀释倍数，如果 DNA 被稀释 200 倍，OD_{260} 读数为 0.1，则样品浓度就为 1μg/μl。

（三）试剂与器材

1. 1mol/L Tris-HCl（pH 8.0） 称取 Tris 碱 6.06 g，加超纯水 40 ml 溶解，滴加浓 HCl 约 2.1 ml 调 pH 至 8.0，定容至 50 ml。

2. 0.5mol/L EDTA（pH 8.0） 称取 9.306g EDTA-Na_2·$2H_2O$，加超纯水 35 ml，剧烈搅拌，用约 1g NaOH 颗粒调 pH 至 8.0，定容至 50ml（EDTA 二钠盐需加入 NaOH 将 pH 调至接近 8.0 时，才会溶解）。

3. STE 缓冲液（0.1mol/L NaCl；10mmol/L Tris-HCl；1.0mmol/L EDTA） 称取 0.5844g NaCl 置烧杯中，加入 1mol/L Tris-HCl（pH 8.0）1ml，0.5mol/L EDTA（pH 8.0）0.2ml 后，用超纯水定容至 100ml，搅拌均匀。

4. 10% SDS 称量 10g 高纯度的 SDS 置于烧杯中，加入约 80ml 的去离子水，68℃加热溶解后，滴加浓盐酸调节 pH 至 7.2，将溶液定容至 100ml 后，室温保存。

5. 2mol/L NaOH 称量 8.0g NaOH 置烧杯中，加入 80ml 去离子水搅拌均匀后，用去离子水定容至 100ml。

6. 溶液Ⅰ[25mmol/L Tris · Cl(pH8.0);10mol/L EDTA;50mmol/L 葡萄糖] 在烧杯中分别加入 25ml 1mol/L Tris-HCl (pH 8.0)、20ml 0.5mol/L EDTA(pH 8.0)、9.0g 葡萄糖,加入 800ml 超纯水后搅拌混匀,用超纯水定容至 1000ml。高温高压灭菌后,4℃保存。

7. 溶液Ⅱ(0.2mol/L NaOH;1% SDS,临用前新鲜配制) 在烧杯中分别取 50ml 10% SDS 和 50ml 2mol/L NaOH,用灭菌水定容至 500ml,充分混匀。

8. 溶液Ⅲ(3mol/L KAc 对 5mol/L 乙酸根) 在烧杯中分别取 147g 乙酸钾和 57.5ml 乙酸后,加入 300ml 去离子水充分搅拌,加去离子水定容至 500ml,高温高压灭菌后,4℃保存。

9. 异丙醇。

10. 75% 乙醇及无水乙醇 -20℃保存备用。

11. TE(10 mmol/L Tris-HCl,pH 8.0;1 mmol/L EDTA,pH 8.0)缓冲液:在烧杯中加入 1mol/L Tris-HCl(pH 8.0)1ml,0.5mol/L EDTA(pH 8.0)0.2ml 后,用超纯水定容至 100ml。

12. 氯仿(三氯甲烷)。

13. 重蒸酚 市售苯酚蒸馏纯化(收集 179 ~ 181℃之间的酚),用 TE 饱和,使水相 pH 在 7.8 左右,保留水相,低温保存。

14. 质粒小提试剂盒(Tiangen 公司)。

15. 器材 低温高速离心机;微量移液器;台式高速离心机;紫外分光光度计等。

（四）注意事项

1. 加入溶液Ⅱ后只需轻轻颠倒几次离心管,过于剧烈振荡会导致基因组断裂。

2. 加入溶液Ⅲ立即上下颠倒几次混匀,时间不宜过长。

3. 吸附柱的洗脱液体积不能少于 30μl,太少洗脱效率低,产量低。

【课堂作业】 观察实验现象,书写实验报告。

【复习思考题】

(1) 如何将质粒 DNA 和细胞染色体 DNA 分开?

(2) 开环的质粒 DNA 与闭环质粒 DNA 在琼脂糖凝胶电泳时哪个走在前面? 为什么?

(3) 测得某核酸样品液在 260nm 处的光密度值为 0.45,若为 DNA 样品,它的浓度为多少? 若为 RNA 样品,其浓度又为多少?

实验十 质粒的酶切与琼脂糖凝胶电泳鉴定

【学习目的要求】

(1) 掌握质粒限制性内切酶酶切的操作过程。

(2) 掌握质粒与酶切质粒的琼脂糖凝胶电泳鉴别方法。

(3) 了解不同构象的质粒琼脂糖凝胶电泳的差别。

【实验教学内容】

（一）实验原理

质粒的酶切是基因工程操作中的重要步骤。通过特异的限制性核酸内切酶的切割,环形质粒载体转变为带有特异序列末端的线性载体,为与被同样限制性核酸内切酶切割后的线性目的基因片段的连接做好准备。同样,质粒的酶切也是验证重组质粒常用的间接鉴定方法。

限制性核酸内切酶是广泛分布在细菌体内,可以识别 DNA 的特异序列,并在识别位点或其周围切割双链 DNA 的一类核酸内切酶，简称限制酶。根据限制酶的结构、辅因子的需求切位与作用方式，可将限制酶分为三种类型。Ⅰ型限制性内切酶既能催化宿主 DNA 的甲基化，又催化非甲基化的 DNA 的水解；而Ⅱ型限制性内切酶只催化非甲基化的 DNA 的水解；Ⅲ型限制性内切酶同时具有修饰及认知切割的作用。限制性内切酶识别 DNA 序列中的回文序列。有些酶的切割位点在回文的一侧（如 *Eco*RⅠ、*Bam*HⅠ等），因而可形成黏性末端，另一些Ⅱ类酶如 *Alu*Ⅰ、*Bsu*RⅠ、*Bal*Ⅰ、*Hpa*Ⅰ、*Sma*Ⅰ等，切割位点在回文序列中间，形成平整末端。

通过琼脂糖凝胶电泳，可以区分酶切与未酶切的质粒。未经酶切的质粒 DNA 在电泳后的琼脂糖凝胶上呈现的条带数目不一，最常见的是三条区带，闭合超螺旋质粒泳动最快，其次是线性构象质粒，泳动最慢的是开环双链质粒。提纯的质粒 DNA 应不含染色体 DNA 和 RNA，正常操作时线性和开环双链质粒 DNA 不超过总量的5%。质粒酶切后的体系中，线性质粒与释放的其他 DNA 片段的泳动位置与分子量相同的 Marker 条带一致。因此，可以通过该电泳特征确定质粒的性质及是否被酶切。本次实验中，将分别以 pBR322、pcDNA™ 3.1/myc-His-*IFT57* 和 pcDNA3.1-*EGFP* 为例介绍质粒的酶切操作。

pBR322 质粒为总长度 4361 个碱基的环状 DNA，其上有限制性核酸内切酶 *Eco*RⅠ、*Bam*HⅠ、*Sal*Ⅰ等的单酶切位点（*Eco*RⅠ酶切位点位于 4359，*Bam*HⅠ酶切位点位于 375，*Sal*Ⅰ酶切位点位于 651）。如用上述单个酶切，会产生单一的线状 DNA；如用双酶切则产生两条 DNA 片段；如用三酶切则产生三条 DNA 片段。pBR322 质粒的酶切图谱如图 4-10-1。

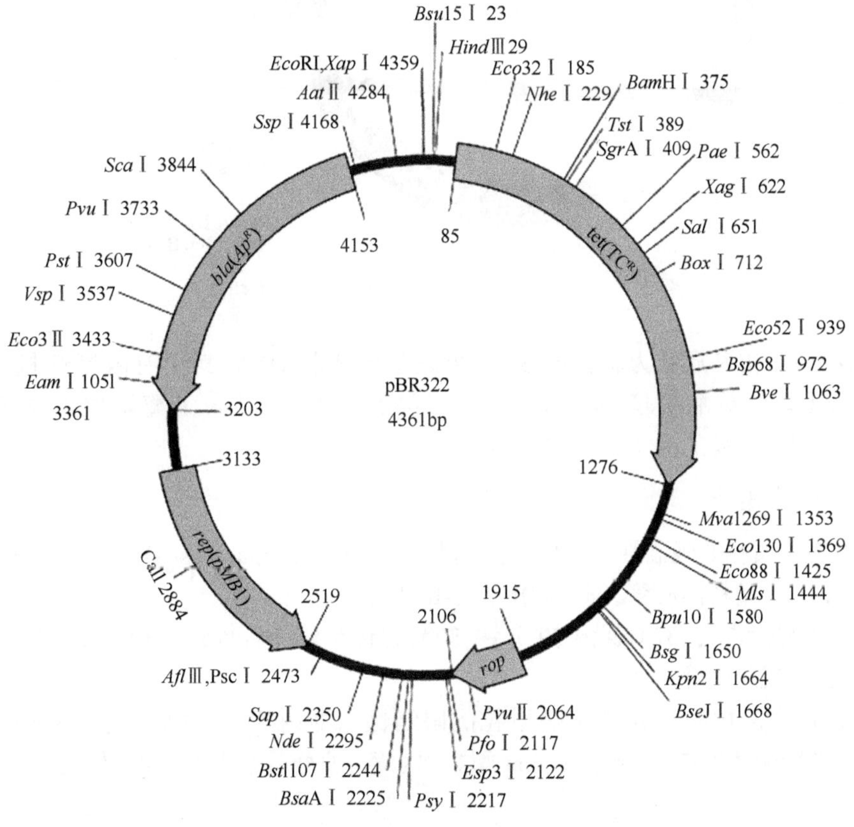

图 4-10-1　pBR322 质粒的酶切图谱

pcDNA™ 3. 1/myc-His 质粒为总长度 5498 个碱基的环状 DNA，其上有限制性核酸内切酶 *Eco*R Ⅰ、*Bam*H Ⅰ等的单酶切位点（*Eco*R Ⅰ 酶切位点位于 955，*Bam*H Ⅰ 酶切位点位于 978）。pcDNA™ 3. 1/myc-His-*IFT*57 质粒为重组 *IFT*57 基因的载体，总长度为 6745bp。在 *Eco*R Ⅰ与 *Bam*H Ⅰ两酶切位点之间插入了 1270bp 的 *IFT*57 基因片段。pcDNA™ 3. 1/myc-His 质粒的酶切图谱如图 4-10-2。

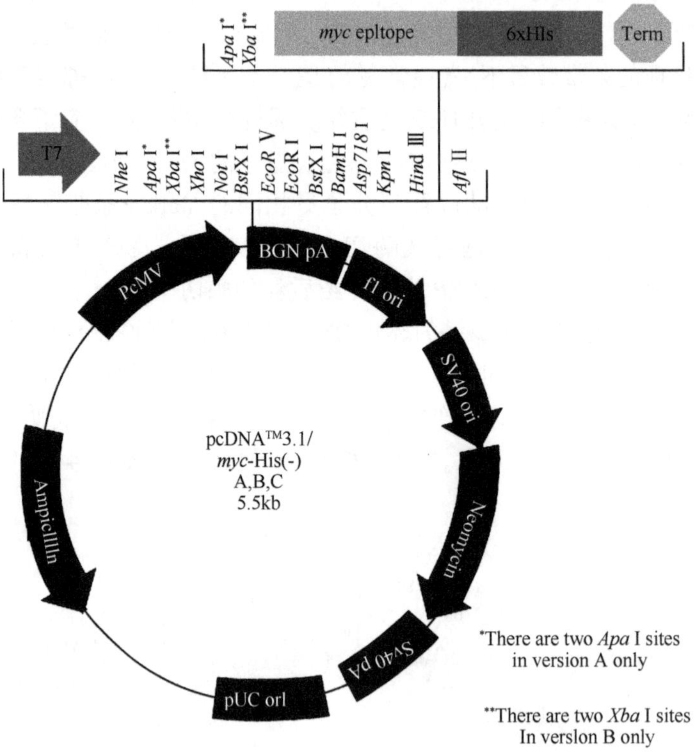

图 4-10-2　pcDNA™ 3. 1/myc-His 质粒的酶切图谱

pcDNA3. 1-*EGFP* 质粒为总长度 6173 个碱基的环状 DNA，其上有限制性核酸内切酶 *Eco*R Ⅰ、*Not* Ⅰ等的单酶切位点（*Eco*R Ⅰ 酶切位点位于 953，*Not* Ⅰ 酶切位点位于 1725）。pcDNA3. 1-*EGFP* 质粒的酶切图谱如图 4-10-3。

（二）实验操作

1. pBR322 质粒的限制性核酸内切酶切割　选择 Fermentas Fast Digest 系统进行酶切操作，取 4 个 1. 5ml 塑料离心管，编号后按表 4-10-1 操作：

各试剂加好后混匀，37℃保温 30 分钟，80℃孵育 5 分钟后每管加 6×上样缓冲液 4μl 混合，备用琼脂糖凝胶电泳。

2. pcDNA™ 3. 1/myc-His-*IFT57* 质粒的限制性核酸内切酶切割　选择 Fermentas Fast Digest 系统进行酶切操作，取 4 个 1. 5ml 塑料离心管，编号后按表 4-10-2 操作：

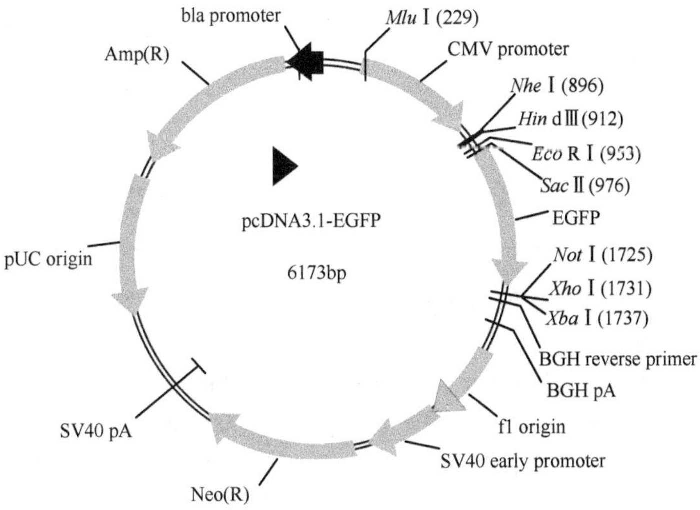

图 4-10-3　pcDNA3. 1-EGFP 质粒的酶切图谱

表 4-10-1　pBR322 质粒的限制性核酸内切酶酶切体系

编号	1	2	3	4
pBR322(1.0 μg/μl)	1μl	1μl	1μl	1μl
10 ×Buffer	2μl	2μl	2μl	2μl
限制性核酸内切酶	—	*Eco*R Ⅰ 1μl	*Bam*H Ⅰ 1μl	*Eco*R Ⅰ 1μl+Sal Ⅰ 1μl
无菌双蒸水	17μl	16μl	16μl	15μl
总体积	20μl	20μl	20μl	20μl

表 4-10-2　pcDNA™ 3. 1/myc-His-*IFT57* 质粒的限制性核酸内切酶酶切体系

编号	1	2	3	4
pcDNA™ 3. 1/myc-His 质粒(1. 0 μg/μl)	1μl	1μl	—	—
pcDNA™ 3. 1/myc-His-*IFT57* 质粒(1. 0 μg/μl)	—	—	1μl	1μl
10 ×Buffer	2μl	2μl	2μl	2μl
*Eco*R Ⅰ 1μl+ *Bam*H Ⅰ 1μl	—	2μl	—	2μl
无菌双蒸水	17μl	15μl	17μl	15μl
总体积	20μl	20μl	20μl	20μl

各试剂加好后混匀,37℃保温 30 分钟,80℃孵育 5 分钟后每管加 6×上样缓冲液 4μl 混合,备用琼脂糖凝胶电泳。

3. pcDNA3. 1-*EGFP* 质粒的限制性核酸内切酶切割　选择 Fermentas Fast Digest 系统进行酶切操作,取 4 个 1. 5ml 塑料离心管,编号后按表 4-10-3 操作:

表 4-10-3 pcDNA3. 1-*EGFP* 质粒的限制性核酸内切酶酶切体系

编号	1	2	3	4
pcDNA3. 1-EGFP 质粒(1. 0 μg/μl)	1μl	1μl	1μl	1μl
10 ×Buffer	2μl	2μl	2μl	2μl
限制性核酸内切酶	—	*Eco*R Ⅰ 1μl	Not Ⅰ 1μl	*Eco*R Ⅰ 1μl+ Not Ⅰ 1μl
无菌双蒸水	17μl	16μl	16μl	15μl
总体积	20μl	20μl	20μl	20μl

各试剂加好后混匀,37℃保温 30 分钟,80℃孵育 5 分钟后每管加 6×上样缓冲液 4μl 混合,备用琼脂糖凝胶电泳。

4. 琼脂糖凝胶电泳 制备 1. 5% 琼脂糖凝胶(具体操作参照第四篇-实验二-三、DNA 琼脂糖凝胶电泳)。对照孔(每一体系的第 1 管)和样品孔取酶切产物 10 ~20 μl 上样;标准孔各取 DNA ladder 和标准分子量 DNA 片段(λDNA/Hind Ⅲ)5μl 上样。电泳缓冲液为 1×TAE 缓冲液。90 ~120V 电泳 60 分钟,紫外透射仪下观察 DNA 条带。绘图或照相,结合 DNA Ladder 和标准分子量 DNA 片段(λDNA/Hind Ⅲ)分析结果。

(三) 结果分析

未被酶切的质粒在琼脂糖电泳中,最常见的是三条区带,闭合超螺旋质粒泳动最快,其次是线性构象质粒,泳动最慢的是开环双链质粒。

质粒如用单个酶切,会产生单一的线状 DNA;如用双酶切则产生两条 DNA 片段;如用三酶切则产生三条 DNA 片段。

(四) 试剂与器材

1. pBR322 质粒。
2. pcDNA™ 3. 1/myc-His 与 pcDNA™ 3. 1/myc-His-*IFT*57 质粒。
3. pcDNA3. 1-*EGFP* 质粒。
4. Fermentas 公司产限制性核酸内切酶试剂盒 *Eco*R Ⅰ、*Bam*H Ⅰ、*Sal* Ⅰ、Not Ⅰ。
5. 1. 5% 琼脂糖凝胶 具体参照第四篇-实验二-三、DNA 琼脂糖凝胶电泳。
6. 标准分子量 DNA 片段(λDNA/*Hind* Ⅲ)。
7. 溴化乙锭(EB) 10mg/ml EB(配制琼脂糖凝胶时,EB 终浓度为 0. 5μg/ml)。
8. 6×样品缓冲液 具体参照第四篇-实验二-三、DNA 琼脂糖凝胶电泳。
9. 50×TAE 电泳缓冲液 称量 Tris 242g、$Na_2EDTA \cdot 2H_2O$ 37. 2g 于 1L 烧杯中。烧杯中加入约 800ml 去离子水,充分搅拌均匀后,加入 57. 1ml 的冰乙酸,充分溶解。加去离子水定容至 1L 后,室温保存。用前用去离子水稀释至 1×电泳缓冲液。
10. 器材 电泳仪;水平电泳槽;微量移液器;恒温水浴锅;紫外透射仪等。

(五) 注意事项

1. 酶切体系中的质粒 DNA 总量不能低于 0. 5μg。
2. 溴乙锭是潜在的致癌化学物质,不要用手直接接触凝胶。

(六) 设计型实验

请设计总体系为 20μl 的 *Eco*R Ⅰ、*Bam*H Ⅰ 和 *Sal* Ⅰ 三酶切 pBR322 质粒的反应体系并预测酶切后的电泳结果。

【课堂作业】 观察实验现象，书写实验报告。

【复习思考题】

(1) 开环的质粒 DNA 与闭环质粒 DNA 在琼脂糖凝胶电泳时哪个走在前面？为什么？

(2) 限制性核酸内切酶的星号活性是什么？如何避免酶切过程中的星号活性？

实验十一 pcDNA3.1(+)-*EGFP* 质粒转染 HeLa 细胞株

【学习目的要求】

(1) 掌握质粒转染的基本原理。

(2) 掌握质粒转染的基本操作。

(3) 了解外源基因进入真核细胞常用的方法。

【实验教学内容】

(一) 实验原理

转染(transfection)指真核细胞由于外源 DNA 掺入而获得新的遗传标志的过程。常规转染技术可分为瞬时转染和稳定转染两大类。前者是外源 DNA/RNA 不整合到宿主染色体中，因此一个宿主细胞中可存在多个拷贝数，产生高水平的表达，但通常只持续几天至 2 周。后者也称永久转染，外源 DNA 既可以整合到宿主染色体中，也可能作为一种游离体(episome)存在。外源 DNA 整合到染色体中概率很小，大约 $1/10^4$ 转染细胞能整合，通常需要通过一些选择性标记反复筛选，才能得到稳定转染的同源细胞系。

外源基因进入细胞主要有四种方法：电击法、磷酸钙法、脂质体介导法和病毒介导法。电击法是在细胞上短时间暂时性的穿孔让外源质粒进入；磷酸钙法和脂质体法是利用不同的载体物质携带质粒通过直接穿膜或者膜融合的方法使得外源基因进入细胞；病毒法是利用包装了外源基因的病毒感染细胞的方法使得其进入细胞。由于电击法和磷酸钙法的实验条件控制较严、难度较大；病毒法的前期准备较复杂、实验硬件要求高且可能对细胞有较大影响；所以现在对于很多普通细胞系，一般多采用脂质体法。

本次实验采用的脂质体是 Invitrogen 公司的 Lipofectamine™ 2000 脂质体试剂，转染的质粒是携带有绿色荧光蛋白基因的 pcDNA3.1(+)-*EGFP* 质粒。通过荧光显微镜观察绿色荧光蛋白的分布与密度，可以对转染效率进行初步评价。

(二) 实验操作

实验操作按照 Invitrogen/Lipofectamine™ 2000 试剂盒说明进行。

1. RPMI 1640 培养液培养人宫颈癌 HeLa 细胞株。

2. HeLa 细胞于转染前 24 小时消化计数，1.5×10^5 个细胞接种于六孔培养板，用含抗生素与血清的细胞培养液培养 24 小时。

3. 分空载质粒和重组质粒两组，用 250μl 不含血清、不含双抗的 RPMI 1640 培养液分别稀释 10μl Lipofectamine™ 2000 Reagent 和 4μl 质粒(空载质粒和 EGFP 重组质粒)，轻摇混匀后，室温放置 5 分钟(表 4-11-1)。

4. 将两组用 RPMI 1640 培养液稀释后的上述 Lipofectamine™ 2000 Reagent 和质粒进行混合，轻轻颠倒混匀，室温放置 20 分钟。

表 4-11-1 Lipofectamine™ 2000 转染体系

	1	2
Lipofectamine™ 2000	10μl	10μl
pcDNA3. 1(+)质粒(1μg/μl)	4μl	
pcDNA3. 1(+)-*EGFP* 质粒(1μg/μl)		4μl

5. 吸弃六孔培养板中的培养液,加入 1. 5ml 含血清、不含双抗的 RPMI 1640 培养液。
6. 混匀后的液体转移入培养细胞中,轻柔摇动以混合,37℃、5% CO_2 培养箱内培养。
7. 24 小时后更换为含双抗、含血清的细胞培养液,37℃、5% CO_2 培养箱内培养。
8. 每天更换细胞培养液并在荧光显微镜下观察细胞转染的效率。

(三) 试剂与器材

1. 人宫颈癌 HeLa 细胞株。
2. RPMI1640 培养液。
3. 胎牛血清。
4. 0. 25% trypsin/ 0. 02% EDTA。
5. 注射用硫酸链霉素和注射用青霉素钠。
6. pcDNA3. 1(+)-*EGFP* 与 pcDNA3. 1(+)质粒。
7. Lipofectamine™ 2000 Reagent (Invitrogen)试剂盒。
8. 器材 六孔培养板;细胞计数板;0. 22μm 微孔滤膜;超净工作台;微量移液器;二氧化碳培养箱;倒置荧光显微镜;恒温水浴锅等。

(四) 注意事项

1. 质粒与 Lipofectamine™ 2000 在混合后 20 分钟内应加入到培养细胞中。
2. 转染后最佳的观测时间为 72 ~ 96 小时。

【课堂作业】 观察实验现象,书写实验报告。

【复习思考题】

(1) 真核细胞感染的操作中使用的假病毒与真病毒有何差别? 如何制造?

(2) 如果是使用非荧光蛋白基因重组质粒进行转染,如何检测转染的效率?

实验十二 pcDNA3. 1(+)-*EGFP* 质粒转染 HeLa 细胞株的 RT-PCR 分析

【学习目的要求】

(1) 掌握 RT-PCR 的实验原理。

(2) 了解 RNA 提取的方法和原理。

【实验教学内容】

(一) 实验原理

RT-PCR 常用于对特异基因的 mRNA 表达产物进行定性与定量分析。该方法分为三个步骤：首先是 RNA 的提取；其次通过 Oligo(dT)反转录 mRNA 成 cDNA；最后通过特异基因的引物扩增 cDNA，以间接定性与定量分析 cDNA 来源的基因特异 mRNA 的表达情况。Oligo(dT)作为反转录引物是因绝大多数真核细胞 mRNA 具有 3′端 Poly(A)尾，通过该引物与 Poly(A)尾配对，使 mRNA 被反转录。在 mRNA 空间结构较复杂而难拷贝其全长序列或在克隆非 Poly(A)尾的 mRNA 或其他 RNA 过程中，可采用非特异的随机六聚体引物反转录。因此，Oligo(dT)作为引物合成的 cDNA 比随机六聚体作为引物得到的 cDNA 在数量和复杂性方面均要小。

本实验选择 pcDNA3.1(+)和 pcDNA3.1(+)-*EGFP* 质粒分别转染的 HeLa 细胞，抽提两组细胞的 RNA 后，以 Oligo(dT)作为引物合成 cDNA；利用 *EGFP* 和 *β-actin* 特异的 cDNA 引物扩增后比较两组中 *EGFP* mRNA 的表达差异。

（二）实验操作

1. 总 RNA 的提取（Promega 公司的 Trizol 试剂盒为例）

(1) 收集培养的 HeLa 细胞（$<5\times10^6$），用预冷的 PBS 洗涤一次，1000r/min 离心获得沉淀，加入 1.0ml Trizol 试剂，用 Vortex 振荡器充分振荡混匀，冰浴 5 分钟。

(2) 加入 200μl 氯仿，充分振荡或上下来回颠倒数次，稍静止后出现分层，随即于 4℃，12 000rpm 离心 15 分钟。

(3) 将上清（水相）转移于另一支 1.5ml Ep 离心管中（注意不要吸到中间层的蛋白沉淀），加入等体积的异丙醇（4℃预冷）混匀，在室温中放置 10 分钟，12 000r/min 离心 10 分钟，沉淀即所需的总 RNA。

(4) 加入 0.5ml 75% 乙醇混匀，12 000r/min 离心 5 分钟，小心地倒掉乙醇。用干净的一次性塑料手套套住离心管的管口，于 37℃烘箱烘干或真空抽干，然后加入 20～50μl DEPC 处理过的水溶解沉淀，-20℃保存待用。

2. cDNA 第一链的合成（Thermo 公司 RevertAid First Strand cDNA Synthesis Kit 试剂盒为例）

利用紫外分光光度计测定 RNA 的 OD_{260}/OD_{280}，通过比值可知提取到的 RNA 是否纯净以及是否有 RNA 降解，判定标准为：比值为 1.8～2.0 表示提取到的 RNA 纯度很高，低于 1.8，说明有蛋白质或 DNA 污染，而高于 2.0，说明 RNA 降解严重，利用测定的 OD_{260} 可以准确测定 RNA 浓度（1OD＝40μg/ml），按下列顺序在 0.2ml 的 Ep 管中依次取量相应试剂（表 4-12-1）：

表 4-12-1　cDNA 第一链合成体系

dNTPs	2μl
RevertAid Reverse Transcriptase	1μl
5×Reaction Buffer	4μl
oligo (dT)18	1μl
RiboLock RNase Inhibitor	1μl
RNA 样品（约 0.5～2μg）	Xμl
RNAase free water	补至 20μl

放置于 PCR 仪中按照以下程序进行扩增：42℃ 45 分钟，86℃热变性 15 分钟，而后立即使用或于-20℃保存。

3. PCR 扩增（欣佰诺公司 2×*Taq* MasterMix 为例）

(1) 取四个 0.2ml PCR 管，编号后依次加入下列试剂（表 4-12-2）：

表 4-12-2　PCR 扩增反应体系

	1	2	3	4
pcDNA3. 1(+)质粒转染组 cDNA	1μl	1μl		
pcDNA3. 1(+)-*EGFP* 质粒转染组 cDNA			1μl	1μl
EGFP 上+下游引物(各 10μmol/L)	0. 4+0. 4μl		0. 4+0. 4μl	
β-actin 上+下游引物(各 10μmol/L)		0. 4+0. 4μl		0. 4+0. 4μl
去离子水	8. 2μl	8. 2μl	8. 2μl	8. 2μl
2 × SuperMix	10μl	10μl	10μl	10μl
总体系	20μl	20μl	20μl	20μl

20μl 的反应体系混匀后,短暂离心。

(2) PCR 循环参数:　① 94℃　5 分钟
② 94℃　30 秒
③ 57℃　30 秒　}30 个循环
④ 72℃　30 秒
⑤ 72℃　10 分钟,4℃保护 50 分钟。

4. 琼脂糖凝胶电泳鉴定　制备 2. 0% 琼脂糖凝胶(具体操作参照第四篇-实验二-三、DNA 琼脂糖凝胶电泳)。样品孔取 PCR 产物 10 μl 上样;标准孔取 100bp DNA ladder 5μl 上样。120V 电泳 30 分钟,紫外透射仪下观察 PCR 条带。绘图或照相,结合 DNA Ladder 分析结果。

(三) 结果判断

PCR 产物电泳带与 DNA Marker 比较,*β-actin* 扩增产物的长度为 652bp,*EGFP* 扩增产物的长度为 717bp。

(四) 试剂与器材

1. Trizol 试剂(Promega)。
2. 氯仿。
3. 异丙醇。
4. 第一链 cDNA 合成试剂盒(Thermo 公司)。
5. PCR mix(欣佰诺公司)　dNTPs,Mg^{2+},*Tag* 酶,PCR buffer。
6. *β-actin* 引物,扩增产物的长度为 652bp,序列如下:

上游:5′-GGGTCACCCACACTGTGCCCATCTA-3′

下游:5′-GCATTTGCGGTGGACGATGGAGG-3′

EGFP 引物,扩增产物的长度为 717bp,序列如下:

上游:5′-GTGAGCAAGGGCGAGGAGCTG-3′

下游:5′-TTACTTGTACAGCTCGTCCATGCCGAG-3′

7. DEPC 水　吸取 DEPC 1. 0ml 置含有少量双蒸水的 1000ml 容量瓶中,然后用双蒸水定容至 1000ml。充分混匀,静置 4 小时,高压灭菌除去残留的 DEPC 后备用。
8. 75% 乙醇溶液　用无水乙醇 75ml + DEPC 水 25ml 配成,混匀后放置−20℃保存。

9. 1×电泳缓冲液　具体参照第四篇-实验二-三、DNA 琼脂糖凝胶电泳的试剂部分。

10. 6×上样缓冲液　具体参照第四篇-实验二-三、DNA 琼脂糖凝胶电泳的试剂部分。

11. 2.0% 的琼脂糖　具体参照第四篇-实验二-三、DNA 琼脂糖凝胶电泳的试剂部分。

12. 100bp DNA Ladder 购自北京全式金公司。

13. 器材　微量移液器；无 RNA 酶的枪头；无 RNA 酶的 Ep 管；恒温水浴锅；PCR 仪；冷冻高速离心机；紫外透射仪；超净工作台；细胞培养箱等。

（五）注意事项

1. 在实验过程中要防止 RNA 的降解，保持 RNA 的完整性，在总 RNA 的提取过程中，注意避免 mRNA 断裂。

2. 为了防止非特异性扩增，必须设阴性对照。

3. 防止 DNA 的污染　采用 DNA 酶处理 RNA 样品，在可能的情况下，将 PCR 引物置于基因的不同外显子，以消除基因和 mRNA 的共线性。

4. 所有的玻璃器皿均应在使用前于 180℃ 的高温下干烤 6 小时或更长时间。

5. 塑料器皿可用 0.1% DEPC 水浸泡或用氯仿冲洗（注意：有机玻璃器具因可被氯仿腐蚀，故不能使用）。

6. 配制的溶液应尽可能地用 0.1% DEPC，在 37℃ 处理 12 小时以上。然后用高压灭菌除去残留的 DEPC。不能高压灭菌的试剂，应当用 DEPC 处理过的无菌双蒸水配制，然后经 0.22μm 滤膜过滤除菌。

7. 操作人员戴一次性口罩、帽子、手套，实验过程中手套要勤换。

8. 设置 RNA 操作专用实验室，所有器械等应为专用。

（六）示范操作

1. PCR 仪的使用。

2. 移液器的使用。

3. 琼脂糖凝胶点样。

（七）设计型实验

现有小鼠新鲜的肝脏组织，如何鉴定改组织内 *GAPDH* 的 mRNA 是否表达？

【课堂作业】　观察实验结果，书写实验报告。

【复习思考题】

（1）*β-actin* 是 RT-PCR 过程中使用的内参，除了 *β-actin* 外还有哪些基因可作为内参？

（2）为什么要用 DEPC 处理实验器材及使用的蒸馏水？

实验十三　pcDNA3.1(+)-*EGFP* 质粒转染 HeLa 细胞株的 Western 分析

【学习目的要求】

（1）掌握 Western 方法从蛋白质混合物中检出目标蛋白质的原理。

（2）掌握定量或定性测定 HeLa 细胞中 EGFP 蛋白表达的方法。

（3）熟悉 Western 方法的操作步骤。

(4) 了解抗原抗体结合反应的影响因素。

【实验教学内容】

(1) 蛋白质样品的制备。

(2) SDS-聚丙烯酰胺凝胶电泳分离目的蛋白。

(3) 电转移实验,将电泳后凝胶上的蛋白质转移至固体膜上。

(4) 免疫学检测。

Western 印迹术(western blotting)又称蛋白质印迹术(protein blotting),是指将从电泳分离出来的蛋白质转移至固定基质上的过程。而这些固定的基质需要一些特殊的膜,如硝酸纤维素膜(NC)、尼龙膜、重氮苄氧甲基纸(DBM)、重氮苯硫醚纸(DPT)和聚二氟乙烯膜(PVDF)等。目前最常用的固相载体是具有一定韧性并且化学惰性高的硝酸纤维素膜(NC)和聚二氟乙烯膜(PVDF)。固定化膜容易操作和保存,其次转移到固定基质上的蛋白质在探测过程中不会发生扩散,且被转移到膜上的所有蛋白质都有机会与探针接触。蛋白质印迹技术是高分辨率电泳和灵敏、专一的免疫探测技术的结合,是一种应用范围极广的杂交技术。

一、蛋白质样品的制备

(一) 实验原理

用于免疫印迹的样本种类繁多,处理的方法也有所不同,为了选择理想的处理方法,应当考虑细胞的类型和待测抗原的性质,制备合格的蛋白质样品是后续实验的前提保障。

在酸性溶液中,考马斯亮蓝 G-250 染料与蛋白质结合,此时考马斯亮蓝 G-250 颜色由棕黑色变成蓝色,吸收高峰从 465nm 移至 595nm。所显示的颜色至少在 1 小时内是稳定的。在一定范围内,考马斯亮蓝 G-250-蛋白质复合物呈色后,在 595nm 下,光密度与蛋白质含量呈线性关系,因此利用这个原理可测定蛋白质浓度。

(二) 实验操作

1. 蛋白样品制备

(1) 单层贴壁细胞总蛋白的提取

1) 倒掉培养液,并将瓶倒扣在吸水纸上使吸水纸吸干培养液。

2) 每瓶细胞加 3. 0ml 4℃预冷的 0. 01mol/L PBS(磷酸盐缓冲液)。平放轻轻摇动 1 分钟洗涤细胞,然后弃去洗液。重复以上操作两次,共洗细胞三次以洗去培养液。将 PBS 弃净后把培养瓶置于冰上。

3) 按 1. 0ml 细胞裂解液加 10 μl PMSF(苯甲基磺酰氟),摇匀置于冰上。

4) 每瓶细胞加 400 μl 含 PMSF 的细胞裂解液,于冰上裂解 30 分钟,为使细胞充分裂解,培养瓶要经常来回摇动。

5) 裂解结束后,收集细胞物于 1. 5 ml 离心管中(整个操作在冰上进行)。

6) 4℃,12 000 r/min 离心 5 分钟。

7) 将离心后的上清分装转移到 0. 5 ml 的离心管中置于-20℃保存。

(2) 组织中总蛋白的提取

1) 将少量组织块置于 1 ~2 ml 匀浆器中球状部位,用干净的剪刀将组织块尽量剪碎。

2）使用适量的单去污剂裂解液裂（含 PMSF）于匀浆器中，进行匀浆。然后置于冰上。匀浆过程要重复碾磨使组织尽量碾碎。

3）裂解 30 分钟后，即可用移液器将裂解液移至 1.5ml 离心管中，然后在 4℃ 下 12 000 rpm 离心 5 分钟，取上清分装于 0.5ml 离心管中并置于-20℃保存。

2. 蛋白含量的测定

（1）制作标准曲线

1）从-20℃取出 1 mg/ml BSA（牛血清白蛋白），室温融化后，备用。

2）取 18 个 1.5 ml 离心管，3 个一组，分别标记序号。

3）按表 4-13-1 在各管中加入各种试剂。

表 4-13-1　蛋白标准曲线制作

试剂＼试管号	1	2	3	4	5	6
1mg/ml BSA	—	2.5 μl	5.0 μl	10.0 μl	20.0 μl	40.0 μl
0.15mol/L NaCl	100 μl	97.5 μl	95.0 μl	90.0 μl	80.0 μl	60.0 μl
G-250 考马斯亮蓝溶液	1.0 ml	1.0 ml	1.0 ml	1.0ml	1.0 ml	1.0 ml

混匀后室温放置 2 分钟，在波长 595nm 下，以第 1 管为空白管调零点，在分光光度计上比色读取吸光度值。以蛋白含量为横坐标，吸光度值为纵坐标做标准曲线。

（2）检测样品蛋白含量

1）4℃储存的考马斯亮蓝溶液置室温 30 分钟后使用。

2）空白管：取 1.5ml 离心管，加入考马斯亮蓝 1.0ml；0.15 mol/L NaCl 溶液 100 μl 混匀，放置 2 分钟后上机测定。

3）样品管：取 1.5ml 离心管，加入考马斯亮蓝 1.0ml；0.15 mol/L NaCl 溶液 95 μl；待测蛋白样品 5 μl，混匀后静置 2 分钟后上机测定。

4）用 $A_{样品管}-A_{空白管}$ 的吸光度值在标准曲线图中查找样品的蛋白质含量。按 50 ~ 100μg/孔的蛋白量上样电泳。

（三）注意事项

1. 对于测定那些与标准蛋白质氨基酸组成有较大差异的蛋白质有一定误差。

2. 不可使用石英比色皿（不易洗去染色），可用塑料或玻璃比色皿，使用后立即用少量 95% 的乙醇荡洗，以洗去染色。

（四）试剂与器材

1. 标准牛血清白蛋白溶液　配制成 1.0mg/ml 的溶液。

2. 0.01% 考马斯亮蓝染料溶液　称取考马斯亮蓝 G-250 0.1g，溶于 95% 乙醇溶液 50ml 中，再加 85% 的浓磷酸 100ml，用水稀释至 1000ml，混匀，备用。

3. 单去污剂细胞裂解缓冲液　0.15mol/L NaCl；50mmol/L Tris-Cl（pH8.0）；1% Triton X-100；0.02% 叠氮钠；0.1mg/100ml Aprotinin（抑蛋白酶肽）；1.0mmol/L PMSF（临用前加）。

4. PMSF（100mmol/L）　准确称取 PMSF（苯甲基磺酰氟）174.2mg，用 10ml 异丙醇完全溶解，分装后储存于-20℃。

5. 0.01mol/L 磷酸盐缓冲液(PBS)(pH7.4)。

6. 器材与仪器　分光光度计;酶标仪;各种体积的移液器;1.5ml 离心管;试管等。

二、SDS-聚丙烯酰胺凝胶电泳法分离总蛋白

参照第三篇-实验五-二、SDS-聚丙烯酰胺凝胶垂直板电泳法测定蛋白质分子量。

三、转 膜 实 验

(一) 实验原理

电泳后蛋白质样品转移的方法,包括半干式转移、湿式转移等。各种转移方法原理相似,都是将膜与胶放在中间,上下加滤纸数层,做成"Sandwich"样的转移单位,并且保证带负电的蛋白质向阳极转移,即膜侧连接阳极或面向阳极(连接方式如图 4-13-1 所示)。

图 4-13-1　免疫印迹中凝胶、纤维膜和滤纸位置示意图

可用于免疫印迹的固相载体有多种,硝酸纤维素膜、尼龙膜、带正电荷的尼龙膜及 PVDF(聚亚乙烯双氧化物)膜。硝酸纤维素膜最为常用,具有结合能力强,膜不需要活化,背景浅,能进行多次免疫检测并可用常规染色方法,功能基团寿命长等优点,但极易破碎不易操作。尼龙膜软且结实,较硝酸纤维素膜易操作,具有与蛋白质或蛋白质-去污剂混合物有很高的结合力,每平方厘米可结合 480pg 蛋白(而硝酸纤维素膜只能结合 80pg),因此灵敏度高,背景也高,因为其高电荷密度使对其非结合区进行封闭较为困难。带正电荷的尼龙膜能有效地结合低浓度的小分子蛋白、酸性蛋白、糖蛋白和蛋白多糖,当转印液中有 SDS 时,蛋白质容易从膜上泄漏,用甲醇固定能提高蛋白质在尼龙膜上的保留指数。PVDF 膜在制备多肽供蛋白质化学分析中最为常用。将凝胶中的蛋白质转印至膜上的方法很多。目前常用方法是电洗脱或电印迹。电洗脱有两种方法:一种是湿转印法,即将凝胶-膜夹层组合完全浸入转印缓冲液中;另一种是半干转印法,即将凝胶-膜夹层组合放在浸有转印缓冲液的吸水纸之间。前者是将夹层组合放入有铂丝电极的缓冲液槽中,而后者是将凝胶-膜夹层组合置于两个石墨平板电极之间。这两种转印的装置效果均较好,可根据实验室条件来选择。

(二) 实验操作

1. 电泳后的凝胶先切除浓缩胶及需要进行凝胶直接染色的孔道部分,并将胶剪一小角作为定位标记,然后放在转移缓冲液中平衡 30 分钟左右。

2. 将转印膜 1 张及 6 张 Whatman 滤纸剪成与胶同样大小。依据转印膜的特性,选择甲醇中激活 1 分钟。激活后将转印膜放至转移缓冲液中平衡 10 ~ 15 分钟,滤纸用前在转移缓冲液中浸湿即可。

3. 由下至上将3层滤纸、膜、凝胶及3层滤纸依次放好。每放一层都应注意排除气泡。如有气泡，可用光滑的玻璃棒或试管在各表面缓慢滚动，予以排除。

4. 将转移装置连接好（膜侧阳极；凝胶侧阴极），接通电源。0.8mA/cm^2 恒流下转移，转移30分钟至1小时。

5. 关闭电源，取出膜，然后用双蒸水漂洗1～2分钟，放在滤纸中干燥备用。注意膜上要做好标记。

（三）注意事项

1. 电转移时应注意勿将滤膜和胶的位置放反。滤纸、滤膜和胶应等大，以免短路。

2. 蛋白样品自凝胶转膜后，应在膜上标记好正反面及电泳方向。

3. 试剂的配制须使用双蒸水，应戴手套操作电转移，因为手上的油脂会阻断转移。组装转移装置时要注意除去滤纸、凝胶和膜之间的气泡，否则会影响转移。

4. 电转移结束后，应将凝胶用考马斯亮蓝R-250染色，以证实转移是否完全。

（四）试剂与器材

1. 电转移缓冲液（25mmol/L Tris-Cl、0.191mol/L 甘氨酸、20%甲醇）　称取3.03gTris碱、14.4g甘氨酸，溶于600ml水中，加入200ml甲醇，定容至1000ml。

2. 器材和设备　电转仪电源；电转槽；剥胶器或刀片；NC膜或PVDF膜；Whatman 6号滤纸；玻璃平皿；烧杯及吸管若干。

四、免疫学检测

（一）实验原理

因印迹膜上有非特异性吸附蛋白质的位点，因此需进行封闭以防免疫试剂的非特异性吸附。将印迹膜与一定浓度的不参与特异性反应蛋白质或去污剂溶液孵育可实现封闭。然后通过抗体与膜上抗原的特异性结合来定位抗原。抗原可用易观察的标记的抗体进行检测。抗体本身可以标记，直接用于检测抗原，但更为常见的是，使用的抗体是非标记的，而用标记的二抗进行抗原定位。常用的标记方法有酶联法，一般是用辣根过氧化物酶或碱性磷酸酶，近年来，化学发光（CL）法已成为常用的方法之一。该法是基于环化二脂酰肼（cyclic diocyhydrazide）的化学氧化作用，生成一种不稳定的中间产物，当其衰变时即可发光。发出的光可使标准X线片感光，产生较易识别的图像。化学发光法比过去使用的显色或放射活性检测法更加灵敏。该法的关键是使用了辣根过氧化物酶偶联物作为二抗或二级试剂。辣根过氧化物酶可与抗免疫球蛋白抗体或其他可与一抗特异结合的试剂共价结合。在过氧化氢存在的条件下，过氧化物酶催化鲁米诺（氨基苯二酰一肼）氧化后即可发光。

封闭缓冲液常用脱脂奶粉和牛血清白蛋白。若蛋白质封闭液造成本底过高或干扰检测，则可试用吐温-20封闭液。

（二）实验操作

1. 丽春红染色确定转移效果

（1）将转移膜置一玻璃平皿内，加入新鲜稀释的丽春红S应用液，并在室温下搅动5～10分钟。

(2) 回收丽春红 S 应用液,将膜放入 0.01mol/L PBS 中漂洗数次,每次 1 ~2 分钟,并更换 PBS。

(3) 观察蛋白质转移情况,并根据需要将转印部位和分子量标准位置进行标记或裁剪,至此,膜可用于后续的封闭和抗体孵育。

2. 免疫反应

(1) 将膜放入玻璃平皿中,加入适量封闭液,于 37℃ 恒温振荡器上放置 1 小时,或 4℃ 过夜。

(2) 将膜转入塑料袋中,加入用封闭液稀释的第一抗体,于 37℃ 或室温孵育反应 1 小时,或 4℃ 过夜。

(3) 剪开塑料袋,倾去第一抗体液体,用镊子将膜移至玻璃平皿中,加 TBS 洗 3 次,每次 15 分钟。

(4) 加入稀释好的酶标第二抗体,继续在 37℃ 或室温孵育反应 30 分钟至 1 小时。

(5) 同步骤(3),加 TBS 洗 3 次,每次 15 分钟。

3. 化学发光,显影,定影

(1) 将 A 和 B 两种试剂在保鲜膜上等体积混合;1 分钟后,将膜蛋白面朝下与此混合液充分接触;1 分钟后去尽残液,放入 X 线片夹中。

(2) 在暗室中,在红灯下切纸刀剪裁 X 线片适当大小(比膜的长和宽均需大 1 cm);将 X 线片置于膜上,关闭 X 线片夹,开始计时;根据信号的强弱适当调整曝光时间,一般为 1 分钟或 5 分钟,也可选择不同时间多次压片,以达到最佳效果;曝光结束后,打开 X 线片夹,取出 X 线片,迅速浸入显影液中显影,待出现明显条带后,即刻终止显影。显影时间一般为 1 ~2 分钟(20 ~25℃),温度过低时(低于 16℃)需适当延长显影时间;显影结束后立即将 X 线片浸入定影液中,定影时间一般为 5 ~ 10 分钟,以胶片透明为止;用自来水冲去残留的定影液后,室温下晾干。

4. 凝胶图像分析　将胶片进行扫描或拍照,用凝胶图像处理系统分析目标条带的分子量和净光密度值。

(三) 注意事项

转膜完成后,蛋白质与相应的抗体发生特异性反应,在 NC 膜或 PVDF 膜上出现特异性条带。但有时也会出现如下情况:

1. 背景太高,说明膜未封闭好。

2. 出现非特异性条带的原因可能是所用的多克隆抗体与蛋白样品中的非目的蛋白发生结合,故 Western 印迹技术分析时必须设对照组。

3. 未出现任何条带,可能有:①被检测样品中无被检抗原;②所用抗体中无与被检抗原发生反应的抗体;③被检抗原由于经 SDS 和还原剂变性处理,所用抗体虽然能与未经处理的抗原发生特异性结合,但是由于此抗体所识别的抗原表位不能耐受 SDS 和还原剂的变性处理,因此无法检出。

(四) 试剂与器材

1. 丽春红染液　将 2% 的丽春红 S 浓储存液用 1% 乙酸 1 : 10 稀释即成为应用液。

2. TBS　150mmol/L NaCl,50 mmol/L Tris-Cl(pH 7.5)。

3. 封闭液　含 5% 脱脂奶粉的 TBS 缓冲液。

4. TBST　含 0.1% Tween20 的 TBS 缓冲液。

5. 一抗　抗 *β-actin* 兔抗人多克隆抗体(sc-1616-R,美国 Santa Cruz 公司);抗 *EGFP* 鼠单克隆抗体(CW0086,北京康为世纪)。

6. 二抗　辣根酶标记山羊抗兔 IgG(ZB-2301,美国 Santa Cruz 公司)。

7. ECL 化学发光试剂盒(Super Signal Chemiluminescent Substrate,PIERCE 公司)。

8. 定影液(碧云天生物公司)。

9. 显影液(碧云天生物公司)。

10. 器材　手套;孵育及显色用塑料盒;塑料袋;塑料封口机;表面皿等。

(五) 示范操作

1. 示范聚丙烯酰胺凝胶电泳的制胶、点样、电泳、剥胶、染色。

2. 示范转膜实验及化学发光定影、显影的全步骤。

【课堂作业】　观察实验结果,书写实验报告。

【复习思考题】

(1) 如何提高 Western Bolt 分析的敏感性和特异性?

(2) 对第一抗体和第二抗体有什么要求? 为什么不直接使用酶标第一抗体?

(3) 如何选择聚丙烯酰胺凝胶的浓度?

(4) SDS 在聚丙烯酰胺凝胶电泳测定蛋白质的分子量中起什么作用?

实验十四　PCR-RFLP 检测 *NQO*1 C609T 多态性

【学习目的要求】

(1) 掌握盐析法快速 DNA 抽提法的原理。

(2) 掌握 PCR-RFLP 分型 SNP 的原理。

(3) 熟悉盐析法快速 DNA 抽提法的操作技术。

(4) 了解单核苷酸多态性的常用分型方法。

【实验教学内容】

(一) 实验原理

SNP(single nucleotide polymorphism,单核苷酸多态性)是指群体基因组脱 DNA 特定的核苷酸位置上,不同个体之间存在 2 种或 2 种以上不同碱基,形成 DNA 序列多态性,其中低频率的等位基因在群体中的频率不小于 1% 。根据 SNP 在基因中的位置,SNP 可分为编码区 SNP、内含子区 SNP 和调控区 SNP。

单核苷酸多态性的常用分型技术:单链构象多态性、限制性片段长度多态性(restriction fragment length polymorphism,RFLP),变性梯度凝胶电泳、温度梯度凝胶电泳、变性高效液相色谱、单碱基延伸、高分辨率溶解曲线、DNA 测序等,它们都是在对目的 SNP 扩增的基础上对 PCR 产物进行分析。

限制性核酸内切酶是一类能识别 DNA 特异序列并对特异序列进行切割的酶类。因 1 个碱基的改变可能产生或取消一个特定的限制性酶切位点,改变酶切后 DNA 片段的大小和数目,在电泳时显示出不同的图谱,从而可以对 SNP 的基因型进行判断。

依赖还原型辅酶Ⅰ/Ⅱ醌氧化还原酶[NAD(P)H:quinone oxidoreductase 1,*NQO*1]是两个电子的还原酶,能够还原内源性和外源性的醌类,使其生成毒性低且稳定的氢醌,再转化为水溶性的化合物排出体外。*NQO*1 基因的 cDNA 第 609 位点有 C 到 T 的错义突变。在正常人群中也发现了该位点突变等位基因的存在,从而确定为多态性,这一多态位点可通过限制性内切酶 *Hinf* Ⅰ来识别。目前的研究认为 *NQO*1 基因 C609T(rs1800566)多态性可能与苯中毒的易感性等相关。

盐析法提取口腔拭子 DNA 是用细胞裂解液和蛋白酶 K 消化裂解口腔黏膜上皮细胞,使其释放 DNA,然后用浓盐沉淀蛋白质并通过离心去除蛋白质,再用异丙醇沉淀 DNA,最后经 70% 乙醇洗涤后得到高质量 DNA。

本实验利用盐析法提取口腔拭子 DNA,PCR 扩增后用 *Hinf* Ⅰ 酶切,琼脂糖凝胶电泳分析 *NQO*1 基因 C609T 多态性。

(二) 实验操作

1. 清水漱口,灭菌棉签擦拭颊黏膜 10 次以上(次数少会使提取的 DNA 数量较少)。

2. 将拭子放入 1.5ml 离心管中,加入裂解液 400μl、20mg/ml 蛋白酶 K 20μl,搅动使拭子上口腔黏膜上皮细胞脱落,折断拭子(棉花部分留在离心管中)。

3. 将离心管放入 65℃恒温水浴箱 30 分钟,期间摇动数次。

4. 取出离心管瞬时离心,加入 200μl 5mol/L NaCl,充分混匀。瞬时离心,将离心管内液体尽量转移到新的离心管中。15 000r/min 离心 5 分钟,将上清转移到新的离心管中。

5. 加入等体积异丙醇,充分混匀。15 000r/min 离心 5 ~ 10 分钟,弃上清。沉淀加入 1.0ml 70% 乙醇洗涤 1 次,12 000r/min 离心 5 ~ 10 分钟,弃上清。

6. 离心管倒置在干净滤纸上,待乙醇挥发后加入 50 μl TE 溶解 DNA,取 2μl 基因组 DNA 在 0.8% 琼脂糖凝胶上电泳检测。

7. 根据琼脂糖凝胶电泳结果,将取部分 DNA 稀释为 10ng/μl 作为扩增模板。

8. PCR 扩增　反应体系为 20 μl,包括 2×*Taq* master mix 10 μl,DNA 模板 1 μl,10μmol/L 上下游引物各 0.4μl,灭菌去离子水 8.2 μl。混匀后放 PCR 仪扩增。反应条件:94℃预变性 5 分钟;94℃ 30 秒,60℃ 30 秒,72℃ 20 秒,35 个循环;72℃ 5 分钟。2% 琼脂糖凝胶电泳(120V 30 分钟)检测 PCR 产物。

9. 酶切　酶切体系为 15.5μl,包括 10×FastDigest® Green Buffer 1 μl,FastDigest® *Hinf* Ⅰ 1 μl,灭菌去离子水 8.5 μl,PCR 产物 5 μl。混匀,37℃ 在 PCR 仪或恒温水浴箱酶切 10 分钟。

10. 2.0% 琼脂糖凝胶电泳　制备 2.0% 琼脂糖凝胶,样品孔取酶切产物 10 μl 上样;标准孔取 DNA Marker Ⅰ 3μl 上样。100 ~ 120V 电泳 30 分钟,紫外透射仪下观察条带位置,结合 DNA Marker Ⅰ分析结果,确定基因型。

(三) 结果判断

1. PCR 扩增产物长度为 247bp,电泳条带与 DNA Marker Ⅰ 比较,位于 200bp 和 300bp 之间。

2. 酶切产物有 3 种情况　TT 基因型酶切后有 120bp 和 127bp 两个条带,在 2.0% 琼脂糖凝胶上表现为 100bp 和 200bp 之间 1 条带;CC 基因型酶切后有仍为 247bp,在 2.0% 琼脂糖凝胶上表现为200bp和300bp之间1条带；CT基因型酶切后在2.0%琼脂糖凝胶上表现为100bp和200bp、200bp和300bp之间各1条带。

（四）试剂与器材

1. 灭菌棉签。

2. 盐析裂解液（10mmol/L Tris-HCl，10mmol/L KCl，10mmol/L $MgCl_2$，2mmol/L EDTA，0.4 mol/L NaCl，1% SDS）：在装有300 ml灭菌去离子水的500 ml量筒加入KCl 0.3725 g，$MgCl_2$ 0.476g，NaCl 11.688 g，SDS 5 g，pH 8.0的1mol/L Tris-HCl 5.0 ml（或Tris碱0.606g），pH 8.0的0.5mol/L EDTA 2.0 ml（或乙二胺四乙酸二钠0.372 g），最后定容为500 ml，室温保存。

3. 5mol/L NaCl　NaCl 29.25g加入灭菌的100 ml量筒中，加灭菌去离子水溶解，最后定容为100 ml，高压灭菌后室温保存。

4. 20mg/ml蛋白酶K　在罗氏公司100mg/瓶的蛋白酶K的瓶中直接加入灭菌去离子水5ml，充分混匀，分装后-20℃保存。

5. 2×*Taq* master mix（上海近岸科技有限公司）。

6. 正向引物（5′ GAAGCCCAGACCAACTTCTG 3′），反向引物（5′ AGGCTGCTTGGAGCAAAATA 3′）。扩增产物长度为247bp。

7. FastDigest *Hinf* Ⅰ　Fermentas公司。

8. 50×TAE　溶解242g的Tris base和37.2g的$Na_2EDTA \cdot 2H_2O$于900ml蒸馏水中，加入冰乙酸57.1 ml，定容至1L，室温保存。

9. 1×TAE　取50×TAE 20ml，加蒸馏水至1000ml，混匀，室温保存。

10. 溴化乙锭溶液　天根生化科技（北京）有限公司。

11. 0.8%琼脂糖凝胶配制　称取0.64 g琼脂糖（北京全式金生物技术有限公司）加入锥形瓶中，加入80 ml的1×TAE溶液，震荡使琼脂糖溶解于电泳缓冲液中→微波炉中加热使含有琼脂糖的电泳缓冲液沸腾→取出震荡→再次加热使其沸腾→取出震荡→再次加热使其沸腾→取出震荡→室温下冷却至65℃左右后加入溴化乙锭4 μl，混匀→倒入制胶盒中，插入梳子→室温下冷却30分钟。

12. 2%琼脂糖凝胶配制　称取1.6 g琼脂糖加入锥形瓶中，再加入80 ml的1×TAE溶液，震荡使琼脂糖溶解于电泳缓冲液中→微波炉中加热使含有琼脂糖的电泳缓冲液沸腾→取出震荡→再次加热使其沸腾→取出震荡→再次加热使其沸腾→取出震荡→室温下冷却至65℃左右后加入溴化乙锭4 μl，混匀→倒入制胶盒中，插入梳子→室温下冷却30分钟。

13. 6×DNA Loading Buffer　北京全式金生物技术有限公司。

14. D2000　天根生化科技（北京）有限公司

15. DNA Marker Ⅰ　天根生化科技（北京）有限公司。

16. 器材　PCR仪；电泳仪；离心机；水浴箱；振荡器；天平；烧杯；量筒；移液器及其液尖；离心管等。

（五）注意事项

1. 棉签必须为灭菌棉签。

2. 通常情况下在加入异丙醇后看不到絮状沉淀，但如果棉签在颊黏膜擦拭次数较多可能会在加入异丙醇后看到絮状物(DNA 量较大)。

3. TE 最好从公司购买 DNA 提取试剂盒中的 DNA 洗脱液,自己配置不当(如 pH)可能会使得到的 DNA 容易降解。

(六) 示范操作

1. 口腔拭子制备。
2. 移液器的使用。
3. 琼脂糖凝胶点样。

(七) 设计型实验

2 个 SNPs 位点共用一种内切酶,请设计实验方案使一次酶切即可对 2 个 SNPs 进行分型。

【课堂作业】 观察实验结果,书写实验报告。

【复习思考题】 如果检测的 SNP 位点没有可用的内切酶,能不能用酶切的方法对 SNP 进行分型?

实验十五 检测人 *CLEC4M* 基因多态性

【学习目的要求】

(1) 掌握 Chelex-100 快速 DNA 抽提法的基本原理。

(2) 熟悉 Chelex-100 快速 DNA 抽提的操作技术。

(3) 熟悉琼脂糖凝胶电泳分离 DNA 的特点

【实验教学内容】

(一) 实验原理

Chelex-100 是一种螯合型离子交换树脂,由苯乙烯和苯乙二烯组成,含有成对的亚氨基二乙酸盐离子,起着螯合基团作用,对多价金属离子有极强亲和力。在低离子强度、碱性及 100 ℃煮沸条件下,可以使细胞膜裂解,并使与 DNA 结合的蛋白质变性,游离 DNA。Chelex-100 与金属离子螯合后,能够抑制核酸酶对 DNA 的消化作用(在低离子强度及加热条件下,检材基质中的金属离子可以辅助 DNA 酶降解 DNA,还会抑制 PCR 反应)。Chelex-100 颗粒基质可离心去除,不影响需要 Mg^{2+} 的 PCR 反应;同时,Chelex-100 颗粒还可结合抑制 PCR 反应的物质,使 PCR 的敏感性增加。本方法可用于全血、血痕、精液、精斑、口腔拭子、毛发、羊水及组织等多种样品中 DNA 的提取。

与有机提取法相比,该方法具有如下优点:①简单快速,整个过程约 1 小时,而有机提取法约 8 小时。②检材用量少,血痕仅需 3mm × 3mm 或全血 5μl,特别适用于微量血痕的检验。③整个提取过程始终在一个 Eppendorf 管内进行,避免了 DNA 的丢失,所用试剂少,减少了污染机会。④成本较低。

L-SIGN(肝脏/淋巴结特异性的细胞间黏附分子-3 整合素)是 C 型植物血凝素家族的一种Ⅱ型跨膜糖蛋白,是艾滋病病毒、丙型肝炎病毒和结核杆菌等病原体的受体,同时也是 SARS(重症急性呼吸综合征)冠状病毒的受体。L-SIGN 分子的细胞外颈区是和病原体结合的部位,由位于 19p13 的 *CLEC4M* 基因的 exon4 编码。在 *CLEC4M* 基因的 exon4 上含有 69bp 的串联重复序列,每一个体的两条同源染色体上的此串联重复序列数目可在 3 ~ 9 之间变化。研究发现 *CLEC4M* 基因纯合子的个体感染 SARS 的风险较杂合子个体低 30%，因为 *CLEC4M* 基因纯合子的个体结合和分解 *SARS* 冠状病毒的能力较强，在 *SARS* 感染中起保护作用。

本实验先用 Chelex-100 快速 DNA 抽提法提取人基因组 DNA，然后对 *CLEC4M* 基因进行扩增，进而用琼脂糖凝胶电泳检测 *CLEC4M* 基因多态性。

（二）实验操作

1. 清水漱口，灭菌棉签刮擦口腔内壁黏膜 10 次以上。
2. 将口腔拭子放入 1.5 ml 离心管内，加入 200 μl 5% Chelex-100，搅动，使细胞脱落。
3. 56 ℃孵化 0.5 小时以上，旋涡振荡 5 ~ 10 秒。
4. 98 ℃孵化 8 ~ 10 分钟，旋涡振荡 5 ~ 10 秒。
5. 10 000r/min 离心 2 分钟，取上清液作 PCR 扩增反应。
6. PCR 扩增　反应体系为 20 μl，包括 2×*Taq* master mix 10 μl，DNA 模板 5μl，10μmol/L 上下游引物各 1μl，灭菌去离子水 3 μl。热循环条件：95 ℃预变性 5 分钟；95 ℃ 20 秒，59 ℃ 30 秒，72 ℃ 45 秒，共 40 个循环；最后 72 ℃末次延伸 5 分钟。
7. 琼脂糖凝胶电泳检测 *CLEC4M* 基因多态性：制备 2% 琼脂糖凝胶。样品孔取 PCR 产物 3 μl 上样；标准孔取 100bp DNA ladder 3μl 上样。100 ~ 120V 电泳 30 分钟。在紫外透视仪下读取每一个体基因型，结合 DNA Ladder 分析结果。

（三）结果判断

CLEC4M 基因 exon4 上的串联重复序列为 69bp，重复序列两端序列长度和为 175 bp。最常见的等位基因长度为 658 bp（串联重复序列重复 7 次，长度为 483bp），最短的等位基因长度为 382 bp（串联重复序列重复 3 次），最长的等位基因长度为 796 bp（串联重复序列重复 9 次）。

（四）试剂与仪器

1. 灭菌棉签。
2. 5% Chelex-100 配制　称取 5 克 Chelex-100，加 100ml 灭菌纯水，放 4℃保存。
3. 正向引物（5′ CCCTAAGTCAGGAACAATCCGA 3′），反向引物（5′ TCACAGGGGA-GGAAACTGAG 3′）。
4. 2×*Taq* master mix（上海近岸科技有限公司）。
5. 50×TAE　溶解 242g 的 Tris base 和 37.2g 的 $Na_2EDTA \cdot 2H_2O$ 于 900ml 蒸馏水中，加入冰乙酸 57.1 ml，定容至 1L，室温保存。
6. 1×TAE　取 50×TAE 20ml，加蒸馏水至 1000ml，混匀，室温保存。
7. 溴化乙锭溶液　天根生化科技（北京）有限公司。
8. 2% 琼脂糖凝胶配制　见“PCR-RFLP 检测 *NQO*1 C609T 多态性”。
9. 100bp DNA Ladder　天根生化科技（北京）有限公司。
10. 仪器　PCR 仪；电泳仪；离心机；水浴箱；振荡器；天平；烧杯；量筒；移液器及其液尖；离心管等。

（五）注意事项

1. 在加入 Chelex-100 时需充分混匀。

2. PCR 所用的是离心后的上清液，不能取到 Chelex-100 颗粒。

3. 如果要长期保存 Chelex-100 快速 DNA 抽提法提取的 DNA 溶液，可以离心后除去 Chelex-100 颗粒。

（六）示范操作

1. 口腔拭子制备。

2. 移液器的使用。

3. PCR 产物点样。

（七）设计型实验

Chelex-100 快速 DNA 抽提法得到的 DNA 纯度不高，请设计实验方案提高 Chelex-100 快速 DNA 抽提法得到 DNA 的纯度。

【课堂作业】 观察实验结果，书写实验报告。

【复习思考题】 如果本实验中一个个体的 PCR 产物在琼脂糖凝胶电泳时出现 3 个条带，最可能的原因是什么？

附　　录

一、常用缓冲液及酸碱指示剂的配制方法

（一）磷酸氢二钠-磷酸二氢钠缓冲液（表附 1）

表附 1　磷酸氢二钠-磷酸二氢钠缓冲液表

pH	0.2mol/L Na_2HPO_4 溶液* (ml)	0.2mol/L NaH_2PO_4 溶液** (ml)	pH	0.2mol/L Na_2HPO_4 溶液* (ml)	0.2mol/L NaH_2PO_4 溶液** (ml)
5.8	8.0	92.0	7.0	61.0	39.0
6.0	12.3	87.7	7.2	72.0	28.0
6.2	18.5	81.5	7.4	81.0	19.0
6.4	26.5	73.5	7.6	87.0	13.0
6.6	37.5	62.5	7.8	91.5	8.5
6.8	49.0	51.0	8.0	94.7	5.3

*0.2mol/L $Na_2HPO_4 \cdot 2H_2O$ 溶液的质量浓度为 35.61g/L（或 0.2mol/L $Na_2HPO_4 \cdot 12H_2O$ 溶液的质量浓度为 71.64g/L）

**0.2mol/L $NaH_2PO_4 \cdot 2H_2O$ 溶液的质量浓度为 31.21g/L（或 0.2mol/L $NaH_2PO_4 \cdot H_2O$ 溶液的质量浓度为 27.6g/L）

（二）磷酸氢二钠-磷酸二氢钾缓冲液（表附 2）

表附 2　磷酸氢二钠-磷酸二氢钾缓冲液表

pH	1/15mol/L Na_2HPO_4 溶液 (ml)	1/15mol/L KH_2PO_4 溶液 (ml)	pH	1/15mol/L Na_2HPO_4 溶液 (ml)	1/15mol/L KH_2PO_4 溶液 (ml)
4.92	0.10	9.90	7.17	7.00	3.00
5.29	0.50	9.50	7.38	8.00	2.00
5.91	1.00	9.00	7.73	9.00	1.00
6.24	2.00	8.00	8.04	9.50	0.50
6.64	4.00	6.00	8.67	9.90	0.10
6.81	5.00	5.00	8.98	10.00	0
6.98	6.00	4.00			

注：1/15mol/L $Na_2HPO_4 \cdot 2H_2O$ 溶液质量浓度为 11.87g/L；1/15mol/L KH_2HPO_4 溶液质量浓度为 9.07g/L。

（三）Tris-HCl 缓冲液

配制表附 3 pH 缓冲液时，按表附 3 加 0.1mol/L HCl 溶液，加 0.2mol/L Tris 溶液* 25ml 最后加水至 100ml。

表附 3　pH 缓冲液配制表

pH		0.1mol/L HCl 溶液(ml)	pH		0.1mol/L HCl 溶液(ml)
23℃	37℃		23℃	37℃	
9.10	8.95	5.0	8.05	7.90	27.5
8.92	8.78	7.5	7.96	7.82	30.0
8.74	8.60	10.0	7.87	7.73	32.5

续表

pH		0.1mol/L HCl 溶液(ml)	pH		0.1mol/L HCl 溶液(ml)
23℃	37℃		23℃	37℃	
8.62	8.48	12.5	7.77	7.63	35.0
8.50	8.37	15.0	7.66	7.52	37.5
8.40	8.27	17.5	7.54	7.40	40.0
8.32	8.18	20.0	7.36	7.22	42.5
8.23	8.10	22.5	7.20	7.05	45.0
8.14	8.00	25.0			

*24.22g/L Tris 溶液可从空气中吸收二氧化碳，使用时宜将瓶塞塞紧

Tris-HCl 缓冲液(25℃)按表附 4 加 0.1mol/L HCl 溶液，加 0.1mol/L Tris 溶液 50ml 最后加水至 100ml，0.1mol/L Tris 溶液为 12.114g/L。

表附 4　Tris-HCl 缓冲液的配制

pH	0.1mol/L HCl 溶液(mol)	pH	0.1mol/L HCl 溶液(mol)
7.10	45.7	8.10	26.2
7.20	44.7	8.20	22.9
7.30	43.4	8.30	19.9
7.40	42.0	8.40	17.2
7.50	40.3	8.50	14.7
7.60	38.5	8.60	12.7
7.70	36.5	8.70	10.3
7.80	34.5	8.80	8.5
7.90	32.0	8.90	7.0
8.00	29.2		

(四) 碳酸钠-碳酸氢钠缓冲液(Ca^{2+}、Mg^{2+}存在时不得使用)(表附 5)

表附 5　碳酸钠-碳酸氢钠缓冲液表

pH		0.1mol/L Na_2CO_3 溶液(ml)	0.1mol/L $NaHCO_3$ 溶液(ml)
20℃	37℃		
9.16	8.77	1	9
9.40	9.12	2	8
9.51	9.40	3	7
9.78	9.50	4	6
9.90	9.72	5	5
10.14	9.90	6	4
10.28	10.08	7	3
10.53	10.28	8	2
10.83	10.57	9	1

注：0.1mol/L 碳酸钠溶液：无水碳酸钠溶液 10.6g/L(或 $Na_2CO_3 \cdot 10H_2O$ 28.62g/L)；0.1mol/L 碳酸氢溶液：碳酸氢钠溶液 8.40g/L

（五）乙酸-乙酸钠缓冲液（表附6）

表附6　乙酸-乙酸钠缓冲液表

pH	0.2mol/L 乙酸溶液（ml）	0.2mol/L 乙酸钠溶液（ml）	pH	0.2mol/L 乙酸溶液（ml）	0.2mol/L 乙酸钠溶液（ml）
3.72	9.0	1.0	4.80	4.0	6.0
4.05	8.0	2.0	4.99	3.0	7.0
4.27	7.0	3.0	5.23	2.0	8.0
4.45	6.0	4.0	5.37	1.5	8.5
4.43	5.0	5.0	5.57	1.0	9.0

注：0.2mol/L 乙酸溶液：冰乙酸（比重 1.049）11.45g/L；0.2mol/L 乙酸钠溶液：无水乙酸钠溶液 16.4g/L（或 $CH_3COONa \cdot 3H_2O$ 溶液 27.22g/L）

（六）邻苯二甲酸氢钾-盐酸/氢氧化钠缓冲液

配制下列 pH 缓冲液时，依表附7 加入盐酸或氢氧化钠溶液，均加入 0.1mol/L 邻苯二甲酸氢钾 50ml，最后加蒸馏水至 100ml。

表附7　pH 缓冲液配制表

pH	0.1mol/L HCl 溶液（ml）	0.1mol/L NaOH 溶液（ml）	pH	0.1mol/L HCl 溶液（ml）	0.1mol/L NaOH 溶液（ml）
2.2	46.70	—	4.4	—	7.50
2.4	39.60	—	4.6	—	12.15
2.6	32.95	—	4.8	—	17.70
2.8	26.42	—	5.0	—	23.85
3.0	20.32	—	5.2	—	29.95
3.2	14.70	—	5.4	—	35.45
3.4	9.90	—	5.6	—	39.80
3.6	5.97	—	5.8	—	43.00
3.8	2.63	—	6.0	—	45.45
4.0	—	0.40	6.2	—	47.00
4.2	—	3.70			

注：0.1mol/L 邻苯二甲酸氢钾溶液：邻苯二甲酸氢钾溶液（$KHC_9H_4O_4$）20.42g/L

(七) 巴比妥-盐酸缓冲液(表附8)

表附8 巴比妥-盐酸缓冲液表

pH	0.1mol/L 巴比妥钠溶液(ml)	0.1mol/L HCl 溶液(ml)	pH	0.1mol/L 巴比妥钠溶液(ml)	0.1mol/L HCl 溶液(ml)
6.8	5.22	4.78	8.4	8.23	1.77
7.0	5.36	4.64	8.6	8.71	1.29
7.2	5.54	4.46	8.8	9.08	0.92
7.4	5.81	4.19	9.0	9.36	0.64
7.6	6.15	3.85	9.2	9.52	0.48
7.8	6.22	3.38	9.4	9.74	0.26
8.0	7.16	2.84	9.6	9.85	0.15
8.2	7.69	2.31			

0.1mol/L 巴比妥钠溶液:巴比妥钠溶液 20.61g/L

(八) 甘氨酸缓冲液(表附9)

表附9 甘氨酸缓冲液表

pH	0.1mol/L HCl 溶液(ml)	0.1mol/L NaOH 溶液(ml)	0.1mol/L 甘氨酸-氯化钠液(ml)
2.28	4.00	—	6.00
2.61	3.00	—	7.00
2.92	2.00	—	8.00
3.34	1.00	—	9.00
3.68	0.50	—	9.50
3.99	0.25	—	9.75
4.44	0.10	—	9.90
6.11	—	—	10.00
7.81	—	0.10	9.90
8.24	—	0.25	9.75
8.57	—	0.50	9.50
8.93	—	1.00	9.00
9.36	—	2.00	8.00
9.71	—	3.00	7.00
10.14	—	4.00	6.00

0.1mol/L 甘氨酸-氯化钠溶液:甘氨酸 7.50g+氯化钠 5.85g,蒸馏水加至 1000ml

(九) 常用酸碱指示剂(表附10)

表附10　常用酸碱指示剂表

指示剂	变色范围(pH)	酸色	碱色	配制方法
甲酚红	0.2~1.8	红	黄	0.04g 指示溶于100ml 50%乙醇溶液中
麝香草酚蓝	1.2~2.8	红	黄	0.1%的20%乙醇溶液
甲基黄	2.9~4.0	红	黄	0.1%的90%乙醇溶液
溴酚蓝	3.0~4.6	黄	紫黄	0.1g 指示剂溶于100ml 20%乙醇溶液中
甲基橙	3.1~4.4	红	黄	0.1%水溶液
溴甲粉绿	3.8~5.4	黄	蓝	0.1g 指示剂溶于100ml 20%乙醇溶液中
刚果红	3.0~5.2	蓝	紫红	0.1%水溶液
甲基红	4.4~6.2	红	黄	0.1g(或0.2g)指示溶剂于100ml 60%乙醇溶液中
氯酚红	5.4~6.8	黄	红	0.1%的20%乙醇溶液或0.1g 加1mol/L NaOH 溶液4.8ml 加水至250ml
溴甲酚紫	5.2~6.8	黄	红紫	0.1g 指示剂溶于100ml 20%乙醇溶液中
石蕊	5.0~8.0	红	蓝	0.5%水溶液
酚红	6.8~8.4	黄	红	0.1g 指示剂溶于100ml 20%乙醇溶液中
中性红	6.8~8.0	红	亮黄	0.1g 指示剂溶于100ml 60%乙醇溶液中
甲酚红	7.2~8.8	亮黄	紫红	0.1g 指示剂溶于100ml 50%乙醇溶液中
麝香草酚酞	8.0~9.6	黄	蓝	0.1g 指示剂溶于100ml 60%乙醇溶液中
酚酞	8.3~10.0	无色	粉红	0.1g 指示剂溶于100ml 60%乙醇溶液中
麝香草酚蓝	9.4~10.6	无色	蓝	0.1%的乙醇溶液
茜素黄	10~12.0	黄	紫	0.1%的水溶液

二、化学试剂的规格及保管

(一)化学试剂的规格

化学试剂根据其质量分为各种规格(品级),一般化学试剂的分级见表附11。

表附11　一般化学试剂的分级

级别	名称	简写	纯度和用途
一	优级纯,保证试剂	G. R.	纯度高,杂质含量低,适用于研究和配制标准液
二	分析纯	A. R.	纯度较高,杂质含量低,适用于定性定量分析
三	化学纯	C. P.	质量略低于二级,用途同上
四	实验试剂	L. R.	质量较低,比工业用的高,用于一般定性实验
	生物试剂	B. R.	用于生物化学研究和检验
	生物染色素	B. S.	主要用于生物组织学、细胞学和微生物染色,供显微镜检查

其他还有一些不属于表中规格的试剂，如纯度很高的光谱纯、层析纯、电泳纯及纯度较低的工业用、药典纯等。

实验的试剂需按试验要求的一定规格进行选择，如用于精确的定量分析或配制标准液，需用二级以上。有的实验不用更高级的试剂也可达到要求，应尽量不用。如配清洁液只需要粗硫酸。

（二）化学试剂的保管

化学试剂一般应按其性质分别存放于阴凉、避光、通风的干燥处。

须特殊保管的常用试剂见表附 12。

表附 12　须特殊保管的常用试剂

保管要求		试剂
需要密封	防止潮解吸湿	氧化钙、氯化钙、氢化钠、氢氧化钾、碘化钾、三氯化铁、三氯乙酸、浓硫酸
	防止失水风化	结晶硫酸钠、硫酸亚铁、含水磷酸氢二钠、硫代硫酸钠
	防止挥发	氨水、氯仿、醚、碘、麝香草酚、甲醛、乙醇、丙酮
	防止吸收 CO_2	氢氧化钠、氢氯化钾
	防止氧化	硫酸亚铁、醚、酚、醛类、维生素 C 和一切还原剂
	防止变质	四苯硼钠、丙酮酸钠、乙醚
需要避光	防止见光变色	硝酸银（变黑）、酚（变淡红）、茚三酮（变淡红）
	防止见光分解	过氧化氢、氯仿、漂白粉、氰氢酸
	防止见光氧化	乙醚、醛类、亚铁盐和一切还原剂
特殊方法保管	防震防爆	苦味酸、硝酸盐类、过氯酸、叠氮钠
	防剧毒	氰化钾（钠）、汞、砷化物、溴、铀化合物及放射性元素
	防火	乙醚、甲醇、乙醇、丙酮、石油醚、汽油、二甲苯、苯
	防腐蚀	强酸、强碱
	防止高温失效	一切生物制品，如免疫血清、菌液、标准参考清、酶和辅酶等，常需冷藏

易燃试剂：应存放在远离火源、阴凉、通风处；易爆试剂：受撞击、热、强烈摩擦或与其他物质接触后易爆炸，应注意；腐蚀性试剂：应密封存放在阴凉处；剧毒和麻醉试剂：需专人保管。

三、几种动物生化常数(表附13,表附14)

表附13 几种动物生化常数

种类	蛋白总量 (g/100ml)	白蛋白 (g/100ml)	球蛋白 (g/100ml)	葡萄糖 (mg/100ml)	总脂类 (mg/100ml)	总胆固醇 (mg/100ml)	肌酐 (mg/100ml)	尿酸 (mg/100ml)	Na (mmol/L)	K (mmol/L)	Ca (mmg/100ml)	P (mg/100ml)	Cl (mmol/L)
人	5.9~7.2	4.0~4.8	1.8~3.3	61~130	350~720	130~225	0.7~1.1	4.8~4.9	132~144	3.3~5.0	9.01~1.0	3.0~4.5	97~108
猕猴	6.6~7.8	1.1~4.7		148	480~540	120~190			144~153		9.2~11.6	4.0~6.8	102~112
狗	6.1~6.8	3.1~4.0	2.0~3.3	60~80	47~725	140~215	1.0~2.0	0~0.5	135~160	3.7~5.8	9.0~15.0	2.0~4.0	99~110
猫	5.2~6.6	1.7~2.9	2.4~4.8		376	75~151	0.8~1.9	1.1~2.0	151	4.3	9.0~12.0	5.2~6.9	116
家兔	6.2~6.4	4.1~5.1	1.9~3.6	72~74	100~340	30~80	1.2~1.9		135~140	4.1~7.1	12.5~14.0	4.0~6.2	98~109
豚鼠	5.0~5.6	2.8~3.9	2.7~2.6	82~107	100~380	30~80			130~140	3.8~6.3	8.0~10.8	6.9~9.8	98~110
金黄地鼠	2.4~5.7			33~118			10.7~20.3	4.1~5.6			7.0~4.7		
大鼠	6.3	3.4~4.3	1.8~2.5	56~76	150~320	50~100			129~150	4.6~6.0	9.61~1.0	6.0~8.0	97~110
小鼠	4.6~5.5				300~600	100~150			104~155	7.3~8.5	7.0~8.7	6.2~9.5	108~121
猪	7.0~10.3	2.1~4.6	3.9~5.6	45~77	200~360	60~110	1.0~2.0	0.05~2.0	134~140	4.2~5.0	9.5~10.6	6.0~8.5	97~104
山羊	7.3	3.6~4.4	2.3~3.1	45~60	120~350	40~110	0.9~1.8	0.3~1.0	136~146	3.8~5.5	6.2~9.0	5.0~9.5	97~111
绵羊	5.7	3.1	2.3	30~50	100~280	30~90	1.0~2.0	0.05~2.0	140~149	4.7~5.2	7.01~0.7	4.8~11.0	103~112

表附 14　几种动物生化常数及寿命

动物种	血清蛋白量（g/100ml）	白蛋白（%）	α 蛋白（%）	β 蛋白（%）	γ 蛋白（%）	血沉（mm/h）	寿命（年）
小鼠	7.3（6.1～8.3）	48.0±7.5	48.0±7.5	19.0±7.5	14.5±10.8		1～2
大鼠	6.3	41.03～57.65	$\alpha_1$7.94～1，$\alpha_2$5.82～12.26	16.07～27.45	7.65～17.69	0.7 1.8	2～3
豚鼠	5.5（5.0～6.1）	40.2 54.5 55.3	$\alpha_1$16.1$\alpha_2$9.0(22.8) $\alpha_1$6.4，$\alpha_2$9.0(6.7±2.3)	18.2 8.1 8.0	16.5 14.6 11.4	1.5	4～6
家兔	5.6（4.3～7.0）	66.88±7.0(62.5)	10.7	9.6±3.2(14.8)	16.8±6.8(12.0)	1～2	5～6
金黄地鼠	4.1（2.4～5.7）	59.0～62.8 48.2±5.2	$\alpha_1$2.9～5.4，$\alpha_2$6.3～7.6	14.1～19.1	10.2～11.7	1.2	2～3
狗	6.4（6.3～7.3）	43.0 51.1 49.3	$\alpha_1$8.4±1.9 $\alpha_2$20.3±7.6 16.3 11.3 12.0	11.9±4.6 25.4 17.7 22.3	11.2±3.4 15.3 19.9 16.4	2.0	15
猫	7.58	41.4	$\alpha_1$8.1，$\alpha_2$20.2 $\alpha_1$4.7	β8.7 β5.2	12.5	3.0	10
日本猴							20～30
猕猴	7.2	61.1	14.5	38.6	21.8		20
绵羊	5.38	54.4				0.5	10～15
山羊	6.67	54.8				0.5	8～10

注：白蛋白、α 蛋白、β 蛋白、γ 蛋白的测定方法有三种！Anteweiler 法、滤纸电泳法和 Tiselius 法。所以有的数值是三组

四、聚丙烯酰胺凝胶电泳凝胶的配制

（一）配制 Tris-甘氨酸 SDS-PAGE 聚丙烯酰胺凝胶电泳分离胶所用溶液（表附 15）

表附 15　配制 Tris-甘氨酸 SDS-PAGE 聚丙烯酰胺凝胶电泳分离胶所用溶液

溶液成分	不同体积(ml)凝胶液中各成分所需体积(ml)							
	5	10	15	20	25	30	40	50
6%								
水	2.6	5.3	7.9	10.6	13.2	15.9	21.2	26.5
30% 丙烯酰胺溶液	1	2	3	4	5	6	8	10
1.5mol/L Tris 溶液(pH8.8)	1.3	2.5	3.8	5	6.3	7.5	10	12.5
10% SDS	0.05	0.1	0.15	0.2	0.25	0.3	0.4	0.5
10% 过硫酸铵溶液	0.05	0.1	0.15	0.2	0.25	0.3	0.4	0.5
TEMED	0.004	0.008	0.012	0.016	0.02	0.024	0.032	0.04
8%								
水	2.3	4.6	6.9	9.3	11.5	13.9	18.5	23.2
30% 丙烯酰胺溶液	1.3	2.7	4	5.3	6.7	8	10.7	13.3
1.5mol/L Tris 溶液(pH8.8)	1.3	2.5	3.8	5	6.3	7.5	10	12.5
10% SDS	0.05	0.1	0.15	0.2	0.25	0.3	0.4	0.5
10% 过硫酸铵溶液	0.05	0.1	0.15	0.2	0.25	0.3	0.4	0.5
TEMED	0.003	0.006	0.009	0.012	0.015	0.018	0.024	0.03
10%								
水	1.9	4	5.9	7.9	9.9	11.9	15.9	19.8
30% 丙烯酰胺溶液	1.7	3.3	5	6.7	8.3	10	13.3	16.7
1.5mol/L Tris 溶液(pH8.8)	1.3	2.5	3.8	5	6.3	7.5	10	12.5
10% SDS	0.05	0.1	0.15	0.2	0.25	0.3	0.4	0.5
10% 过硫酸铵溶液	0.05	0.1	0.15	0.2	0.25	0.3	0.4	0.5
TEMED	0.002	0.004	0.006	0.008	0.01	0.012	0.016	0.02
12%								
水	1.6	3.3	4.9	6.6	8.2	9.9	13.2	16.5
30% 丙烯酰胺溶液	2	4	6	8	10	12	16	20
1.5mol/L Tris 溶液(pH8.8)	1.3	2.5	3.8	5	6.3	7.5	10	12.5
10% SDS	0.05	0.1	0.15	0.2	0.25	0.3	0.4	0.5
10% 过硫酸铵溶液	0.05	0.1	0.15	0.2	0.25	0.3	0.4	0.5
TEMED	0.002	0.004	0.006	0.008	0.01	0.012	0.016	0.02
15%								
水	1.1	2.3	3.4	4.6	5.7	6.9	9.2	11.5
30% 丙烯酰胺溶液	2.5	5	7.5	10	12.5	15	20	25
1.5mol/L Tris 溶液(pH8.8)	1.3	2.5	3.8	5	6.3	7.5	10	12.5
10% SDS	0.05	0.1	0.15	0.2	0.25	0.3	0.4	0.5
10% 过硫酸铵溶液	0.05	0.1	0.15	0.2	0.25	0.3	0.4	0.5
TEMED	0.002	0.004	0.006	0.008	0.01	0.012	0.016	0.02

（二）配制 Tris-甘氨酸 SDS-PAGE 聚丙烯酰胺凝胶电泳 5% 浓缩胶所用溶液（表附 16）

表附 16　配制 Tris-甘氨酸 SDS-PAGE 聚丙烯酰胺凝胶电泳 5% 浓缩胶所用溶液表

溶液成分	不同体积(ml)凝胶液中各成分所需体积(ml)						
	2	3	4	5	6	8	10
水	1.4	2.1	2.7	3.4	4.1	5.5	6.8
30% 丙烯酰胺溶液	0.33	0.5	0.67	0.83	1	1.3	1.7
1mol/L Tris(pH6.8)	0.25	0.38	0.5	0.63	0.75	0	1.25
10% SDS	0.02	0.03	0.04	0.05	0.06	0.08	0.1
10% 过硫酸铵溶液	0.02	0.03	0.04	0.05	0.06	0.08	0.1
TEMED	0.002	0.003	0.004	0.005	0.006	0.008	0.01

五、细胞培养用液的配制

（一）清洁液的配制（表附 17）

表附 17　清洁液的配制表

清洁液的配方			
成分	强酸清洁液	次强酸清洁液	弱酸清洁液
重铬酸钾(g)	63	120	100
H_2SO_4(ml)	1000	200	100
蒸馏水(ml)	200	200	1000

（二）培养基的基本组分（表附18）

表附18　部分培养基的基本组分

成分	MEM	DMEM	IMDM	RPMI 1640	F10	F12	McCoys5A	199
无机盐类								
$CaCl_2$	200.00	200.00	165.00	—	33.30	33.20	100.00	200.00
KCl	400.00	400.00	330.00	400.00	285.00	223.60	400.00	400.00
$MgSO_4$	98.00	97.67	98.00	48.84	74.60	—	98.00	98.00
NaCl	6800.00	6400.00	4500.00	6000.00	7400.00	7599.00	5100.00	6800.00
$NaHCO_3$	2200.00	3700.00	3024.00	2000.00	1200.00	1176.00	2200.00	2200.00
NaH_2PO_4	140.00	125.00	125.00	—	—	—	580.00	140.00
KNO_3	—	—	0.076	—	—	—	—	—
Na_2SeO_3	—	—	0.017	—	—	—	—	—
$Ca(NO_3)_2$	—	—	—	100.00	—	—	—	—
Na_2HPO_4	—	—	—	800.00	153.70	142.00	—	—
$CuSO_4$	—	—	—	—	0.03	0.86	—	—
$MgCl_2$	—	—	—	—	—	57.22	—	—
$Fe(NO_3)_3$	—	0.10	—	—	—	—	—	0.72
$CuSO_3$	—	—	—	—	0.0025	0.0025	—	—
$FeSO_4$	—	—	—	—	0.083	0.083	—	—
KH_2PO_4	—	—	—	—	83.00	—	—	—
氨基酸类								
L-精氨酸	126.00	84.00	84.00	200.00	211.00	211.00	42.10	70.00
L-胱氨酸	31.00	63.00	91.20	65.00	—	—	—	26.00
L-半胱氨酸	—	—	—	—	25.00	35.00	31.50	0.10
L-组氨酸	42.00	42.00	42.00	15.00	23.00	21.00	21.00	22.00
L-异亮氨酸	52.00	105.00	105.00	50.00	2.60	4.00	39.40	40.00
L-亮氨酸	52.00	105.00	105.00	50.00	13.00	13.00	39.40	60.00
L-赖氨酸	73.00	146.00	146.00	40.00	29.00	36.50	36.50	70.00
L-蛋氨酸	15.00	30.00	30.00	15.00	4.50	4.50	15.00	15.00
L-苯丙氨酸	32.00	66.00	66.00	15.00	5.00	5.00	16.50	25.00

续表

成分	MEM	DMEM	IMDM	RPMI 1640	F10	F12	McCoys5A	199
L-苏氨酸	48.00	95.00	95.00	20.00	3.60	12.00	17.90	30.00
L-色氨酸	10.00	16.00	16.00	5.00	0.60	2.00	3.10	10.00
L-酪氨酸	52.00	104.00	104.00	29.00	2.62	7.80	26.20	58.00
L-缬氨酸	46.00	94.00	94.00	20.00	3.50	11.70	17.60	25.00
L-丙氨酸	—	—	25.00	—	9.00	8.90	13.90	25.00
L-天冬酰胺	—	—	25.00	50.00	15.00	15.00	45.00	—
L-天冬氨酸	—	—	30.00	20.00	13.00	13.00	20.00	30.00
L-谷氨酸	—	—	75.00	20.00	14.70	14.70	22.10	75.00
L-谷氨酰胺	—	584.00	584.00	300.00	146.00	146.00	219.20	100.00
甘氨酸	—	30.00	30.00	10.00	7.50	7.50	7.50	50.00
L-脯氨酸	—	—	40.00	20.00	11.50	34.50	17.30	40.00
L-丝氨酸	—	42.00	42.00	30.00	10.50	10.50	26.30	25.00
L-羟脯氨酸	—	—	—	20.00	—	—	19.70	10.00
维生素								
偏多酸钙	1.00	4.00	4.00	0.25	0.70	0.50	0.20	0.01
氧化胆碱	1.00	4.00	4.00	3.00	0.70	14.00	5.00	0.50
叶酸	1.00	4.00	4.00	1.00	1.30	1.30	10.00	0.01
肌醇	2.00	7.20	7.20	35.00	0.50	18.00	36.00	0.05
烟酰胺	1.000	4.000	4.000	1.000	0.600	0.040	0.500	0.025
吡哆醛	1.000	—	4.000	—	—	—	0.500	0.025
吡哆醇	—	4.000	—	1.000	0.200	0.060	0.500	0.025
维生素 B_2（核黄素）	0.10	0.40	0.40	0.20	0.40	0.04	0.20	0.01
维生素 B_1（硫胺素）	1.00	4.00	4.00	1.00	1.00	0.30	0.20	0.01
生物素	—	—	0.013	0.200	0.024	0.007	0.200	0.010
维生素 B_{12}	—	—	0.013	0.005	1.400	1.400	2.000	—
氨苯甲酸	—	—	—	1.00	—	—	1.00	0.05
烟酸	—	—	—	—	—	—	0.500	0.025
维生素 C	—	—	—	—	—	—	0.500	0.050

续表

成分	MEM	DMEM	IMDM	RPMI 1640	F10	F12	McCoys5A	199
维生素 E	—	—	—	—	—	—	—	0.01
维生素 D_2	—	—	—	—	—	—	—	0.10
维生素 K_3	—	—	—	—	—	—	—	0.01
维生素 A	—	—	—	—	—	—	—	0.14
其他化合物								
葡萄糖	1000.00	4500.00	4500.00	2000.00	1100.00	1802.00	3000.00	1000.00
酚红	10.00	12.00	12.00	2.00	1.20	1.20	10.00	20.00
HEPES	—	—	5958.00	—	—	—	5958.00	—
丙酮酸钠	—	—	110.00	—	110.00	110.00	—	—
谷胱甘肽	—	—	—	1.00	—	—	0.50	0.05
次黄嘌呤	—	—	—	—	4.70	4.77	—	0.40
胸苷	—	—	—	—	0.70	0.70	—	—
硫辛酸	—	—	—	—	0.20	0.21	—	—
亚油酸	—	—	—	—	—	0.08	—	—
腐胺	—	—	—	—	—	0.16	—	—
苯唑蛋白胨	—	—	—	—	—	—	600.00	—
胸腺嘧啶	—	—	—	—	—	—	—	0.30
硫代腺嘌呤	—	—	—	—	—	—	—	10.00
三磷酸腺苷	—	—	—	—	—	—	—	0.20
胆固醇	—	—	—	—	—	—	—	0.20
2-脱氧核糖	—	—	—	—	—	—	—	0.50
单磷酸腺苷	—	—	—	—	—	—	—	0.20
鸟嘌呤	—	—	—	—	—	—	—	0.30
核糖	—	—	—	—	—	—	—	0.50
乙酸钠	—	—	—	—	—	—	—	50.00
吐温	—	—	—	—	—	—	—	20.00
尿嘧啶	—	—	—	—	—	—	—	0.30
黄嘌呤	—	—	—	—	—	—	—	0.34

六、生物化学与分子生物学实验常用词的中英文对照

A

1,2,4-aminonaphthol-sulfonicacid 氨基萘酚磺酸
A,absorbance 吸光度
absorption chromatography 吸附层析
AC,affinity chromatography 亲和层析
acetoacetate 乙酰乙酸
acetone 丙酮
acidosis 酸中毒
Acr,acrylamide 丙烯酰胺
acridine orange 吖啶橙
activator 激活剂
active center 活性中心
agar 琼脂
agarose gel electrophoresis 琼脂糖凝胶电泳
AKP,alkaline phosphatase 碱性磷酸酶
alanine 丙氨酸
ALT,alanine aminotransferase 丙氨酸氨基转移酶
amino acid 氨基酸
amino acid sequence 氨基酸序列
amino black 10B 氨基黑 10B
amino terminal 氨基末端
aminotransferase 氨基转移酶
annealing 退火
AP,ammonium persulfate 过硫酸铵
apo,apolipoprotein 载脂蛋白
apoenzyme 酶蛋白
AST,aspartate aminotransferase 天冬氨酸氨基转移酶

B

Bis,*N*,*N*-methylene-bis-acrylamide *N*,*N'*-甲叉双丙烯酰胺
blue dextran 蓝色葡聚糖
blue-white selection 蓝白斑筛选
blunt end 平端
BS,blood sugar 血糖

C

CAME,cellulose acetate membrane electrophoresis 乙酸纤维薄膜电泳
carboxyl terminal 羧基末端
CBB,Coomassie brilliant blue 考马斯亮蓝
CE,cholesterol ester 胆固醇酯
cellulose acetate membrance 乙酸纤维薄膜
centrifugal techniques 离心技术
Ch,cholesterol 胆固醇
cholesterol oxidase 胆固醇氧化酶
chromatin 染色质
chromatography 层析法
CMC,carboxymethylcellulose 羟甲基纤维素
cohesive end 黏性末端
competent cell 感受态细胞
competitve inhibition 竞争性抑制作用
coomassie brilliant blue R-250 考马斯亮蓝 R-250

D

denaturation 变性
deoxyribose 脱氧核糖
deoxyriboside 脱氧核苷
deoxyribotide 脱氧核苷酸
dextran 葡聚糖
2DGE,two-dimensional gel electrophoresis 双向凝胶电泳
diabetes mellitus 糖尿病
diethylaminoethy cellulose DEAE-纤维素
disc-electrophoresis 圆盘电泳,不连续电泳
discoid shape 圆盘状
discontinuous electrophoresis 不连续电泳
DNA barcoding DNA 条形码
DNA, deoxyribonucleic acid 脱氧核糖核苷酸

E

E,extinction 消光度
EB,ethidium bromide 溴化乙锭
EDTA, ethylenedinitrolotetraacetic acid 乙二胺四乙酸
electrophoresis 电泳
electrophoretic technique 电泳技术
enzyme 酶
epinephrine 肾上腺素
essential amino acid 必需氨基酸

F

Fb 浮力
Fc 离心力

FC, free cholesterol　游离胆固醇
Ff　摩擦阻力
fluorescamine　荧光胺
fumaric acid　延胡索酸

G

GADPH, Glyceraldehyde-3 phosphate-dehydrogenase　3-磷酸甘油醛脱氢酶
gel chromatography　凝胶层析法
gel concentration gradient electrophoresis　梯度凝胶电泳
gel filtration chromatography　凝胶过滤层析
gene bank　基因库
glucagon　胰高血糖素
glutamic acid　谷氨酸
glycolysis　糖酵解
GOD, glucose oxidase　葡萄糖氧化酶

H

β-hydroxybutyrate　β-羟丁酸
homogenate　匀浆
homologous sequence　同源序列
human serum albumin/globulin　人血清白蛋白/球蛋白
hydration shell　水化膜
hyperglycemia and glucosuria　高血糖及糖尿症
hypoglycemia　低血糖

I

IEF, isoelectric focusing　等电聚焦
immuno-blotting or western-blotting　免疫印迹
inhibitor　抑制剂
inner control　内参
insulin　胰岛素
Iodoacetic acid　碘乙酸
ion exchange chromatography　离子交换层析
ion exchange resin　离子交换树脂

K

α-ketoglutarate　α-酮戊二酸
ketone bodies　酮体
ketosis　酮病

L

LDH, lactate dehydrogenase　乳酸脱氢酶
Lineweaver-Burk plot　双倒数作图
lipid peroxide acid　过氧化脂质
liver homogenate　肝匀浆
loading buffer　上样缓冲液

M

β-ME, mercaptoethanol　β-巯基乙醇
malate dehydrogenase　苹果酸脱氢酶
malonic acid　丙二酸
MCS, multiple cloning sites　多克隆位点
Melondialdehyde　丙二醛
methyl green　甲基绿
methylene blue　次甲蓝(亚甲蓝)
Michaelis Equation　米氏方程式
monoclonal antibody　单克隆抗体
multiple sequence alignment　多序列比对

N

naphthol blue black　萘酚蓝黑
non-protein nitrogen　非蛋白氮
nucleoprotein　核蛋白
nucleotide　核苷酸
nucleus　细胞核

O

OD, optical density　光密度
oil red　油红

P

PAGE, polyacrylamide gel electrophoresis　聚丙烯酰胺凝胶电泳
partition chromatography　分配层析
PCR, polymerase chain reaction　聚合酶链反应
phosphate buffer　磷酸缓冲液
pI, isoelectric point　等电点
plasmid　质粒
POD, peroxidase　过氧化物酶
polyacrylamide gel electrophoresis　聚丙烯酰胺凝胶电泳
polyclonal antibody　多克隆抗体
precipitation　沉淀
primer　引物
protein　蛋白质
PTGS, post-transcriptional gene silencing　转录后基因沉默
pyronine G　焦宁 G
pyronine Y　焦宁 Y
pyruvate　丙酮酸

R

restriction endonuclease 限制性核酸内切酶
Rf 相对迁移率
RFLP, restriction fragment length polymorphism 限制性片段长度多态性
ribosome 核蛋白体
RISC, RNA-induced silencing complex RNA 诱导沉默复合物
RNA, ribonucleic acid 核糖核酸
RNAi, RNA interference RNA 干扰
RT-PCR, reverse transcription-polymerase chain reaction 反转录聚合酶链反应

S

schiff base 西夫碱
SDS, sodium dodecyl sulfate 十二烷基硫酸钠
sephadex 交联葡聚糖
sepharose 琼脂糖凝胶
sepharose CL 交联琼脂糖
sequencing 核酸测序
serum 血清
severe acute respiratory syndromes, SARS 严重急性呼吸综合征
single nucleotide polymorphism, SNP 单核苷酸多态性
siRNA, small interfering RNA 小分子干扰 RNA
sodium malonate 丙二酸钠
sodium succinate 琥珀酸钠
specific activity 比活性
spectrophotometry 分光光度法
standard curve 标准曲线
starch 淀粉
succinic acid 琥珀酸
succinodehydrogenase 琥珀酸脱氢酶
sudan black B 苏丹黑 B

T

T, transmittance 透光度
TC, total cholesterol 总胆固醇
TEMED, N, N, N', N'-tetramethyl ethylenediamine 四甲基乙二胺
thiobarbituric acid 硫代巴比妥酸
toluidine blue 甲苯胺蓝
transaminase 转氨酶
transamination 转氨基作用
transfection 转染
transformation 转化

U

urea 尿素
urea nitrogen 尿素氮

W

western blotting 蛋白免疫印迹

Z

zymogen 酶原